JN417941

초급 · 중급 · 고급 · 전략 지휘관을 위한

# 소방현장 지휘
# FIREGROUND COMMAND

박진찬 지음

## 박 진 찬

- **약력**

  강원대학교 사회재난관리 전공 박사

  강원대학교 소방방재 전공 석사

  Oklahoma State University Fire & Emergency Management 석사

  재난현장 실무 13년 근무

  중앙소방학교 ICTC 지휘역량강화센터 전임교수 7년

  - 현장지휘 자격인증 초급(소방위), 중급(소방경), 고급(소방령), 전략(소방정) 과정 교육 및 운영
  - 관리역량과정 소방경, 소방령, 소방정 과정 교육
  - 현장지휘 등 각종 교재개발(인터뷰, 검수 등)

- **주요연구분야**

  VR 시뮬레이션 기반 현장지휘 역량 평가, 재난 의사결정, 소방 지휘전술이며, 대형산불 등 소방현장을 다룬 연구논문 12편을 국내외 학술지에 발표

- **대표연구**

  1. Climatic and Forest Drivers of Wildfires in South Korea (1980~2024): Trends, Predictions, and the Role of the Wildland-Urban Interface (SCIE: Fire Journal)
  2. Simulation-Based Evaluation of Fire Commander Competencies: A Multivariate Analysis of Certification Outcomes in South Korea (SCIE: Fire Journal)
  3. Analysis for Evaluating Initial Incident Commander (IIC) Competencies on Fireground on VR Simulation Quantitative-Qualitative Evidence from South Korea (SCIE: Forest)

## 감 수

- **배종혁** 경기소방학교 소방정
- **황병순** 공주소방서 소방위
- **윤종찬** 국립소방연구원 소방위
- **최태일** 중앙소방학교 소방위
- **조영일** 충청소방학교 소방경

# 머리말

현장지휘는 단순한 화재 진압을 넘어 재난 속에서 국민의 안전을 지키는 최전선입니다. 복합적이고 예측하기 어려운 현대의 재난 환경에서 지휘관에게 요구되는 판단력과 리더십은 과거보다 정교해졌습니다. 이러한 변화에 맞추어 본서는 체계적인 지식과 실천적 경험을 연결하는 현장 지휘의 실무 안내서로 마련되었습니다.

무엇보다도 이 책은 현장지휘관(IC) 자격시험을 준비하는 분들에게 실질적인 도움을 주기 위해 집필되었습니다. 현장 지휘에 필요한 이론적 기초와 함께 전술 우선순위 설정, 상황평가, 자원·인력 관리, 대원 안전 확보, 의사소통, 복합 재난 대응 등 핵심 요소를 빠짐없이 다루었고, 실제 현장에서 적용되는 절차와 표준작전지침(SOP/SOG)을 다양한 사례와 함께 분석하여 배운 내용을 바로 현장에 적용하고 시험에서 요구되는 역량을 단계적으로 갖추도록 구성했습니다.

아울러 이미 현장에서 활약 중인 지휘관과 예비 지휘관 모두가 전문성을 지속적으로 높일 수 있도록, 위험요소 식별과 우선순위 설정, 공격·방어 전략의 선택과 전환, 대기단계(Staging) 운용, 추가 소방력 요청 기준 등 실제 의사결정 과제를 구체적으로 제시했습니다. 이를 통해 소방지휘관은 SOP를 점검하고 최신 전술과 과학적 근거를 반영한 지휘 체계를 정립하는 데 필요한 통찰을 얻을 수 있을 것입니다.

본서는 사건 발생의 시간 흐름에 따라 이론과 절차를 전개해 이해를 돕습니다. 유형별 재난 사례를 바탕으로 다섯 가지 대표 현장 환경에서 고려해야 할 사항을 체계화하고, 실제 현장에서 작성·운용되는 전술 상황판과 그에 기반 한 무전 스크립트를 수록하여 명확하고 간결한 무전 지휘의 실례를 제시했습니다. 이러한 구성은 이론과 실무의 간극을 줄이고 현장 적용성을 높였습니다.

저자는 중앙소방학교에서 교수자로 재직하며 수많은 현장지휘관(IC)과 고민을 나누었고, 재난현장 축적한 노하우와 통찰을 이 책 곳곳에 담았습니다. 현장과 교육 현장에서 나온 질문과 해답을 충실히 반영했기에, 독자 여러분께 실질적인 도움이 될 것이라 확신합니다.

현장 지휘의 수준을 높이려면 끊임없는 학습과 훈련, 그리고 경험의 공유가 필수입니다. 이 책을 통해 실제 화재현장에서의 이론적 근거와 대응사례를 함께 학습한다면 안전하고 효율적인 현장지휘가 가능할 것입니다. 이 책을 불철주야 국민의 안전과 재산을 지키는 소방지휘관과 예비 소방지휘관께 바칩니다.

# 차례

## Part 01 현장지휘 이론 · 11

## Part 02 재난사례별 현장지휘 • 95

KOREA
상황보고

# PART 1

# 현장지휘 이론

  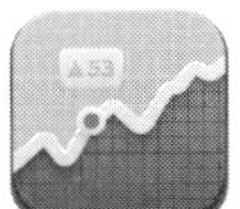

## 재난현장지휘 흐름도(On-Scene Command Flow Chart)

|  |  |
|---|---|
| Chapter 1<br>사고발생 | 01. 화재유형 특성 파악 |
| Chapter 2<br>현장출동 | 01. 출동 중 정보 파악 및 임부 부여<br>02. 대원별 사전 임무 지시<br>03. 출동 중 상황 전파 및 통신 |
| Chapter 3<br>현장도착 | 01. 지휘권 선언 및 최초 상황 평가 |
| Chapter 4<br>의사결정 | 01. 전략 결정 및 대응활동 계획 전파<br>02. 차량 배치 및 소방력 운영<br>03. 인명구조 및  화재진압 우선순위 관리<br>04. 추가소방력 요청 결정 |
| Chapter 5<br>현장대응 | 01. 초기 표준대응활동 전개<br>02. 수관전개 및 화점진입 전술<br>03. 주수 방법 및 방향<br>04. 문 개방 및 내부 진입 절차<br>05. 소화전 및 소방시설 활용을 통한 용수 공급체계 구축<br>06. 건물 화재 시 적절한 배연<br>07. 복합위기대응 및 진행상황에 맞는 우선순위<br>08. 단위지휘관의 임무 수행 및 역할<br>09. 후착대 임무 부여<br>10. 구조대상자 발견 시 조치 및 대피로 확보<br>11. 구조활동 완료 및 인계 |
| Chapter 6<br>인명구조 | 01. 인명구조 목표의 최우선 고려<br>02. 상황에 맞는 전략 선택과 구조 작전<br>03. 체계적인 인명검색 절차 준수<br>04. 구조 활동의 적절성 및 효율성<br>05. 구조대상자 발견 및 구조 완료 보고 |
| Chapter 7<br>안전관리 | 01. 위험요인 확인 및 대응 적절성 평가<br>02. 사고대원 발생 시 대응 : 신속동료구조팀 운용<br>03. 2인 1조 원칙 및 소방호수 접촉유지<br>04. 공기량 관리 및 탈출대비<br>05. 대원 피로관리 및 교대/휴식<br>06. 사고 특성에 대한 지식과 숙달 |
| Chapter 8<br>의사교환 | 01. 무전 교신 원칙<br>02. 통신체계 운영 및 정보 전달 |

CHAPTER

# 1 사고발생
(Incident Occurrence)

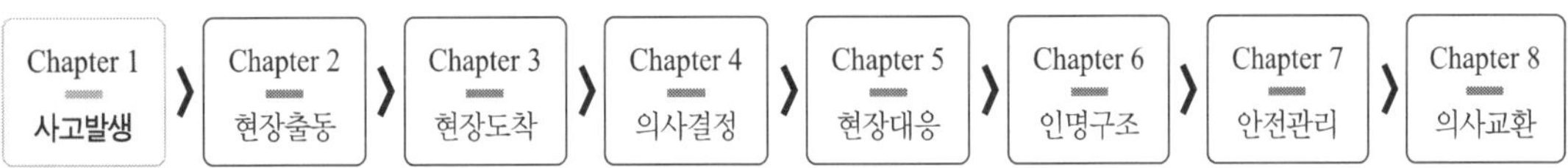


현장지휘관(IC)은 화재 발생 초기, 출동 전 단계에서 확보 가능한 모든 정보를 수집하여 초기 대응 전략을 수립한다. 출동지령과 출동지령서, 소방활동정보카드(소방안전지도), 최초 신고자의 신고 내용을 통해 화재 유형과 위험 요소를 신속히 파악한다. 이러한 사전 정보는 대원 안전 확보와 신속한 인명구조에 결정적인 역할을 한다. 단, 사전 정보와 실제 현장 상황이 다를 수 있으므로 현장도착 후 직접 확인을 원칙으로 한다. 이 장에서는 무전 등 다양한 수단을 통해 화재 유형과 특성을 파악하는 절차를 다룬다.

## 01 화재유형 특성파악 (Identifying Fire Type Characteristics)

### 1. 출동지령 및 출동지령서 (Dispatch Orders and Dispatch Sheet)

1.1. **화재 유형 파악** : 현장지휘관(Incident Commander)은 출동지령(상황실에서 무전으로 전송되는 상황 정보)과 출동지령서를 통해 일반 화재인지 특수 화재인지 여부를 신속히 파악한다. 화재 유형에 따라 대응 방법과 전략이 크게 달라지므로 초기 정보를 바탕으로 적절한 전략을 수립한다.

1.2. **전술 차별화** : 일반 건축물 화재(주택, 아파트, 상업 건축물 등)는 표준화된 인명구조·진압 전술을 적용할 수 있으나, 특수 화재(초고층, 지하 시설, 위험물 저장소, 터널, 원자력 시설 등)는 폭발 위험과 유해물질 유출 가능성을 고려한 특수 전술과 추가 장비를 운용한다. 현장지휘관(IC)은 초기 지령을 통해 화재 유형을 파악하여 추가 소방력 요청과 특수 장비 동원을 조기에 결정한다.

1.3. **정보 공유** : 출동 중에도 현장지휘관(IC)은 상황실과 모든 출동대원과 지속적으로 정보를 교환하여 현장에서 확인될 위험성과 특이사항을 미리 공유한다. 이러한 정보 공유를 통해 출동대는 현장도착 전부터 공통된 상황 인식을 갖추고, 도착 즉시 대응활동을 원활하고 안전하게 수행할 수 있도록 한다.

### 2. 소방활동정보카드(소방안전지도) 확인 (Review of Pre-Incident Plan)

2.1. **건축물 구조 파악** : 소방활동정보카드를 통해 대상 건축물의 구조, 용도, 위험 요소와 소방시설 위치 등을 사전에 파악한다. 건축물이 철근콘크리트(Reinforced Concrete), 철골(Steel Frame), 조적조(Masonry), 목구조(Wood Frame) 등 어떤 구조인지 확인하면 내화 성능과 붕괴 가능 시점을 예측할 수 있다. 이는 진입 가능 여부와 화재진압 전술 선택, 대원 안전 확보에 중요한 기준이 된다.

2.2. **건물 용도 확인** : 건물의 용도(기숙사, 공장, 병원 등 특정 다수가 이용하는 시설인지, 쇼핑센터·영화관 등 불특정 다수가 모이는 장소인지)에 따라 인명구조 우선순위와 초기 대응 방식이 달라진다. 특정 다수가 이용하는 시설은 관계자 확보를 통해 거주자 위치와 인원수를 신속히 확인할 수 있으므로, 초기 관계자 확보가 매우 중요하다.

2.3. **잠재 위험 요소 식별** : 건물 내부에 존재하는 위험물질(가연성 가스·액체, 화학물질 등)의 종류와 위치를 사전에 파악하여 폭발, 화학적 위험성, 독성 물질 유출 가능성에 대비한다. 저장고 내 위험물질 보관, 실험실 내 화학약품 존재 등 특이사항을 미리 인지하면 출동대원이 예상치 못한 위험에 적절히 대응할 수 있다.

2.4. **소방시설 정보 활용** : 건물의 옥내 소화전(Interior Standpipe System), 스프링클러(Sprinkler), 연결송수관(Standpipe), 옥외 소화전 등의 위치와 상태를 사전에 파악하면 현장도착 후 신속한 초기 대응이 가능하다. 단, 소방활동정보카드의 정보는 최근 점검 상태가 반영되지 않을 수 있으므로 Plan B로 활용하고, Plan A는 현장도착 후 대원이 직접 확인한 장비(소방차, 호스, 구조장비 등)를 기준으로 수립한다.

## 3. 최초 신고자 정보 확인 (Evaluating Initial Caller Information)

3.1. **신고 내용 분석** : 최초 신고자의 신고 내용은 화재의 발생 위치, 규모, 양상, 구조대상자 유무 등 중요한 정보를 포함한다. “3층 실험실에서 폭발음과 함께 불이 났다”는 신고는 해당 위치를 기준으로 화점을 찾고 추가 폭발 위험을 고려한 전술을 수립한다. “검은 연기가 다량 발생하고 불꽃이 보인다”는 진술은 화재가 성장 단계임을 의미하므로 적극적인 초기 대응과 추가 소방력 요청을 준비한다.

3.2. **구조 대상자 존재 여부** : 신고자가 “아직 건물 안에 사람이 갇혀 있다”고 알리면 현장지휘관(IC)은 즉시 구조팀을 최우선으로 투입하여 인명구조에 집중하는 전략을 수립한다. 반대로 “모두 안전하게 대피했다”는 정보가 확인되면 초기 진압과 연소 확대 저지에 더 많은 자원을 배정하여 화세를 빠르게 통제한다. 또한, 신고 내용에 진입로 상태나 특이사항(예: “진입로에 공사 자재가 쌓여 있다”)이 포함되면 출동대는 우회 경로를 선택하거나 추가 장비(중장비, 굴착기 등)를 준비한다.

3.3. **현장 확인의 중요성** : 최초 신고자가 긴박한 상황에서 당황하거나 흥분하여 정보가 부정확할 수 있으므로 현장지휘관(IC)과 출동대원은 현장에 도착한 후 반드시 자신의 눈으로 상황을 직접 확인하고 판단한다. 신고자가 “건물이 전부 불에 휩싸였다”고 진술해도 실제로는 특정 공간에 국한된 화재일 수 있으며, 반대로 신고가 과소평가된 경우도 있다. 최종적인 판단은 현장 확인을 통해 이루어져야 한다는 점을 모든 대원이 숙지한다.

CHAPTER

# 2 현장출동
(En route to the scene)

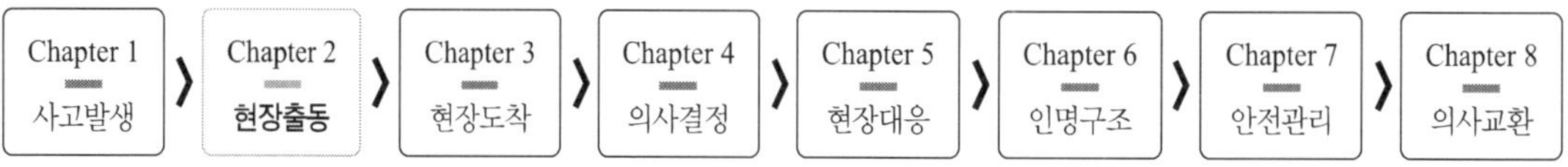


현장지휘관(IC)은 출동 명령을 받는 순간부터 현장 대응을 사전에 계획한다. 출동지령을 확인하고 구조 대상자 정보를 파악하며, 대원과 장비 상태를 점검해 임무를 분담한다. 이동 중에도 상황실과 지속적으로 통신하여 최신 정보를 공유하고, 출동대의 안전 운행을 강조한다. 현장도착 직전에는 대원들에게 최종 지시를 내려 신속하고 체계적인 초기 대응을 준비한다. 이 장에서는 출동 중 상황 파악과 사전 임무 준비에 관한 실행 절차를 중심으로, 화재 현장으로 이동하는 동안 현장지휘관(IC)과 출동대가 수행해야 할 주요 준비 과정을 다룬다.

# 01 출동 중 정보파악 및 임무 부여 (Information Gathering and Assignment During Response)

## 1. 출동 중 정보 파악 (Gathering Information While En Route)

1.1. **출동지령 확인** : 차량 탑승 후 현장지휘관(IC)은 출동지령 내용을 재확인한다.

- 정확한 위치 숙지 : 사고발생 위치(정확한 주소나 건물명)를 숙지하고, 내비게이션이나 지도 시스템을 통해 최단 경로를 판단한다.
- 건물 정보 확인 : 건물의 용도, 규모, 위험물 시설 여부, 고층 여부 등 추가 정보가 지령서에 기재되어 있으면 확인하여 진입 방법과 대응 전략을 구상한다. 출동 시간대와 건물 이용 패턴을 고려해 낮·밤 인원 밀집도와 차량 밀집 시간대를 예상한다.

1.2. **구조 대상자 여부 확인** : 상황실에서 전달된 정보나 출동지령에 구조 대상자 정보가 있는지 즉시 파악한다.

- 대상 인원 파악 : 구조 대상자가 화재 현장 안에 있을 경우, 대략 몇 명이며 어린이, 노약자, 장애인 등 취약계층인지 확인해 구조 계획을 구상한다. 구조 대상자 정보가 확인되면 현장지휘관(IC)은 이동 중에도 해당 인원을 최우선으로 구조하기 위한 자원 배치를 머릿속에 계획한다.
- 우선 지시 예시 : "2층에 거동불편자 1명 미대피" 정보가 있다면, 도착 즉시 2층 구조에 집중하도록 각 대원에게 미리 알린다.

1.3. **관계자 확보** : 출동 중에는 화재 건물의 관계자를 신속히 확보할 계획을 세운다.

- 인명 구조 정보 확보 : 병원, 요양원, 기숙사, 학교 등 많은 사람이 이용하는 시설은 수용 인원이 많고 취약계층이 많을 가능성이 크다. 관계자로부터 거주자 위치와 대피 경로를 확인하면 구조팀이 우선적으로 인명검색 해야 할 구역을 파악하고 위험 정도를 고려해 구조에 집중할 수 있다.
- 시설 정보 파악 : 스프링클러, 소화기, 연결송수관 등 기존 소방시설의 위치와 건물 내 위험물 저장 구역을 관계자를 통해 확인하면 화재 진압과 구조 활동을 체계적이고 안전하게 전개할 수 있다. 위험물질이 있는 구역은 화염이 접근하

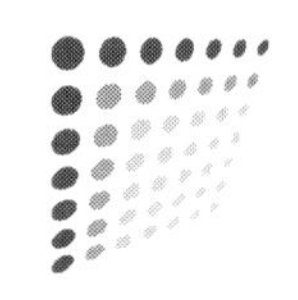



기 전에 안전 조치를 취하거나 우회 진압 전략을 세울 수 있다.

- 특수 시설 정보 : 건물 구조상 대피가 어려운 구역이나 특별한 시설 특성(음압병실, 산모실 등)에 대한 정보를 공유받으면 구조와 진압의 우선순위를 명확히 하여 효율적인 대응이 가능하다.

1.4. **추가 정보 수집** : 이동 중에도 상황실 무전 또는 이동형단말기 MDT (Mobile Data Terminal)를 통해 지속적으로 정보를 수집한다.

- 건물 상세 구조 : 화재 건물의 평면도나 사전 소방활동정보카드가 자동 전송되면 확인하고, 주요 출입구와 비상구 위치, 설치된 소방시설(연결송수관, 스프링클러, 방화셔터 등)을 대원들과 공유한다.
- 추가 상황 : 무전을 통해 상황실에서 전달하는 추가 정보를 수신한다. 예를 들어 “현장 CCTV 확인 결과 3층 창문에 사람이 갇힌 것으로 보인다”라는 내용을 받으면 구조팀의 검색 범위를 조정한다.
- 정보 공유 : 출동 중 파악한 정보를 대원들에게 공유하여 현장도착 즉시 임무를 원활히 수행할 수 있도록 한다.

1.5. **선착대 구성 및 장비 점검** : 출동 중 선착대 차량에 함께 출동한 대원의 구성과 역할을 확인하고 장비를 점검한다.

- 팀 구성 파악 : 현재 출동대가 진압팀, 구조팀, 구급팀 등 몇 개 팀인지 파악하여 도착 후 임무 배정을 준비한다.
- 장비 상태 확인 : 각 대원의 개인보호장비(Personal Protective Equipment) 착용 상태를 확인하고, 공기호흡기 압력, 무전기 채널, 휴대한 공구(문 파괴 도구, 열화상카메라 등) 작동 상태를 최종 점검하도록 지시한다. 필요한 장비는 출동 중에 점검하여 현장도착 후 즉시 사용할 수 있도록 준비한다.

1.6. **방어운전 및 안전 강조** : 긴급출동 상황이지만 안전 운전을 최우선한다.

- 방어 운전 : 사이렌을 울리고 신호를 무시할 수 있으나 교차로나 혼잡한 도로에서는 차량과 보행자를 충분히 살피며 서행 통과한다. 탑승 대원들은 안전벨트를 착용하고 불필요하게 차량 문을 열지 않는다.
- 안전 무전 : 현장지휘관(IC)은 무전을 통해 “전 대원 안전 운행”을 강조해 이

동 중 사고를 예방한다. 빠르게 가는 것보다 사고 없이 안전하게 도착하는 것이 중요하다는 점을 대원들에게 반복해 인식시킨다.

## 02 대원별 사전 임무 지시 (Pre-Arrival Assignment by Team)

현장에 도착하기 전 현장지휘관(IC)은 차량 내에서 각 팀(진압, 구조, 구급, 지휘지원)의 임무를 명확히 전달해 대원들이 현장도착 즉시 자신의 역할을 인지하고 실행할 수 있도록 한다.

### 1. 진압팀 임무 (Fire Suppression Team Assignments)

1.1. **화점 진입 준비** : 진압팀은 현장도착 즉시 화재 발생 지점(화점 층 또는 화점 위치)으로 신속히 진입할 준비를 한다.

- 현장지휘관(IC)은 주요 진입 경로와 대피 경로를 출동 중에 예측하여 팀에 전달하며, 화점 접근 시 중성대(연기층과 공기층 경계)를 유지하도록 지시한다.

1.2. **적절한 주수 전술 선택** : 진압팀은 2인 1조로 움직이며 상황에 맞는 주수 전술(직사주수, 분무주수, 반사주수 등)을 적용한다.

- 초기 단계부터 화점에 집중적으로 방수하여 확산을 방지하고 신속히 제압하며, 주변 위험 요소(낙하물, 폭발 가능 물질)를 지속적으로 인지해 안전을 확보한다.

### 2. 구조팀 임무 (Rescue Team Assignments)

2.1. **인명검색 · 구조** : 구조팀은 화재층 및 인접층에서 인명검색과 구조를 최우선 임무로 부여받는다.

- 현장도착 즉시 구조 대상자 여부를 확인하고, 확인된 정보가 없으면 화점층 및 연기 유입층부터 우선 검색한다.

2.2. **장비 준비 및 대피로 확보** : 구조팀은 열화상카메라(Thermal Imaging Camera)와 구조 로프 등 필요한 장비를 휴대하고, 미리 확보된 대피 경로를 통해 구조 대상자

의 이동로를 확인한다.

- 구조 대상자 발견 시 "우선순위 무전보고(Priority Emergency Traffic)" 절차를 준수해 정보를 신속히 전파한다.

## 3. 구급팀 임무 (Emergency Medical Team Assignments)

3.1. **임시의료소 설치** : 구급팀은 화재 현장에서 상대적으로 안전한 장소(Cold Zone)에 임시의료소를 설치한다.

- 출동 중에는 들것, 응급약품, 산소 공급장치 등 장비를 점검하고 다수 사상자에 대비한 추가 자원 요청을 준비한다.

3.2. **응급처치 및 이송 체계 유지** : 현장지휘관(IC)은 구급팀에 부상자 발생 시 신속한 응급처치와 병원 이송 체계를 유지하도록 지시한다.

- 구급팀은 구조 대상자 상태(의식, 호흡, 출혈 등)를 지속 확인하고, 중증도 분류(Triage)에 따라 임시의료소나 병원으로 이송한다.

## 4. 지휘 지원팀 임무 (Command Support Team Assignments)

4.1. **안전 관리** : 안전담당(Incident Safety Officer)은 대원들의 안전 상태와 주변 환경(붕괴 징후, 유해가스, 탈진 등)을 지속 관찰한다.

- 위험이 감지되면 즉시 현장지휘관(IC)과 대원들에게 전파해 위험 구역 진입을 통제하거나 긴급 교대를 실시한다.
- 개인보호장비(PPE) 착용 상태를 주기적으로 점검하며, 신속동료구조팀(Rapid Intervention Team) 투입 준비와 현장통제선(Fire Line) 설치를 담당한다.

4.2. **화재 조사 지원** : 화재조사팀은 초기에 건물 관계자 및 목격자를 확보해 건물 구조, 거주자 정보, 위험물 보관 현황 등 정보를 수집한다.

- CCTV 영상과 현장 증거물을 신속히 확보해 원인 규명에 필요한 자료를 마련하고, 조사 과정에서 발견된 정보는 현장지휘관(IC)과 진압·구조팀에 전파하여 효율적 대응을 지원한다.

4.3. **통신 운영** : 통신팀은 무전망을 지속 관리해 현장지휘관(IC), 상황실, 각 출동대 간 의사소통을 지원한다.

- 무전 혼잡 시 지휘망(Command Channel)과 작전망(Tactical Channel)을 분리 운영하고, 현장 상황과 진행 내용을 기록해 현장지휘관(IC) 의사결정에 참고 자료를 제공한다.
- 후착대 도착 시 정확한 현장 정보와 대기 단계 운영 방안도 전파한다.

## 03 출동 중 상황 전파 및 통신 (Communication & Information Broadcast While En Route)

현장지휘관(IC)은 이동 중 수집한 정보와 출동대 상태를 적극적으로 상황실에 전파하여 후속 대응 준비와 정보 공유를 돕는다. 모든 무전 교신은 정확하고 간결해야 한다.

### 1. 출동대 도착 예상 보고 (ETA Reporting)

1.1. **예상 도착 시간 보고** : 선착대는 무전을 통해 출동대 명칭과 현장까지 남은 거리 또는 예상 도착 시간을 정확히 보고한다.

- "상황실, 여기 중앙119센터 선착대, 현장까지 3 min 소요."

1.2. **정보 공유** : 상황실과 후속 출동대가 선착대 도착 시점을 파악해 대비할 수 있도록 한다.

- 여러 대가 동시에 출동 중일 경우, 상황실은 필요한 정보를 보완해 중계한다.

### 2. 교통 및 지연 상황 보고 (Traffic & Delay Reporting)

2.1. **지연 요인 보고** : 이동 경로에서 교통 정체, 도로 공사 등 지연 요인이 있을 경우 즉시 상황실에 알리고 추가 지원이나 조치를 미리 준비하게 한다.

- "현재 ○○대로 정체로 도착 2 ~ 3 min 지연 예상."

2.2. **우회 경로 안내** : 우회가 필요한 상황을 공유해 후착 출동대가 효율적으로 다른 경로를 이용할 수 있도록 돕는다. 특별한 지연이 없는 경우에는 무전 혼선을 방지하기 위해 중요한 사항만 보고한다.

## 3. 현장 상황 최초 전파 (Initial Scene Report)

3.1. **외부 징후 보고** : 선착대장은 현장 접근 시 육안으로 확인된 화재 상황을 간략·명확하게 보고한다.

- "현장 200 m 전방에서 검은 연기 확인, 폭발음 1회 발생." 또는 "연소 확대 중, 인접 건물로 불길 확대 예상."

3.2. **선제 준비** : 최초 보고 내용은 후속 출동대와 상황실이 화재 심각성을 판단하는 근거가 된다. 외부 징후가 명확하지 않은 경우에도 섣부른 판단 없이 신중히 접근한다.

## 4. 현장 접근 전 최종 지시 (Final Instructions Before Arrival)

4.1. **임무 · 주의사항 전달** : 현장도착 약 1 min 전 현장지휘관(IC)은 탑승 대원에게 유의사항과 임무를 명확히 전달한다.

- "현장도착 후 선착대장 지시 따라 활동, 내부 폭발성 물질 있으니 안전거리 유지해 화재 진압."

4.2. **경로 재강조** : 주출입구 위치나 진입 방법을 다시 강조하여 현장 혼선을 방지한다.

- 현장도착 직전까지 최신 정보와 판단을 공유해 대원들이 도착과 동시에 신속한 초기 대응을 수행할 수 있도록 한다.

# CHAPTER 3 현장도착 (On-Scene Arrival)

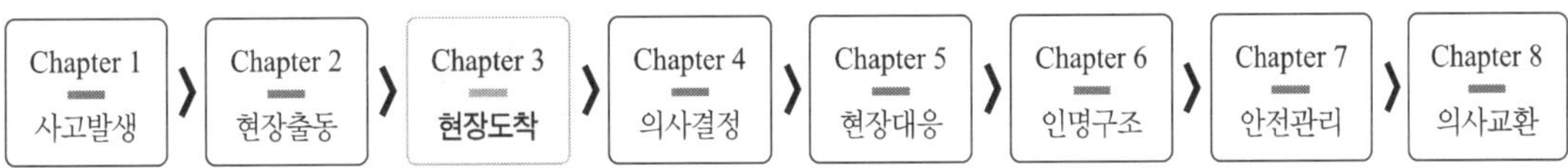


현장지휘관(IC)이 현장에 도착하면 즉시 선착대장으로부터 지휘권을 이양받고, 육안으로 현장 상황을 신속히 파악한 후 본격적인 현장지휘를 시작한다. 현장지휘관(IC) 도착 직후 5분 동안 이루어지는 초기 조치는 화재 대응 전반을 좌우하는 핵심 단계로 이후 대응 방향을 결정한다. 또한 현장지휘관(IC)은 출동 중인 후속 출동대와 상황실에 정확하고 상세한 정보를 제공해 현장 상황 이해도를 높여야 한다. 이 장에서는 지휘권 선언, 최초 상황 평가, 전략 및 지휘 방식 결정, 방면 지정 등 현장 초기 대응에 필요한 핵심 조치를 다룬다.

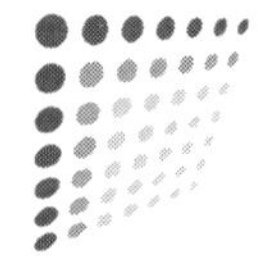



# 01 지휘권선언 및 최초 상황평가 (Declaration of Command and Initial Size-Up)

## 1. 지휘권 선언 (Declaration of Command)

1.1. **지휘권 인수 및 선언** : 현장지휘관(IC)은 현장에 도착하는 즉시 선착대장으로부터 지휘권을 인수하고, 전 대원에게 공식적으로 지휘권을 선언한다.

- 지휘권 이양 : 선착대장이 화재 현장 초기 지휘를 맡지만 상급 지휘관이 도착하면 지휘권 이양 절차를 통해 지휘권을 이양한다. 이때 도착한 상급 현장지휘관(IC)은 기존 지휘관과 대면보고를 통해 상황을 인계받고, 무전을 통해 "지금부터 ○○지휘팀장이 현장을 지휘한다"라고 공식 선언하여 지휘 체계를 명확히 한다. 이후 모든 후속 출동대는 현장지휘관(IC)의 지시에 따라 활동한다.
- 공식 선언 : 지휘권 인수 후 현장지휘관(IC)은 "현장지휘관(IC) 현장도착, 현 시각부로 ○○시 ○○동 ○번지 화재현장을 현장지휘관(IC)이 지휘한다"고 무전으로 명확히 선언해 단일 지휘체계를 확립하고, 모든 대원이 현장지휘관(IC)의 존재와 지휘 체계를 명확히 인식하게 한다.

## 2. 최초 상황평가 (Initial Situation Evaluation)

2.1. **현장 상황 보고** : 지휘권을 선언한 후 현장지휘관(IC)은 도착 사실을 보고한다. 이어 최초로 확인한 재난 상황을 상황실과 모든 출동대원에게 전파한다.

- 핵심 정보 전파 : 최초 상황보고에는 건물의 위치, 용도, 규모, 화재 발생 층수, 연기 및 불꽃 상태, 연소 확대 가능성, 구조 대상자 유무, 폭발성 위험물 존재 여부 등 육안으로 즉시 확인 가능한 핵심 정보를 간결하고 정확하게 포함한다. 또한 기상 상태(예: 기온, 습도, 풍속 등)나 접근성 등의 정보를 덧붙여 대원들이 현장 상황을 종합적으로 이해한다.
- 상황평가 : 현장지휘관(IC)은 무전으로 다음과 같이 전달할 수 있다.
  "현장지휘관(IC)이 전 대원에게 현장 상황을 알린다. 현재 기온 15 ℃, 습도 48 %, 풍속 4 m/s이다. 화재현장은 ○○건물이이며 용도는 ○○이다. 건물은 지상 ○층, 지하 ○층으로 구성되어 있다. 현재 ○층에서 검은 연기와 화염이 다량으로 분출되고 있으며, 건물 정면 3층 발코니에서 구조 대상자 1명이 구조를 요청 중이다. 건물 내부에도 다수의 구조 대상자가 있는 것으로 보고되었으며, 내부에 폭발성 위험물이 있는 것으로 추정된다. 또한 인접한 기숙사 건물로 연소 확대 위험이 있으므로 신속한 화재진압 작전이 필요하다."

- 화재진압작전필요 의미 : 선착대장이 "화재진압작전필요"라고 무전할 때는 단순 현장 보고가 아닌, 전 부서가 화재 진압 및 지원 체계를 발동해야 함을 의미한다. 즉, 현장의 작전이 본격 전개되고 대응 범위가 확대될 가능성이 높다는 신호이며, 상황실은 즉시 지원 체계에 돌입하여 가스 차단, 특수차 요청 등 현장지휘관(IC) 요청 사항을 신속히 처리한다.

## 3. 현장상황 평가 및 지휘방향 결정

(Scene Assessment and Determining Command Direction)

3.1. 360° **평가 및 정보 수집** : 지휘권 선언과 동시에 현장지휘관(IC)은 가능한 한 빠르게 화재 건물을 360° 둘러보며 전반적인 상황을 평가한다.

- 전면·측면·후면 확인 : 건물의 앞면뿐 아니라 측면과 후면까지 확인하여 보이지 않던 불길이나 추가 위험을 찾아낸다. 반대편 면에서 추가 연소 확대나 피난 중인 인원이 있는지 살핀다. 건물 구조, 인접 건물로 불씨가 날아가는지, 옥상으로 연기가 분출되는지 등을 확인한다.
- 지휘지원 활용 : 시간 여유가 없거나 지형상 360° 이동이 어려우면 지휘지원팀(안전, 조사, 통신 등)에 임무를 지시해 부분별 관측을 수행하고, 관계자를 찾아 내부 상황과 거주 인원 등 현장 정보를 최대한 확보한다.
- 평가와 동시 진행 : 360° 평가는 중요하지만 구조 대상자가 즉시 확인되거나 대형 인명피해 우려가 명백할 경우, 평가와 구조를 병행해야 한다. 평가 과정에서 미처 확인하지 못한 정보는 구조·진압 활동 중 계속 보완한다.

3.2. **지휘 형태**(Command Mode) **결정** : 현장지휘관(IC)은 상황 평가와 동시에 현장에 적합한 지휘 형태를 결정한다.

- 고정지휘(Fixed Command) : 화재 규모가 크고 다수 대원의 활동을 통합 지휘해야 할 때, 건물 외부 안전 구역에 지휘소(Incident Command Post)를 설치하고 고정지휘를 수행한다. 지휘차나 지휘텐트 등 지휘시설을 활용한다.

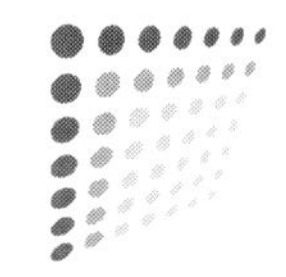



- 이동지휘(Mobile Command) : 화재 규모가 크지 않고 현장지휘관(IC)이 현장을 이동하며 지휘하는 것이 효과적일 때 선택한다. 현장지휘관(IC)은 무전을 통해 통신망을 유지한 채 현장을 돌아다니며 상황을 파악한다.
- 전진지휘(Forward Command) : 소규모 화재나 단순 구조 현장에서 현장지휘관(IC)이 직접 소규모 작전에 참여하며 지휘하는 형태이다. 예를 들어 원룸 화재에서는 현장지휘관(IC)이 무전을 휴대한 채 내부로 진입해 진압·구조를 지휘할 수 있다.
- 결정 공유 : 지휘 형태를 결정하면 "현장지휘관(IC)은 건물 정면 A면에서 고정 지휘한다" 또는 "전진지휘로 내부 진입하여 지휘한다" 등으로 모든 대원에게 알려 지휘 체계의 일관성을 유지한다.

3.3. **방면 지정**(Side Designation) : 화재 건물의 정면을 A면으로 하고, 시계 방향으로 왼쪽 B면, 후면 C면, 오른쪽 D면 순으로 방면을 지정한다.

- 혼선 방지 : 방면 지정은 무전 교신 시 혼선을 줄이고 모든 대원이 공간적 위치를 쉽게 이해하도록 돕는다. 선착대가 이미 방면을 지정했거나 현장 지휘 표준 작전에 따라 방면이 정해져 있으면 중복 지정하지 않으나, 지정이 없거나 부적절한 경우 현장지휘관(IC)이 즉시 재지정한다.
- 방면 공유 : 방면을 지정한 후 "본 건물 정면을 A면으로 하고 시계 방향으로 좌측 B, 후면 C, 우측 D면으로 지정한다" 등으로 전 대원에게 공유한다. 이후 모든 지시와 보고에서 "A면 진입", "B면 대기" 등 통일된 용어를 사용해 공간 인식 차이를 없앤다.

3.4. **전략 결정 및 지휘방향 알림**(Announcement of Strategy and Command Direction) : 현장지휘관(IC)은 현장 평가를 토대로 초기 대응 전략을 결정하고 이를 전 대원에게 알린다.

- 전략 선택 : 화재 진압 전략은 공격 또는 방어 중 하나를 선택한다. 구조 상황에 따라 우선순위를 배정한다.
- 지휘 위치 알림 : 현장지휘관(IC)은 자신의 지휘 위치를 알려 대면 보고와 지시 전달이 원활히 이루어지도록 한다.

# CHAPTER 4 의사결정 (Decision-Making)

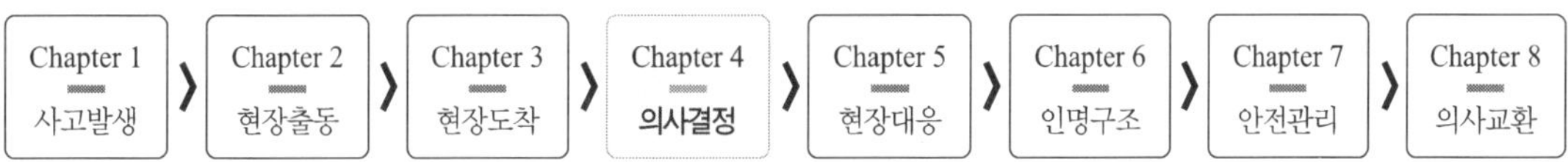


현장지휘관(IC)은 현장 상황을 종합적으로 고려하여 전략과 전술을 결정하고, 가용 자원(인력 · 장비)을 배분하여 대응활동 계획을 수립한다. 또한 이러한 계획을 모든 현장 대원에게 명확히 전파하여 공동의 목표 아래 신속히 대응활동이 이루어지도록 한다. 상황이 전개됨에 따라 추가 자원 요청이나 전략 수정이 필요하면 현장지휘관(IC)이 즉각 판단하여 실행한다. 이 장에서는 전략 결정, 전술 우선순위, 자원 운용, 추가 소방력 요청 등에 관한 현장지휘관(IC)의 의사결정 절차를 다룬다.

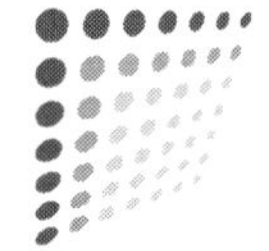



## 01 전략 결정 및 대응활동 계획 전파 (Strategic Decision-Making and Dissemination)

### 1. 공격 또는 방어 전략 선택 및 전술 우선순위 설정 (Choosing an Offensive or Defensive Strategy and Setting Tactical Priorities)

1.1. **공격 전략**(Offensive Strategy) : 현장지휘관(IC)은 화재를 적극적으로 진압하고 구조하기로 판단했을 때 내부 진입을 통한 전면적인 진압·구조를 지시한다. 공략 전략은 소방력이 우세하거나 건물 내부에 구조 대상자가 존재하는 경우 선택한다. 적용 시 현장지휘관(IC)은 "진압팀 신속 내부 진입", "구조팀 인명 검색 실시" 등 전술을 지시한다. 초기에는 공격 전략을 선택했더라도 상황이 악화되면 방어 전략으로 전환해야 할 수 있으므로, 현장지휘관(IC)은 항상 상황 변화를 주시하고 유연하게 전략을 전환한다. 공격 전략의 일반적인 전술 우선순위(Tactical Priority)는 다음과 같다.

- 1차 인명검색 및 구조 : 무엇보다 화재 현장 내부의 생존자를 인명검색하고 인명구조를 최우선으로 한다. 초기 단계에서 신속한 인명검색을 통해 구조 가능한 인명을 최대한 구조한다.
- 외부 연소 확대 방지 : 동시에 화재가 건물 밖으로 번져 인접 건물이나 수풀 등으로 옮겨 붙지 않도록 외부에서 방수하고 방화선을 구축한다. 필요 시 주변 건물 벽에 물을 뿌려 노출된 부분을 보호한다.
- 내부 연소 확대 방지 : 화재 건물 내부에서 불길이 다른 층이나 구역으로 확대되는 것을 차단한다. 방화문을 닫거나 차단선을 구축하여 연소 확산 경로를 막고, 불이 번질 우려가 있는 인접 공간에 선제적인 방수를 실시한다.
- 동시다발 초기 진압 : 가능하다면 여러 방향(층 또는 방면)에서 동시에 화점으로 진입하여 초기 진압 효과를 극대화한다. 7면 포위(화점, 천장, 바닥, 전·후·좌·우면)가 이루어지면 연기와 열 배출을 위해 배연을 실시한다.
- 2차 인명검색 : 1차 인명검색을 마친 후에도 혹시 남은 인명이 있을 수 있으므로 전체 건물에 대한 2차 인명검색을 실시한다. 모든 방과 구석진 곳까지 확인하여 미처 대피하지 못한 사람이 없도록 한다.
- 완전 진압 : 남은 불씨까지 철저히 제거하여 재발화를 방지하고 안전을 확보한

다. 잔불 정리와 함께 화재 원인 증거 보존에도 유의한다. 또한 2차 인명검색이 완료되면 각 단위지휘관(Division/Group Supervisor)과 함께 현장을 둘러보고 완진 여부를 결정한다.

- 공격 전략 선택과 관련한 원칙으로 현장지휘관(IC)은 "많은 것을 구하기 위해서는 큰 위험을 감수하고, 적은 것을 구하기 위해서는 작은 위험만 감수하며, 이미 잃은 것은 구하려 하지 않는다(risk a lot to save a lot, risk little to save little, risk nothing to save what's lost)."라는 기본 원칙을 마음에 두고 판단한다. 즉 구할 가치가 큰 인명은 위험을 감수해서라도 구하고, 재산만 있는 곳에는 대원의 생명을 걸지 않는다.

1.2. **방어 전략**(Defensive Strategy) : 화재 현장이 대원 진입이 곤란할 정도로 위험하거나, 구조 대상자가 없으며 소방력이 열세로 화재가 확산되는 상황일 경우 현장지휘관(IC)은 방어 전략을 선택한다. 방어 전략은 대원의 안전을 절대적으로 우선시하며 주로 외부에서 화세 억제와 연소 확대 저지를 목적으로 한다. 적용 시 현장지휘관(IC)은 "전 대원 인명구조 및 화재 진압 시 안전 확인", "위험구역 접근 금지", "외부 방수로 연소 확대 저지" 등 지시를 내린다. 초기 방어 전략에서 상황 호전 시 공격 전략으로 전환할 수도 있으므로 지속적인 상황 평가와 유연한 전략 변경 준비가 필요하다. 방어 전략 시 일반적으로 설정되는 전술 우선순위는 다음과 같다.

- 위험 구역 설정 : 건물의 붕괴나 플래시오버 등으로 대원의 안전에 치명적 위험이 예상되는 구역을 지정해 출입을 금지한다. 벽이 기울어지거나 폭발 위험이 있는 구역 등에는 출입금지 구역(Hot Zone)을 설정한다.
- 저지선 구축 : 화재가 더 이상 번지지 않도록 건물 구조나 공간을 활용해 방어선을 구축한다. 방화 구획이 있는 부분에서 진압을 멈추고 그 선을 사수하거나, 마당 등에서 불길이 더 진행되지 않도록 지속적인 방수로 차단선을 만든다.
- 인명검색 : 방어 전략 하에서도 위험 지역 외부나 화염이 닿지 않는 구역에서 인명검색을 시도한다. 예컨대 건물 밖이나 인접 구조물 등에 대피하지 못한 인원이 있는지 살피고 구조한다.
- 연소 확대 방지 : 화재가 현재 피해 구역을 넘어 확대되지 않도록 모든 외부 방어수단을 동원한다. 고가 사다리차의 방수포나 모니터(Monitor Nozzle)를 활용해 화염을 제어하고, 인접 건물 지붕이나 외벽에 물을 뿌려 불씨 착화를 막

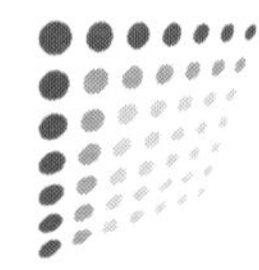



는다. 필요 시 방어선 밖 주변 가연물을 제거하거나 적셔 불이 옮겨 붙을 요소를 없앤다.

## 2. 최우선 목표 설정 및 전파 (Defining and Communicating the Highest Priority)

2.1. **인명구조 최우선** : 현장지휘관(IC)은 모든 상황에서 인명구조를 최우선 목표로 설정한다.

- 화재 진압 중에도 대원들은 "인명구조가 최우선"이 모든 판단의 기준임을 분명히 인식하도록 한다. 일시적으로 재산 보호 조치를 먼저 시행하는 상황이 있더라도, 최종 목표는 생존자 확보와 안전한 구조에 맞춰져야 한다.
- 현장지휘관(IC)은 출동 단계부터 인명구조가 무엇보다 우선되어야 함을 강조하고, 현장 도착 후에도 지속적으로 대원들이 구조 중심의 사고와 우선순위를 유지하도록 반복적으로 환기한다.

2.2. **우선순위 조정** : 상황에 따라 인명구조 목표와 화재진압 목표 간의 우선순위 조정이 필요할 수 있다.

- 초기에는 구조 대상자가 확인되어 구조 활동에 중점을 두다가, 구조 대상자가 모두 구조되었거나 생존 가능 인명이 없다고 판단되는 경우 즉시 화재 진압에 전력을 집중한다.
- 화재가 급격히 확대되어 구조 활동 자체를 위험에 빠뜨릴 경우, 일시적으로 진압을 강화해 화세를 억제한 후 구조 활동을 재개한다. 이러한 우선순위 변경은 현장 상황에 대한 지속적 평가와 유연성이 요구된다.
- 현장지휘관(IC)은 변경된 목표와 우선순위를 모든 대원에게 신속히 전파해 혼선을 방지한다.

## 3. 대응활동 계획의 전파 (Dissemination of the Response Plan)

3.1. **전략 · 전술 공유** : 현장지휘관(IC)이 수립한 전략과 전술 계획은 무전 또는 통신을 통해 모든 현장 대원에게 명확히 전달되어야 한다.

- 공격 전략을 선택했다면 "내부 진입하여 화점 직접 진압, 인명검색 동시 진행"

등을 지시한다.

- 방어 전략이라면 "외부 방어 위주로 연소확대 저지, 위험지역 진입 금지" 등 큰 틀의 방향을 알린다. 현장에서 이미 진행 중인 활동과 연계해 현장지휘관(IC)은 "위험지역 진입금지"를 중심으로 활동할 것을 지시한다.

3.2. **전술 지시 및 위험 요소 전파** : 현장지휘관(IC)은 구체적인 전술 지시와 함께 위험 요소와 제약 조건도 전파한다.

- "불길이 4층으로 번지고 있으니 3층에서 차단", "주출입구 왼쪽 면 계단으로 2층까지 진입해 방수" 등 명확하게 지시한다.
- "방화문을 열지 말 것", "가스 밸브 차단 필요" 등 위험 요소와 제약 조건을 함께 전달해 대원 안전과 작전 효율을 높인다.

3.3. **소방호스 전개 및 방수 계획** : 호스 전개 위치와 방수 방법, 방수 시작 시점과 우선순위를 명확히 지시하여 혼선을 최소화한다.

- "진압 1팀 펌프차 기관원은 건물 우측 B면 외부에서 방수포로 4층 창문 방수", "진압 2팀은 A면 현관으로 진입해 직사주수 실시" 등. 이를 통해 각 팀이 호스 전개 위치와 동작을 서로 파악할 수 있어 혼선을 줄인다.

3.4. **핵심 정보 실시간 공유** : 건물 구조, 화점 및 구조 대상 위치 정보를 전파해 각 팀이 상황을 명확히 이해하고 현장지휘관(IC) 의도에 따라 행동할 수 있도록 한다.

- "화재층은 건물 3층이며 불길은 복도 끝 방에서 시작됨", "구조 대상자 2명은 4층 발코니에서 구조요청 중" 등, 이러한 정보 공유는 모든 출동대의 공통된 상황 인식을 형성해 각자가 임무를 수행하면서도 전체 상황을 이해한다.

3.5. **선착대장과 전략 조정** : 선착대장이 이미 수행 중인 초기 대응 활동을 파악하여 현장지휘관(IC)의 전략 및 전술과 충돌하지 않도록 조정한다.

- 선착대장이 A면으로 진입 지시를 내렸으나, 현장도착 후 현장지휘관(IC)이 C면 진입이 더 효과적이라고 판단하면 "전 대원, 진입 방향 변경, C면 현관으로 진입"이라고 명확히 전달해 지휘 체계를 일원화한다.

# 02 차량 배치 및 소방력 운영 (Vehicle Deployment and Firefighting Resource Management)

## 1. 초기 차량 배치와 임무 지정(Initial Vehicle Deployment and Task Assignment)

1.1. **전략적 배치** : 현장지휘관(IC)은 현장도착 즉시 출동 차량의 위치와 임무를 신속하고 명확하게 지정하여 효과적이고 효율적인 대응을 한다. 차량 배치는 단순 정차가 아니라 전술적 자원의 전략적 배치로 이해한다. 진입로 확보, 장비의 신속한 활용, 소방용수 접근성, 추가 지원 차량의 원활한 진입을 고려해 배치한다.

- 선착대 차량(1선펌프차 등) : 가능한 한 화재 건물과 가까운 위치에 배치하여 호스 전개 거리를 최소화한다. 단, 차량이 화염과 열기로부터 안전하게 보호될 수 있도록 충분한 안전거리를 확보한다.
- 물탱크차(중요 물탱크차) : 현장의 후방 또는 인근 소화전 근처에 배치하여 급수 작업 및 물 공급 중계를 원활히 수행한다. 소방용수의 신속한 공급이 유지될 수 있도록 급수 중계 경로를 명확히 설정한다.
- 구급차 : 구조된 부상자의 신속한 응급처치와 병원 이송을 위해 화재 건물 출구와 임시 의료소 주변에 배치하되, 현장 소방대의 진압 및 구조 활동을 방해하지 않도록 진입로 측면 등 별도의 안전 구역에 주차한다.
- 특수 차량 : 고가 사다리차나 굴절차 등 특수 차량은 화재 건물에 접근이 용이하고 신속히 구조 활동을 펼칠 수 있는 공간을 미리 확보하여 배치한다. "1선펌프차는 A면 현관 우측에 배치하고, 좌측 공간은 사다리차가 진입할 수 있도록 확보" 등 명확한 지시를 내려 현장 혼선을 방지한다.
- 임무 반복 확인 : 각 차량의 기관원과 대원들에게 배치 위치와 임무를 반복 확인하여, 신속하고 혼란 없는 소방 활동을 보장한다.

## 2. 추가 소방력 도착에 따른 관리(Managing Subsequent Firefighting Arrivals)

2.1. **후착대 운영** : 현장지휘관(IC)은 요청한 추가 소방력이 현장에 도착하면 이를 체계적으로 관리 운영한다.

- 후착대가 도착할 때마다 현장지휘관(IC)은 해당 인력을 즉시 투입할지, 특정

구역에서 대기시킬지를 판단한다. 이를 위해 전술상황판이나 메모를 활용해 출동대 배치도를 작성하며, 지휘지원팀을 통해 도착 대원을 직전대기 또는 대기구역(Staging Area)에 배치한다.

2.2. **구역 분할** : 현장 규모가 커질 경우 작전 구역을 여러 개로 분할해 구역별로 후착대를 배치한다.

- 도착 순서와 구역 특성에 따라 적절히 배정하며, 각 구역의 단위지휘관(DGS)이 활동을 지휘한다.

2.3. **유연한 운용** : 현장지휘관(IC)은 모든 현장 자원을 통제하면서도 유연하게 운영한다.

- 각 출동대에게 할당된 임무와 위치를 명확히 전달하고, 상황 변화로 전략이나 임무 조정이 필요하면 즉시 재배치하거나 변경해 공백이 생기지 않도록 한다.
- 초기 진압팀의 장시간 작업으로 교대가 필요하면 준비된 후착대를 즉시 투입하고, 화세가 예상보다 빠르게 진행되면 추가 소방력을 인접 건물 보호 임무에 투입하는 등 자원을 효율적으로 운용한다.

## 3. 대기 단계 및 지원 체계 구축 (Staging Levels and Support Systems)

3.1. **대기 단계 구분** : 현장지휘관(IC)은 화재 현장 주변의 혼잡을 예방하고 출동한 소방력을 효율적으로 관리하기 위해 차량 대기 단계(Staging Level)를 구분하여 운영한다.

- 대기 1단계(Staging Level 1) : 화재 현장에 가까운 주 진입도로에서 이루어진다. 현장에 가장 먼저 도착한 선착 출동대는 주도로의 안전 구역에 정차하여 즉시 현장 투입이 가능한 준비 상태를 유지한다. 대원들은 차량 내부에서 개인보호장비(PPE)를 완전 착용한 채 장비를 점검하며, 현장지휘관(IC)의 투입 지시가 내려지면 바로 이동해 임무를 수행한다. 대기 1단계는 현장에 가까운 만큼 신속 투입을 대비하는 단계다.
- 대기 2단계(Staging Level 2) : 화재 규모가 크거나 대응 범위가 확대되어 다수의 추가 소방력이 필요할 때 운영한다. 현장에서 떨어진 넓고 안전한 자원 대기소(Resource Staging Area)를 마련해 후착대가 집결하게 한다. 이곳에 도착한

출동대는 지휘지원팀(통신)의 안내를 받으며 인력과 장비를 점검하고 현장지휘관(IC)의 투입 지시를 기다린다. 현장지휘관(IC)은 무전을 통해 "후착대는 ○○ 장소에 집결하여 대기"라고 지시하고, 자원 대기소 책임자는 출동한 차량과 대원이 즉시 투입 가능한 상태를 유지하도록 관리한다.

3.2. **체계적 운용** : 이러한 단계적이고 명확한 대기 체계를 통해 현장지휘관(IC)은 혼잡과 혼선을 방지하고, 많은 소방력을 전략적이고 신속하게 운용할 수 있다. 대기 단계는 화재 현장 규모와 필요 인력에 따라 융통성 있게 운용되며, 현장 상황 변화에 따라 단계 조정을 한다.

## 03 인명구조와 화재진압 우선순위 관리
(Managing Priorities Between Life Rescue and Fire Suppression)

### 1. 인명구조 최우선 원칙 (Principle of Life-Saving Priority)

1.1. **최우선 임무** : 현장지휘관(IC)은 모든 화재 현장에서 인명구조를 최우선 임무로 설정한다.

- 현장도착 즉시 구조 대상자의 위치, 인원 수, 현장 상황을 빠르게 파악하여 구조 활동의 우선순위를 정한다. 어린이, 노약자, 장애인 등 자력 대피가 어려운 취약계층이 있는 경우에는 구조팀을 즉각 투입한다. 초기에는 화재 진압보다 구조 활동에 더 많은 소방력을 배치한다.

1.2. **전술적 유연성** : 현장 상황이 악화되어 구조 활동 자체가 어렵거나 구조팀의 안전이 위협받는다면, 현장지휘관(IC)은 일시적으로 진압 활동에 소방력을 집중하여 화세를 억제한 후 구조 활동을 재개한다.

- "현재 구조가 어려운 상황이므로 우선 외부 방수로 화세를 제어한 후 구조 실시" 등 지침을 신속히 전달하여 대응 계획을 조정한다.

1.3. **구조 우선순위** : 구조 우선순위는 구조 대상자의 현재 위치와 위험의 긴급성을 고려하여 결정한다.

- 즉각적인 위험에 처한 사람이 육안으로 확인되거나 특정 구역에 고립된 것으로 판단되면, 현장지휘관(IC)은 즉시 구조팀을 해당 위치에 투입한다. 구조 대상자가 여러 위치에 흩어져 있는 경우, 연기와 화점에 가장 가까워 생명 위험이 큰 장소부터 우선 접근한다.
- 현장지휘관(IC)은 무전과 전술상황판을 통해 구조팀의 이동과 구조 진행 상황을 수시로 점검하고 자원을 재배치한다.

## 2. 화재진압 전술 우선순위 설정 (Setting Tactical Priorities for Fire Suppression)

2.1. **연소 확대 차단** : 인명구조 활동이 진행되는 동안에도 진압팀은 연소 확대를 방지하기 위한 전술 우선순위를 설정하고 활동한다.

- 현장지휘관(IC)은 화재 상황을 지속 평가하여 화염이 건물 내 다른 구역이나 인접 구조물로 확산될 가능성을 예측하고, 방화셔터 작동, 방화문 닫기, 집중 방수 등을 지시한다. 화염이 아직 번지지 않은 공간을 방화 구획으로 활용해 확산을 막는다.

2.2. **고위험 구역 냉각 및 보호** : 인화성 물질 저장시설이나 가스 설비 등 2차 폭발 위험이 있는 고위험 구역을 신속히 파악하고, 불길이 접근하지 못하도록 우선적으로 방수해 냉각한다.

- 건물이 장시간 화염에 노출되어 주요 구조부(기둥, 보, 벽체 등)가 약화된 경우 붕괴 위험이 높으므로 집중 냉각과 보호를 실시한다.
- 현장지휘관(IC)은 이러한 우선순위를 진압팀에게 구체적으로 전달하고, 상황 변화를 파악하며 우선순위를 재조정한다.

## 3. 인명구조와 화재진압의 동시 진행

(Simultaneous Execution of Rescue and Suppression)

3.1. **병행 수행** : 현장지휘관(IC)은 가능하다면 구조팀과 진압팀이 각각의 임무를 동시

에 수행하도록 지시하여 전체 대응 시간을 단축한다.

- 구조팀과 진압팀은 서로의 위치와 진행 상황을 지속적으로 공유하고 협력해야 한다. 현장지휘관(IC)은 무전을 통해 "진압팀 현재 진입 층수 보고", "구조팀 현재 위치 보고" 등 정보를 주기적으로 공유하게 하여 상호 위치를 실시간 인지하도록 한다.

3.2. **상호 보완** : 진압팀은 구조팀이 활동하는 구역 주변에 방수해 열기와 연기 확산을 억제하며 구조팀의 안전을 확보한다.

- 구조팀은 진압팀이 화점으로 접근하는 경로상의 장애물을 제거하거나 폐쇄된 문을 개방해 진압팀이 원활히 진입할 수 있도록 돕는다.
- 현장지휘관(IC)은 무전과 전술상황판을 통해 두 팀 간의 소통과 지원 요청을 중계하고, 필요 시 추가 자원을 투입해 협동작전이 원활히 이루어지도록 조정한다.

3.3. **안전 조정** : 구조와 진압이 동시에 진행될 때 발생할 수 있는 안전사고 위험을 최소화하기 위해 현장지휘관(IC)은 팀 간 활동 시기와 장소를 면밀히 조정한다.

- 구조팀이 철수하지 않은 밀폐된 공간에서 진압팀이 방수하면 뜨거운 수증기 폭발이 발생할 수 있으므로, 현장지휘관(IC)은 "구조팀 철수 전까지 방수 중지"를 지시하고 구조팀이 나오는 즉시 방수를 재개한다. 또한 위급 상황이 발생하면 신속동료구조팀(RIT)을 투입해 위기에 처한 대원을 구조한다.

## 4. 전술 우선순위의 유연한 조정 (Flexible Adjustment of Tactical Priorities)

4.1. **상황별 전환** : 화재현장은 시시각각 변화하므로 현장지휘관(IC)은 상황에 따라 인명구조와 화재진압의 비중을 유연하게 조정한다.

- 구조가 완료되면 화재진압 중심으로 전환하거나, 화세가 강해져 구조가 어려우면 진압을 선행하는 등 상황에 맞춰 우선순위를 전환한다.
- 현장지휘관(IC)은 결정 후 곧바로 무전을 통해 "전 대원에게 알린다. 현 시간부로 전략은 공격", "인명 검색 종료, 화재진압 집중" 등 명확히 지시한다.

4.2. **명확한 통보** : 전술 우선순위 전환 시 명확한 통보가 중요하다.

- 현장지휘관(IC)은 대원들에게 임무 변경 사항을 분명하게 전달하고, 대원들은 복명복창으로 지시를 확인한다.
- 일부 대원이 이전 임무에 몰두해 전환 지시를 놓치는 '터널효과(Tunnel Vision)' 상태에 빠지지 않도록 현장지휘관(IC)은 반복적으로 주의를 환기한다.

## 04 추가 소방력 요청 결정 (Determining the Need for Additional Firefighting Resources)

추가 소방력은 현장에 투입된 인력과 장비로 화재를 통제하기 어려울 때 요청한다. 현장지휘관(IC)은 사고 규모와 범위, 위험 요인, 상황 확대 가능성을 평가하고, 필요한 경우 신속히 추가 지원을 요청한다.

### 1. 사고 규모 및 범위 평가 (Assessing the Incident Size and Scope)

1.1. **현장 규모 판단** : 건물 여러 층에서 화재가 발생하거나 건물 구조가 크고 복잡하며 여러 지점에서 동시에 화재가 진행 중인 경우, 현장에 투입된 진압팀과 구조팀의 역량만으로는 충분한 대응이 어려울 수 있다.

- 4층 건물의 3개 층에서 동시에 화재가 진행 중이면 각 층마다 진압팀을 2개조 이상 배치해야 하고, 동시에 구조팀을 투입해야 한다. 이런 상황에서는 추가 소방력 요청이 필요하다.

1.2. **인력 · 능력 한계 고려** : 화재가 넓은 공간이나 여러 방향으로 급격히 번져 현재 투입된 대원들의 대응 범위를 초과하는 경우, 제한된 인력으로 모든 화재 구역을 동시에 통제하기 어렵다.

- 화재 진압과 인명구조가 장시간 지속될 경우 대원의 체력 소모와 피로 누적이 커진다. 이 경우 현장지휘관(IC)은 교대 인력을 확보하기 위해 추가 인력을 요청한다.

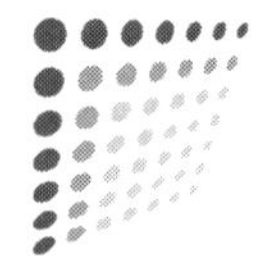



## 2. 위험 요인 존재 여부(Assessing the Presence of Risk Factors)

2.1. **연소 확대 위험 평가** : 화염이 인접 건물이나 시설, 산림 등으로 확산될 가능성을 평가한다.

- 건물이 밀집된 지역에서 강풍으로 불씨가 주변으로 확산될 가능성이 높으면, 추가소방력을 요청해 방어선을 구축한다.

2.2. **특수 위험물 존재** : 화재 현장에 가연성 화학물질이나 독성 물질, 가스 저장시설 등 특수 위험물이 존재하는지 확인한다.

- 위험물이 있으면 일반 화재가 특수 화재로 변질될 수 있고 전문 대응 능력을 갖춘 인력과 장비가 필요하다. 예를 들어 유독가스 발생이 우려되는 실험실 화재 시 화학차량, 유독가스 측정 장비, 화학구조팀을 추가 요청한다.

2.3. **구조적 위험** : 건물이 노후하거나 장시간 화염에 노출돼 구조부가 약화된 경우 붕괴 위험이 높다.

- 현장지휘관(IC)은 추가 인력과 중장비를 요청해 붕괴 위험에 대비하며, 붕괴가 발생하면 매몰자 인명검색과 대원 구조를 위해 신속동료구조팀(RIT)을 배치한다. 필요 시 건축 전문가나 구조 기술자의 지원도 요청한다.

## 3. 상황 확대 가능성 분석(Analyzing the Potential for Situation Escalation)

3.1. **화재 확산 추세 분석** : 현장지휘관(IC)은 현재 화재 양상과 확산 속도를 면밀히 분석하여 추가 확산 가능성을 예측한다.

- 화세가 제압되지 않고 확대되거나 건물 구조상 확산 경로가 많아 초기 진압에 실패할 가능성이 크다면, 선제적으로 추가 소방력을 요청한다.
- 강풍이나 건조한 날씨 등 기상 요인이 화세를 급격히 확대시킬 수 있는 경우도 신속히 추가 지원을 요청한다.

3.2. **다수 사상자 발생 가능성 고려** : 건물 내 많은 인원이 대피하지 못했거나 화재가 급속히 확산돼 부상자 수가 증가할 우려가 있으면 추가 구급팀을 요청해 환자 분

류와 응급처치를 강화한다.

- 부상자가 많을 것으로 예상되면 인근 소방서에서 추가 구급팀을 요청하고, 중증 환자가 많거나 중증도 분류가 복잡할 경우 재난의료지원팀(Disaster Medical Assistance Team)을 긴급 요청하여 의료 지원과 환자 이송을 신속히 수행한다.

3.3. **2차 피해 위험 평가** : 화재로 인한 독성 물질 유출이나 소화수로 인한 환경오염 등 2차 피해 위험을 평가한다.

- 소화수가 인근 하천을 오염시킬 위험이 있으면 환경청이나 시청의 수질오염 방제팀을 요청한다.
- 전력 설비나 가스 시설이 화재 현장에 있어 추가 피해가 우려되면 전력회사나 가스회사에 긴급 차단을 요청한다. 이러한 선제적 대응은 2차 피해를 예방하고 현장 안전을 확보한다.

## 4. 추가 소방력 및 특수 자원 요청

(Requesting Additional Firefighting Resources and Specialized Assets)

4.1. **요청 절차** : 현장 상황을 종합적으로 검토한 후 현장지휘관(IC)은 추가 소방력 요청 여부를 결정한다. 추가가 필요하면 지체 없이 상황실에 요청하고 필요한 자원의 종류와 규모를 구체적으로 전달한다.

- 추가 소방 인력 : 화재가 대규모이거나 장시간 대응이 예상되면 교대 및 인력 보강을 위해 인근 소방서로부터 소방력 지원이나 필요에 따라 대응단계 상향을 요청한다.
- 추가 소방 장비 : 고성능 방수포, 대형 수관 등 특수 장비가 필요할 경우 요청한다. 지하층 화재라면 배연차나 대형 환풍기를, 고층 화재라면 굴절사다리차를 추가 요청한다.
- 특수 지원단 : 화학물질 화재는 화학구조팀, 대형인명사고에 필요한 유관기관 필요시 긴급구조통제단, 붕괴사고는 구조구급팀 등 특수자원을 요청한다. 또한 경찰(교통 통제)이나 전기 · 가스 긴급복구반도 상황실을 통해 신속히 연락한다.
- 지원 차량 및 물탱크차 : 원거리 급수 지원이 필요하면 추가 물탱크차를, 야간

대응에는 조명차를 요청한다.

4.2. **대응 단계 체계** : 대규모 재난 발생 시 필요한 추가소방력에 따라 대응단계(1, 2, 3 단계)를 운영한다. 각 단계는 재난 범위와 심각도, 동원 가능한 소방력, 지휘조직 수준에 따라 구분되며, 단계가 올라갈수록 자원 동원 범위와 지휘 조직이 확대된다.

4.3. **상황실 및 지휘부와의 협력** : 현장지휘관(IC)은 추가 소방력을 요청한 후에도 상황실 및 상급 지휘부와 긴밀히 협력해 현장을 통제한다.

- 추가 자원이 도착하기 전까지 현재 투입된 소방력으로 상황을 최대한 통제하며, 추가 자원이 도착하면 즉시 투입될 수 있도록 임무 배치 계획을 준비한다.
- 현장지휘관(IC)은 상황실에 현장 상황을 수시로 보고하고, 예상보다 상황이 악화되거나 추가 자원이 더 필요할 경우 적시에 추가 지원을 받도록 한다.
- 적극적이고 명확한 보고와 협력은 현장의 대응력을 높이고 대원들이 충분한 지원을 받아 안전하고 효율적으로 임무를 수행할 수 있도록 한다.

# CHAPTER 5 현장대응 (On-Scene Operations)

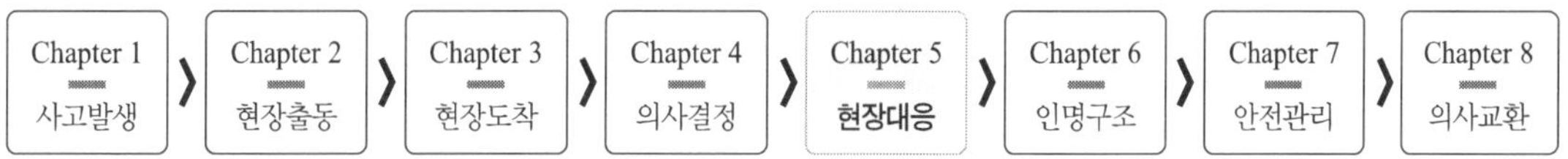


화재 현장에서 진압, 구조, 구급, 지원 등 각 대응팀은 현장지휘관(IC) 지휘 아래 표준 대응활동(SOP)을 수행한다. 이 장에서는 현장 대응 초기 단계부터 화재가 완전히 진압되기 직전까지 진행되는 주요 전술과 절차를 다룬다. 모든 대원은 안전관리와 원활한 의사소통을 병행하여 효율적이고 안전한 임무 수행을 목표로 한다.

## 01 초기 표준대응활동 전개 (Initial Standard Response Deployment)

현장지휘관(IC) 지시에 따라 모든 대원은 각자의 역할과 위치에서 표준화된 초기 대응 절차를 수행한다. 이는 "상황평가 → 위험성 판단 → 우선 대응구역 선정 → 후착대 대비 → 진압·구조 활동 전개 → 상황 모니터링"의 흐름으로 전개된다.

### 1. 현장도착 즉시 상황평가 (Initial Size-Up)

1.1. 현장지휘관(IC)은 차량에서 하차하는 즉시 초기 현장 상황평가를 실시하여 지휘 임무를 시작한다.

- 건물 유형과 구조 특성 파악 : 화재가 발생한 건물이 필로티 구조인지, 아파트인지, 고층 건물인지 등을 신속히 확인한다. 이를 통해 연소 확대 가능성과 위험 요소를 예측하고 대응 전략을 결정한다.
- 연소 양상 관찰 : 화염의 크기, 방향, 속도와 연기의 양상과 색깔을 면밀히 관찰하여 화재의 진행 상황과 화점 위치를 빠르게 판단한다. 연기 색으로 연소 물질과 상태를 추정한다.
- 우선 차단 구역 식별 : 건물 내부 구조가 복잡하여 화염과 연기가 여러 방향으로 빠르게 확산될 가능성이 높은 경우 최우선적으로 차단해야 할 연소 경로와 구역을 즉시 확인하여 대응 전략을 신속히 결정한다.
- 진입로 확보 : 건물의 주요 출입구가 장애물로 막혀 있거나 잠겨 있는지 확인하여 강제 개방이 필요한 경우, 방수나 구조 장비를 접근시키기 위해 장애물을 제거하거나 적절한 도구를 사전에 준비한다.
- 360° 둘러보며 점검 및 공유 : 현장도착 후 현장을 한 바퀴 돌아보며(360° Size-up) 위험 요소를 확인하고, 평가 결과를 무전과 전술상황판을 통해 현장에 투입된 모든 대원들과 즉시 공유한다. 이를 통해 전 대원이 현장 상황을 정확히 이해하고 일관된 대응을 수행하도록 지휘한다.

## 2. 연소 확대 위험성 평가 (Evaluation of Fire Extension Risk)

2.1 현장지휘관(IC)은 초기 상황평가와 함께 화재가 주변으로 얼마나 빠르고 광범위하게 확산될 수 있는지를 가늠한다.

- 확대 요인 식별 : 화재 발생 지점 주변에 가연물, 가스 설비(LPG), 차량 연료탱크, 섬유제품(커튼, 카펫 등)과 같이 화재를 급격히 확산시킬 가능성이 높은 요소가 있는지 확인한다. 발견 시 해당 지점을 연소 확대 저지를 최우선으로 하고 집중 방수를 지시한다.
- 차단 요소 파악 : 견고한 방화구획이나 방화문 등 화염과 연기의 확산을 차단할 수 있는 구조물이 설치되어 있는 경우, 해당 구역을 후순위로 고려할 수 있다. 그러나 연소와 연기 확산 경로가 예측 불가능한 경우에는 후속 모니터링을 통해 우선순위를 재조정한다.
- 환경 요인 분석 : 강풍이 부는 환경에서는 불티와 열기의 비산으로 화재가 멀리까지 확산될 수 있다. 현장지휘관(IC)은 바람의 방향과 강도를 분석하여 바람이 향하는 방향에 방어선을 설정하고 추가 소방력을 배치한다.

## 3. 내부 진입 가능성 판단 (Interior Entry Decision)

3.1. 현장지휘관(IC)은 화재 발생 지점이 건물 내부 깊숙한 곳에 위치하거나 폭발과 플래시오버, 백드래프트 같은 급격한 화재 확산 위험이 있는 경우, 내부 진입 여부를 신속히 결정한다.

- 연기 색과 양, 화염 크기 분석 : 검은 연기가 빠르게 분출되거나 강한 공기 흐름이 유입되면 플래시오버가 임박했음을 의미한다. 연기의 외부 유출이 거의 없으면 백드래프트가 발생할 가능성이 높다. 또한 창문이나 출입구로 보이는 화염이 매우 크면 내부 온도가 생존 한계치를 초과했을 가능성이 있다.
- 열화상카메라(TIC) 활용 : 문 손잡이나 벽면 등 구조물 표면의 온도를 측정하여 내부의 열 환경을 간접적으로 파악한다. 표면 온도가 매우 높으면 내부 진입이 위험할 수 있다.
- 도어 엔트리 기법 적용 : 내부 상황이 불확실한 경우 도어 엔트리(Door Entry) 기법을 적용한다. 출입문을 조금만 열어 내부 압력과 연기 흐름을 확인한 후 분무로 내부를 냉각시키며 위험을 줄인다.

- 내부 공격 vs 외부 공격 : 종합적인 분석으로 내부 공격이 가능한지 판단한다. 내부 진입이 가능하면 안전한 진입 경로를 선정해 진압팀·구조팀을 투입하고, 위험하다고 판단되면 외부 공격으로 전환하여 연소확대 저지와 구조를 수행한다. 현장지휘관(IC)은 진입 대원의 의견과 관찰 내용을 수렴하여 최선의 결정을 내린다.

## 4. 우선 활동구역 선정 및 공유

(Selection and Communication of Primary Action Area)

4.1. 현장지휘관(IC)과 현장 대원들은 초기 상황평가 결과를 바탕으로 화재 현장에서 가장 긴급하고 우선적으로 대응해야 할 구역을 신속히 선정한다.

- 우선 대응 구역 지정 : 화재층의 계단실 부근, 출입구가 봉쇄된 내부 공간, 압력용기 저장탱크 주변 등 화재 확산 저지나 인명 피해 최소화를 위해 즉시 진압과 구조가 필요한 지점을 우선 대응구역으로 지정한다. 필요 시 구조 장비를 대기시켜 여러 구역을 동시에 관리한다.
- 소방력 배치 : 우선 대응구역에는 가용 소방력을 집중 투입하고, 상대적으로 화재 확산 가능성이 적고 인명 위험도가 낮은 구역은 후순위로 조정하여 효율적인 소방력 운용을 도모한다. 후착대가 도착하면 후속 임무에 투입될 수 있도록 준비한다.
- 정보 공유 : 선정된 우선 대응구역 정보를 무전과 전술상황판을 통해 모든 현장 출동대에 명확하고 신속히 공유한다. 현장 상황 변화에 따라 대응 구역을 지속적으로 업데이트하여, 모든 대원이 공통된 목표를 가지고 일관되게 대응 활동을 수행한다.

## 5. 후착대 활동 예측 및 임무 지시 (Pre-Planning for Subsequent Units)

5.1. 현장지휘관(IC)은 초기 상황평가와 동시에 현장에 추가로 도착할 후착대의 활동 계획을 미리 구상하고 준비한다.

- 후착대 임무 계획 : 현장지휘관(IC)은 후착대가 도착하는 즉시 수행할 임무를 구체적으로 계획한다. 예를 들어, 후착 진압팀에게는 화점층 진입 및 방수 준

비를 지시하고, 후착 구조팀에게는 화재 직상층 인명검색을 지시한다. 또한 구급팀에게는 구조된 인원의 중증도 분류와 응급조치를 실시하도록 지정한다.

- 지휘 일원화 : 후착대가 도착하면 사전에 수립한 계획에 따라 임무를 부여한다. 현장지휘관(IC)은 화재 진행 상황, 인명구조 필요 위치, 위험 요인 등 최신 정보를 후착대에게 신속하고 정확히 전달하여 혼선 없이 지휘 체계를 유지한다.
- 상호 연계 : 구조팀과 진압팀은 각자의 임무를 수행하면서 상호 소통하고, 필요 시 상호 지원한다. 예를 들어, 구조 중 발견된 인원을 안전하게 대피시키기 위해 진압팀은 일시적으로 방수를 조정하거나 보호 주수를 실시한다.
- 기능별 지원 : 구급팀은 구조된 인원의 상태를 즉시 평가하고, 경상자는 임시 의료소로, 중상자는 병원으로 이송한다. 안전담당(ISO)은 대원의 개인보호장비(PPE) 착용 상태와 현장 위험 요소(붕괴, 폭발 위험 등)를 지속적으로 관찰하고, 위험 상황을 즉시 전파한다.

## 6. 상황 변화 모니터링 및 후속 조치 (Continuous Monitoring and Follow-Up Actions)

6.1. 현장 대응 활동이 진행되는 동안 현장지휘관(IC)은 화재의 진행 상황과 주변 위험 요소를 지속적으로 관찰하며 상황 변화에 따라 후속 조치를 신속히 수행한다.

- 화재 규모와 연기 상태 관찰 : 현장지휘관(IC)은 화염의 규모와 강도가 줄어들고 있는지, 연기의 색이나 양상이 변하는지, 그리고 추가 구조 대상자의 발견 여부를 실시간으로 모니터링한다. 주기적으로 단위지휘관(DGS)으로부터 보고를 받아 정보의 정확성을 확보한다.
- 전술적 재배치 : 현장 상황이 변화하면 즉시 전술을 조정한다. 예를 들어, 불길이 옥상으로 확산되면 "진압 2팀은 옥상으로 이동하여 화재 확산 차단하라."고 지시하거나, 화세가 약화되면 "포 소화를 중단하고 잔불 처리로 전환하라."고 지시한다.
- 추가 자원 요청 : 현장의 소방력만으로 대응이 어려운 경우 추가 장비와 인력을 신속히 요청한다. 반대로 화재가 진정되면 과도하게 배치된 자원을 철수시켜 현장의 복잡성을 낮추고 효율성을 높인다.

## 02 수관 전개 및 화점 진입 전술 (Hose Deployment and Fire Attack)

화재현장에 도착한 진압팀은 신속히 적절한 소방호스를 선택·전개하여 화점으로 접근한다. 수관은 화재 진압의 생명선이므로, 상황에 따라 올바른 호스 직경을 선택하고 충분한 호스 길이를 확보하는 것이 매우 중요하다.

### 1. 상황에 따른 수관 직경 선택 (Selection of Hose Diameter)

1.1. 현장지휘관(IC)과 진압팀은 화재의 규모와 건물 구조 특성에 적합한 호스 직경을 결정한다.

- 대형·고위험 화재 : 화세가 강하고 연소 면적이 넓거나 대형 상업시설, 공장, 복잡한 구조의 건물에서는 대구경 수관(65 mm 또는 2½ 인치)을 사용한다. 대구경 수관은 많은 양의 물을 공급하여 화세를 신속히 억제할 수 있으나, 무게가 무거워 이동이 어려우므로 충분한 인력을 배치해야 한다.
- 소규모·협소 공간 화재 : 주택 화재 등 소규모 실내 화재나 공간이 협소한 경우에는 소구경 수관(40 mm 또는 1½ 인치)을 사용한다. 소구경 수관은 가볍고 기동성이 뛰어나 실내에서 빠르게 이동하여 초기 공격에 유리하다.
- 탄력적 운용 : 현장지휘관(IC)은 초기 정보에 근거해 수관 직경과 필요한 장비(호스홀더 등)를 사전에 준비한다. 화세가 변하거나 진압 효과가 부족하면 대구경 수관으로 교체하여 방수량을 늘리는 등 탄력적으로 운용한다.

### 2. 호스 전개 경로 및 길이 확보 (Determining Hose Routes and Length)

2.1. 현장지휘관(IC)과 진압팀은 소방차에서 화점까지의 거리를 신속히 계산하여 충분한 길이의 수관을 확보하고 가장 효율적인 경로를 선택한다.

- 전개 거리 계산(부록 1 참조) : 전개 거리는 [소방차에서 건물 입구까지 거리] + [건물 내부 수평 이동 거리] + [층고에 따른 수직 이동 거리] + [여유 호스 1~2본]으로 계산한다. 예를 들어, 건물 현관까지 30 m, 내부 복도와 계단을 따라 3층 끝방까지 40 m, 3층(층당 대략 3 m)에 해당하는 수직 이동 9 m, 여유 호스 15 m를 추가하면 총 94 m가 필요하며, 이는 15 m 호스로 약 7본에 해당한다.

- 경로 확인 및 보조 인력 배치 : 전개 경로에 굴곡, 계단, 협소 지점이 있는지 사전에 확인하고, 필요하면 추가 인력을 배치해 호스를 밀거나 당겨 전개 효율을 높인다.
- 옥내소화전 활용 : 건물에 옥내소화전이 설치되어 있고 정상 작동한다면, 이를 우선 활용하고 부족한 부분만 추가 호스를 연결해 보완한다. 옥내소화전이 작동하지 않으면 소방차 펌프에서 직접 수관을 전개한다.

## 3. 호스 연결 및 송수 (Hose Connection and Water Supply)

3.1. 현장지휘관(IC)은 수관 전개 과정에서 화재 진압에 필요한 소방용수가 안정적으로 공급되도록 지속적으로 점검한다.

- 중계급수 구축 : 1선펌프차(First-Due Engine)는 자체 물탱크가 한정되어 있으므로, 현장에 도착하면 즉시 인근 소화전을 활용해 급수를 연결하거나 중계급수(Relay Pumping) 체계를 구축하도록 지시한다. 특히, 중요물탱크차(Primary Water Tender)를 이용해 지속적으로 물을 공급받는다.
- 고층 건물 대응 : 고층 건물 화재에서는 연결송수관을 적극 활용한다. 진압팀은 건물 내부 연결송수관에 호스를 연결하여 물을 공급받고, 다른 팀은 연결송수관(Standpipe System)에서 방수를 실시한다. 밸브 개방 전 관창을 단단히 잡아 급수 시 호스 반동으로 인한 안전사고를 예방한다.
- 호스 끌어올리기 : 진압팀은 화재층까지 호스를 전개할 때 일반 계단 이동 외에도 옥외 피난계단이나 창문을 통한 호스 끌어올리기 등 다양한 방법을 활용하며, 현장 상황에 따라 탄력적으로 대응한다.

## 4. 백업 라인 확보 (Ensuring Backup Lines)

4.1. 현장지휘관(IC)은 화재 진압 초기부터 반드시 예비 소방호스를 확보하도록 지시한다.

- 주공격 라인과 백업 라인 : 한 라인은 주공격 라인으로 화점을 직접 공격하며, 다른 라인은 백업 라인으로 대원 보호와 퇴로 확보에 사용한다. 예비 라인은 주공격 라인이 손상될 때 즉각 대체하여 화점을 지속 공격할 수 있게 해준다.
- 전개 계획 : 현장지휘관(IC)은 최소 두 개 이상의 소방호스를 동시에 전개하게 하고, 예비 라인이 즉시 사용될 수 있도록 항상 준비 상태를 유지하도록 관리한다.

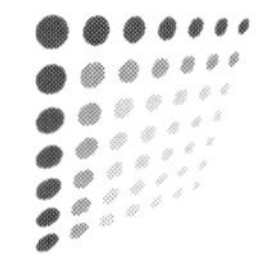



## 03 주수 방법 및 방향(Water Application Methods and Aiming)

현장지휘관(IC)과 진압팀은 화재 진압 효과를 극대화하고 화염과 연기로 인한 위험을 최소화하기 위해 화재 상황에 적합한 주수 방법과 방수 방향을 신속히 선택하여 적용한다.

주수 방법은 크게 직사주수(Straight Stream), 분무주수(Fog Stream), 반사주수(Indirect or Deflection)로 구분된다.

### 1. 직사주수(Straight Stream)

1.1. 직사주수는 노즐을 좁게 설정하여 강력한 직선 형태의 물줄기로 화점을 직접 공격하는 방식이다.

- 적용 상황 : 화염이 집중된 지점이 명확하거나 화점이 원거리 또는 높은 곳에 위치한 경우 효과적이다. 외부에서 창문을 통해 내부 화점에 직접 방수하거나 높은 천장·지붕 화재를 공격할 때 사용한다.
- 장점 : 빠르게 화점 온도를 낮추어 강력한 화세를 제압할 수 있다. 먼 거리에서도 정확히 목표를 맞출 수 있다.
- 주의점 : 직사주수는 뜨거운 연소 가스층(Hot Gas Layer)을 교란시켜 열기와 연기를 예상하지 못한 방향으로 밀어낼 수 있다. 따라서 구조팀이나 인근 대원의 위치를 고려하여 사용하고, 필요 시 분무로 전환한다.

### 2. 분무주수(Fog Stream)

2.1. 분무주수는 노즐을 넓게 열어 미세한 물안개 형태로 방수하는 방식이다.

- 적용 상황 : 작은 물방울이 넓은 면적을 빠르게 적시며 뜨거운 연기와 가스를 빠르게 냉각시킨다. 플래시오버를 예방하거나 대원들을 화염과 열기로부터 보호할 때 효과적이다. 특히 대원들이 아직 탈출하지 못한 공간에 접근할 때 열기를 낮추며 진입하는 데 유용하다.
- 장점 : 반동이 직사주수보다 적어 실내 화재나 좁은 공간에서 효과적이다. 열기와 연기를 빠르게 냉각시켜 플래시오버 위험을 줄인다.
- 주의점 : 과도한 사용은 시야를 방해하거나 연기 배출을 저해할 수 있다. 상황

을 고려하여 간헐적으로 사용하거나 직사주수 등 다른 방법과 병행한다.

## 3. 반사주수 (Indirect or Deflection Attack)

3.1. 반사주수는 화점이 직접적으로 보이지 않거나 접근이 위험할 때 벽이나 천장에 물을 반사시켜 간접적으로 화염을 공격하는 방법이다.

- 적용 상황 : 밀폐된 공간 화재 시 문틈이나 작은 개구부를 통해 노즐을 삽입해 벽면이나 천장에 물을 분사하여 물줄기를 퍼트리는 방식이다. 위험한 공간에 직접 진입하지 않고도 화재를 통제할 수 있다.
- 장점 : 안전 거리를 유지하며 빠르게 화재를 억제할 수 있다. 위험한 내부 환경에 직접 진입하지 않으므로 대원 안전을 높인다.
- 주의점 : 반사면의 재질과 각도에 따라 효과가 달라질 수 있고, 많은 양의 물을 사용할 수 있으므로 수량 관리가 필요하다. 화세를 억제한 후 직사주수나 분무주수로 전환하여 완전 진압한다.

## 4. 주수 방향과 각도 (Aiming and Spray Angle)

4.1. 현장지휘관(IC)과 진압팀은 화재 확산 경로와 구조 대상자 위치를 종합적으로 고려하여 방수 방향과 각도를 결정한다.

- 선제적 차단 : 화염이 확산될 것으로 예상되는 방향을 사전에 파악하여 그 경로를 차단하는 것이 효과적이다. 화염이 위층으로 빠르게 번지는 상황에서는 위층 바닥과 계단 등의 확산 경로에 미리 물을 뿌려 열기를 낮춘다.
- 천장 가스층 냉각 : 방수 시 천장 부근의 뜨거운 연소 가스를 냉각하는 것이 중요하다. 그러나 구조물의 붕괴 위험이 있는 경우 분무 형태로 방수하여 직접적인 충격을 피한다.
- 배연과 주수 순서 : 배연이 충분히 이루어지지 않은 상태에서 주수를 시작하면 뜨거운 수증기가 급격히 생성되어 대원에게 위험이 될 수 있다. 현장지휘관(IC)은 “배연 완료 후 방수 개시”를 명령해 창문 개방, 배연팬(Ventilation Fan) 사용 등을 통해 열기와 연기를 충분히 배출한 후 주수를 시작한다. 통제배연(Positive Pressure Ventilation)에서는 환기를 통해 플래시오버·백드래프트 위험이 증가할 수 있으므로 신중히 판단한다.

## 5. 주수량 및 방수 중단 시점 조절 (Water Flow Rate and Pause Control)

5.1. 현장지휘관(IC)은 충분한 양의 물을 방수하여 철저한 냉각과 잔불 제거로 재발화를 방지하는 한편, 필요시 방수량과 중단 시점을 조절한다.

- 지속적 방수 : 화염과 열기가 완전히 억제되고 남은 불씨가 제거될 때까지 방수를 지속한다. 특히 목조 구조나 다층 건물에서는 깊숙한 곳의 잔불이 재발화할 수 있으므로 철저히 냉각해야 한다.
- 일시 중단 : 소방용수가 제한적이거나 배연 작업 등 추가 조치가 필요한 경우, 화세가 일정 정도 억제된 후 방수를 잠시 중단할 수 있다. 이때 현장지휘관(IC)은 재발화 위험을 면밀히 관찰하며, 추가 조치를 완료한 후 즉시 방수를 재개한다.

## 6. 인접 건물로의 연소 확대 방지 (Exposure Protection)

6.1. 화재 건물 주변에 다른 건물이 있는 경우, 현장지휘관(IC)은 즉시 연소 확대 가능성을 평가하고 방어선을 구축해 확산을 차단한다.

- 방어선 설정 : 방어가 필요한 지점에 대구경 관창을 배치하여 충분한 방수를 실시한다. 예를 들어, 인접 건물 쪽에 65 mm 이상의 관창이나 방수포 등의 대량 방수장비를 배치하여 분당 1,800 L 이상을 방수한다. 소구경 호스는 방수량이 부족해 방어에 적합하지 않다.
- 붕괴 위험 고려 : 화재 건물이 붕괴 위험이 있을 경우 붕괴 구역을 설정하고 대원들은 그 밖에서 방수 작업을 수행한다. 필요하지 않은 인원 접근을 엄격히 통제한다.
- 숨은 불씨 제거 : 방어선 구축 후에는 지붕 밑, 건물 간 틈새, 벽체 속 등 숨은 공간에 불씨가 남지 않았는지 철저히 확인하고, 필요 시 구조물을 절단하거나 개방해 근본적으로 연소 확대를 차단한다.
- 전술 일원화 : 인접 건물 방어가 완료되면 자원을 본 화재 건물 진압 및 완진에 집중한다. 공격과 방어가 동시에 진행되는 복합 상황에서는 무전을 통해 전술 우선순위를 명확히 지시하여 혼선을 방지한다.

## 04 문 개방 및 내부 진입 절차(Forcible Entry and Interior Entry Procedures)

화재 현장에서 문 개방은 화재 진압과 인명 구조를 위해 필수적이며, 내부로 진입하기 전 정확한 준비와 절차가 필요하다. 무분별한 문 개방은 백드래프트나 플래시오버 등 위험한 상황을 초래할 수 있으므로 신중한 접근을 한다.

### 1. 문 개방의 필요성과 안전 고려사항(Necessity and Safety Considerations)

1.1. 문 개방은 단순한 진입뿐 아니라, 내부 화재 상황을 정확히 파악하고 급격한 연소 현상에 대비하는 중요한 절차이다.

- 백드래프트 위험 : 환기 부족 상태에서 산소가 갑작스레 유입되면 내부에 축적된 가연성 가스가 폭발적으로 연소하는 백드래프트가 발생할 수 있다. 현장지휘관(IC)은 이런 위험을 방지하기 위해 "방수 준비 완료 전 문 개방 금지"를 명확히 지시한다.
- 플래시오버 대비 : 실내가 고온·고압일 때 플래시오버가 발생할 수 있다. 물안개로 가스층을 냉각시키고, 내부의 열기와 연기를 제거하여 플래시오버 위험을 줄인다.
- 안전 절차 준수 : 문 개방 전에 방수 준비 및 관창 설정, 문 표면 온도 점검, 도어 엔트리 기법 적용, 내부 환경 안정화 후 점진적 개방을 실시한다. 현장지휘관(IC)은 무전을 통해 모든 대원들이 이 절차를 준수하도록 지시한다.

### 2. 파괴 장비 활용(Use of Forcible Entry Tools)

2.1. 내부 진입이 긴급하지만 문이 잠겨 있거나 장애물이 있는 경우, 현장 대원들은 파괴 도구를 사용하여 신속하게 문을 개방한다.

- 도끼(Axe)와 할리건 툴(Halligan Tool) : 목재문이나 철제문, 자물쇠가 있는 문을 파괴하거나 틈을 벌리는 데 사용한다. 두 도구는 서로 보완적으로 사용되며 일반적인 문 개방에 효과적이다.
- 램(Ram) : 강한 타격력으로 견고한 방화문이나 금속 문을 빠르게 개방한다. 반

복적인 타격으로 단시간 내 진입로를 확보할 수 있다.

- 컷오프 톱(Cut-off Saw) : 금속 재질의 보안문이나 두꺼운 잠금장치를 절단할 때 사용한다. 회전력과 절삭력이 강해 복잡한 보안장치에도 효과적이다.
- 안전 대책 : 파괴 장비 사용 전 문 표면 온도와 내부 화재 상태를 충분히 평가한다. 문을 개방하면서 방수와 냉각을 병행해 안전한 진입이 이루어지도록 한다.

### 3. 화재 이상 현상 대비 예비 주수 실시 (Pre-Cooling to Prevent Backdraft/Flashover)

3.1. 문을 열기 전에 백드래프트 같은 화재 이상 현상을 예방하기 위해 예비 주수를 실시한다.

- 도어 엔트리 기법 : 문을 조금만 열어 내부 압력과 연기 흐름을 확인한 뒤, 관창을 문틈에 넣어 미세한 물안개로 빠르게 내부 가스를 냉각시킨다. 이를 통해 플래시오버나 백드래프트 위험을 크게 낮출 수 있다.
- 3D 주수기법 : 내부 열기와 연기층을 신속히 냉각하기 위해 관창을 위로 향해 짧게(1~2 초) 여러 번 주수한다. 이는 화염을 억제하고 진입 대원의 안전을 확보하는 데 중요하다.

### 4. 주출입구 및 기타 진입 방법 활용 (Use of Primary and Alternative Entry Points)

4.1. 건물의 주출입구는 가장 효율적이고 안전한 진입 경로이지만, 불길이나 구조 위험으로 진입이 어려울 때는 대체 경로를 모색해야 한다.

- 사다리 진입 : 주출입구가 차단되거나 상층부 화재로 접근이 어려운 경우 휴대용 사다리나 굴절사다리차를 이용해 창문이나 발코니로 진입한다. 또한, 로프나 밧줄 사다리를 이용해 외벽 접근이 가능하다.
- 옥상 진입 : 옥상에서 아래층으로 수직 진입할 수 있으며, 지붕을 통한 환기와 진입을 병행할 수 있다. 옥상 구조상 인접 건물과 연결된 부분을 활용할 수도 있다.
- 개구부 절단 : 벽체에 새로운 개구부를 절단하여 진입 경로를 만드는 방법이다. 필요시 파괴 장비로 벽을 절단해 구조 및 진입이 가능한 경로를 확보한다.
- 대체 경로 계획 : 현장지휘관(IC)은 건물의 구조와 화재 확산 상황을 분석해

최적의 진입 방법을 선택하며, 각 경로별 위험도와 필요한 장비를 고려하여 무전을 통해 구체적인 지시를 내린다.

## 5. 내부 진입 어려움 발생 시 대책 마련 및 후속 조치
(Contingency Plans When Entry Is Difficult)

5.1. 내부 진입이 신속히 이루어지기 어렵다면, 현장지휘관(IC)은 즉시 대체 전략을 수립하고 현장 상황에 맞는 후속 조치를 한다.

- 외부 냉각 및 압력 완화 : 내부 진입이 불가능한 경우 외부에서 강력한 방수를 실시해 내부 온도를 낮추고 연소 압력을 완화해 진입 가능 환경을 조성한다. 단, 구조 대상자의 생존 공간을 침수시키지 않도록 주수량과 방향을 조절한다.
- 대체 진입 경로 탐색 : 주출입구 외 다른 접근 방법(창문 수평 진입, 옥상 수직 진입, 외벽 개구부 절단 등)을 신속히 탐색하여 진입 전략을 수정한다.
- 후착대 준비 : 후착대에게 현재 진입 지연 사유와 필요한 추가 장비(중장비, 절단기 등)를 무전으로 상세히 보고해, 후착대가 현장도착 즉시 도움을 줄 수 있도록 준비시킨다.
- 전술적 유연성 : 현장지휘관(IC)은 상황 변화에 따라 공격 및 방어 전략을 즉각 조정하고, 진입 가능 시간이 확보되면 다시 내부 진입을 시도할 준비를 한다.

## 6. 문 개방 및 진입 후 연기 배출 조치 (Ventilation Procedures After Entry)

6.1. 문을 개방한 후에는 내부 공간의 연기와 열기를 신속히 배출하여 대원들이 안전하게 활동할 수 있도록 해야 한다.

- 배연 팬 사용 : 배연 팬을 출입구에 설치해 내부로 신선한 공기를 불어넣고, 반대편 창문이나 배출구를 열어 연기와 열기를 외부로 밀어낸다. 배출구를 미리 확보하여 연기가 효과적으로 빠져나가도록 한다.
- 자연 환기 : 창문·출입문·환기구 등을 열어 자연적 공기 흐름으로 연기와 열기를 배출한다. 바람 방향과 연기 확산 방향을 고려해 개방 위치를 선정한다.
- 수압 배연 : 소방호스의 분무력을 이용해 연기의 흐름을 유도하며 배출하는 방식이다. 다른 배연 방법을 즉각 적용하기 어려울 때 긴급히 사용한다. 화재 진

압 후 잔류 연기를 제거하는 데 유용하다.

- 배연·진압·구조 연계 : 현장지휘관(IC)은 배연과 진압·구조 활동을 긴밀히 연계한다. 배연이 충분히 이뤄지지 않은 상태에서 무리한 진입은 대원을 위험에 빠뜨릴 수 있으므로, 배연과 진입 시점을 조절한다.

## 05 소화전 및 소방시설 활용을 통한 용수 공급체계 구축 (Establishing Water Supply Systems)

화재 진압에서 안정적인 용수 공급은 성공적인 진압을 위해 필수적이다. 현장지휘관(IC)은 주변 소화전과 건물 내 소방시설의 위치 및 상태를 즉시 확인하고 적절한 공급 체계를 구축한다.

### 1. 소방시설 활용 가능 여부 파악 (Assessing Fire Protection Facilities)

1.1. 현장지휘관(IC)은 현장 주변과 건물 내 소방시설 위치와 사용 가능 여부를 신속히 확인하도록 진압팀과 구조팀에게 지시한다.

- 연결송수구(Siamese Connection) : 건물 외부에 설치된 연결송수구를 통해 소방차가 건물 내 스프링클러나 옥내소화전으로 물을 공급할 수 있다. 진압팀은 연결송수구의 위치, 손상 여부, 막힘 상태를 점검한 후 즉시 소방차와 연결해 내부 설비가 정상 작동하도록 지원한다. 특히 고층 건물에서는 연결송수구 활용이 현장 대응 성패를 좌우할 수 있다.
- 스프링클러(Sprinkler System) : 화재 초기 자동으로 작동해 불길을 억제하는 스프링클러는 초기 진압에 큰 도움이 된다. 현장지휘관(IC)은 스프링클러가 정상 작동 중인지 확인하고, 내부 수압 부족 시 연결송수구나 펌프차로 보강 공급을 지시한다. 필요 시 스프링클러 수동 작동 장치를 통해 추가 분사 여부를 확보한다.
- 옥내소화전 설비(Standpipe System) : 건물 내부에 설치된 옥내소화전은 진압팀이 직접 호스를 연결해 현장 내부에서 화점을 공격할 수 있게 해준다. 현장지휘관(IC)은 진압팀이 현장 진입과 동시에 옥내소화전 활용 여부를 판단하도

록 지시한다. 내부 수압이 부족하거나 설비가 손상된 경우 외부 수계(소화전, 소방차, 급수차)를 통한 보조 공급 체계를 즉각 가동한다.

## 2. 소방용수 공급체계 구축 지시 (Building Water Supply Systems)

2.1. 현장지휘관(IC)은 소방용수 공급체계를 즉시 구축하도록 지시한다. 이를 통해 초기 진압과 연속적인 방수를 유지한다.

- 1선펌프차(First-Due Engine) 배치 : 1선펌프차는 현장에 먼저 도착하여 고압의 소방용수를 공급한다. 현장지휘관(IC)은 1선펌프차를 적정 안전거리에서 배치하고, 호스 전개 경로를 명확히 계획·관리한다. 1선펌프차 운전원은 진압팀별 호스 연결 번호, 진입 위치, 출입구 등을 정확히 기록·관리하여 호스 라인별 압력과 물 공급 상태를 모니터링한다.
- 중요물탱크차(Primary Water Tender) 투입 : 중요물탱크차는 1선펌프차에 지속적으로 물을 공급한다. 소화전 수압이 낮거나 용수 공급이 부족한 경우 중계 급수 체계를 통해 1선펌프차가 중단 없이 방수할 수 있도록 지원한다. 현장지휘관(IC)은 중요물탱크차의 위치, 공급 순서, 물의 양을 실시간으로 파악하고, 교대 및 보충 계획을 세워 하나의 차량에 의존하지 않도록 관리한다.
- 지속적 점검 : 현장지휘관(IC)은 펌프 압력 저하나 용수 부족 등 이상 징후를 발견하면 즉각 후속 조치를 지시한다. 추가 소화전 확보, 탱크차 요청, 차량 교체 등을 통해 공급 체계를 유지한다.

## 3. 소방용수 사용량 및 방수량의 정확한 파악 (Accurate Assessment of Water Use and Flow Rates)

3.1. 화재 진압에서 수관의 분당 방수량을 정확히 산정하는 것은 소방용수 관리의 핵심이다. 표준 장비별 방수량은 다음과 같다(부록 2 참조).

40 mm 수관 : 분당 약 300 L (시간당 18,000 L)
65 mm 수관 : 분당 약 600 L (시간당 36,000 L)
방수포/모니터 : 분당 약 1,800 L 이상 (시간당 108,000 L 이상)

3.2. 현장지휘관(IC)은 각 수관의 표준 방수량에 현재 운용 중인 수관 개수를 곱하여 전체 사용량을 산정하고, 공급 가능한 소방용수량과 비교한다. 부족이 예상되면 추가 소화전 연결이나 탱크차 지원을 즉각 지시한다. 장시간 화재 진압이 예상되면 초기 단계부터 여유 있는 용수 공급 체계를 구축한다.

## 4. 소화전 활용과 공급량 관리 (Using Hydrants and Managing Supply)

4.1. 일반적인 소화전 하나당 공급량은 분당 약 1,000 L이다. 현장지휘관(IC)은 화재 현장 주변의 가용 소화전 수를 신속히 파악해 확보 가능한 최대 용수량을 계산하고, 초기 진압에 필요한 용수량을 충족할 수 있도록 조치한다.

- 다중 사용 : 고층 건물 화재나 대규모 화재의 경우 다수의 소화전을 동시에 연결해 충분한 용수를 확보한다. 단, 동일 상수도망에 연결된 소화전을 과도하게 흡수하면 수압이 낮아질 수 있으므로, 상황에 따라 추가 탱크차나 다른 수원을 활용한다.
- 압력 유지 : 소화전과 소방차를 연결한 후 펌프를 가동해 적정 압력을 유지한다. 압력 저하는 화재 진압 효율을 떨어뜨리므로 지속적인 모니터링이 필요하다.
- 사전 파악 : 현장 주변 소화전의 위치와 작동 상태를 사전에 파악하여, 출동 시 빠르게 활용할 수 있도록 대비한다.

## 5. 용수 공급체계의 실시간 모니터링 (Real-Time Monitoring of Water Supply System)

5.1. 화재 진압이 진행되는 동안 용수 공급체계 상태를 지속적으로 점검한다.

- 압력·수량 점검 : 펌프 압력 감소, 소화전 공급 불안정 등의 이상 징후가 발견되면 즉시 보고하여 추가 소화전 연결 또는 물탱크차를 통해 용수를 보충한다.
- 정보 공유 : 펌프차 운전원과 진압팀은 무전을 통해 지속적으로 용수 공급 상황을 공유하고, 특정 구역에서 용수 부족이 예상될 경우 신속히 대처한다.
- 추가 인력 배치 : 펌프의 지속 운전을 위해 필요한 경우 운전원을 교대하거나 추가 인력을 배치한다. 장시간 진압에서는 펌프 운전원의 피로 관리를 통해 펌프 작동을 안정적으로 유지한다.

## 06 건물 화재 시 적절한 배연(Ventilation Operations for Structure Fires)

화재 대응에서 적절한 배연은 구조 대상자 생존 가능성을 높이고 대원의 활동 환경을 개선하며, 화재 진압 및 구조 작업의 효율성을 높인다. 현장지휘관(IC)과 대원들은 건물 구조와 화재 유형, 화재 진행 상황을 고려하여 최적의 배연 전략을 선택하고 수행해야 한다.

### 1. 배연 목적에 따른 방법 선정(Purpose-Based Ventilation)

1.1. 배연은 크게 구조 대상자 보호, 화재 진압, 대원 안전 확보의 세 가지 목적을 가진다.

- 구조 대상자 보호 : 연기가 대량으로 확산될 때 구조 대상자의 대피가 어려워지고 생존 가능성이 떨어진다. 따라서 구조 대상자가 있는 공간이나 이동 경로의 연기를 우선 배출해 신속한 구조와 생명 보호를 도모한다. 예를 들어, 3층 방에 고립된 구조 대상자가 있으면 창문이나 발코니를 개방해 연기를 신속히 배출하고, 계단실 환기를 통해 안전한 대피 경로를 확보한다.
- 화재 진압 지원 : 배연은 진압팀의 시야를 확보하고 화점 위치와 화재 확산 경로를 파악하는 데 도움을 준다. 지하층 화재에서는 배연팬을 이용해 계단실을 통한 배연을 실시하거나 건물 상부에 개구부를 마련해 연기를 배출한다. 이는 대원들이 안전하게 진압할 수 있도록 시야와 환경을 개선한다.
- 대원 안전 확보 : 연기와 고온 환경은 대원들의 체력 소모를 높이고 부상 위험을 증가시킨다. 배연은 활동 구역의 온도와 연기 농도를 낮춰 대원 안전을 확보하며, 구조와 진압 작업을 원활하게 한다. 고층 건물 내부에서 활동하는 대원에게는 양압 배연이나 자연 환기를 통해 신선한 공기를 공급한다.

### 2. 적절한 급기구 및 배기구 설정(Setting Inlet and Outlet Points)

2.1. 배연 시 연기의 흐름을 제어하기 위해 급기구(공기가 유입되는 위치)와 배기구(연기가 배출되는 위치)를 적절히 설정한다.

- 급·배기 위치 선정 : 건물 구조와 화재 위치에 따라 급기구를 하부에, 배기구를 상부에 두어 연기가 자연스럽게 흐르도록 한다. 예를 들어, 수직 배연에서는 천장이나 옥상에 개구부를 마련해 연기를 위로 배출하고, 하부 창문이나 출

입구를 열어 신선한 공기가 유입되도록 한다.

- 환기 경로 통제 : 급기구와 배기구를 무분별하게 개방하면 연기가 의도치 않은 방향으로 흐르거나 확산될 수 있으므로, 개방순서와 위치를 신중하게 결정해야 한다. 특히 바람 방향과 연기 흐름을 고려해 적합한 개구를 선택한다.

## 3. 배연의 유형과 방법 (Types and Methods of Ventilation)

3.1. 배연은 자연 배연과 기계식 배연으로 나뉜다. 필요에 따라 수압 배연을 병행할 수 있다.

- 자연 배연(Natural Ventilation) : 자연적인 공기 흐름과 개구부를 활용해 연기와 열을 배출한다. 수직 배연(Vertical Ventilation)은 연기와 열이 위로 상승하는 성질을 이용해 건물 상부에 개구부를 마련해 배출하는 방법이다. 수평 배연(Horizontal Ventilation)은 같은 층의 창문이나 문을 열어 연기와 열기를 배출하는 방법으로, 수직 배연이 어려운 상황에서 효과적이다.
- 기계식 배연(Mechanical Ventilation) : 팬과 배출기를 사용해 연기와 열을 강제로 배출하거나 공기를 유입시킨다. 양압 배연(Positive Pressure Ventilation)은 배연 팬을 이용해 건물 내부로 신선한 공기를 불어넣어 내부 압력을 높이고, 정해진 배기구로 연기를 밀어내는 방식이다. 음압 배연(Negative Pressure Ventilation)은 연기 배출기(Exhaust Fan)를 사용해 내부의 연기와 가스를 빨아내어 배출하는 방식이며, 주로 밀폐된 구역에서 활용된다.
- 수압 배연(Hydraulic Ventilation) : 소방 호스의 분무력을 사용해 연기의 흐름을 유도하고 배출하는 방법이다. 다른 배연 방법을 사용할 수 없을 때 임시로 적용하며, 화재 진압 후 잔류 연기를 제거하는 데 유용하다.

## 4. 장비 특성에 맞는 배연 방법 선택 (Selecting Ventilation Methods Based on Equipment)

4.1. 현장지휘관(IC)과 대원들은 배연 장비의 특성을 충분히 이해하고 상황에 맞는 장비를 선택해야 한다. 주요 배연 장비와 특징은 다음과 같다.

- 배연팬(Ventilation Fan) : 강력한 공기 흐름을 발생시켜 양압 배연(PPV)에 활용된다. 건물 입구나 계단실에 설치하여 신선한 공기를 내부로 불어넣고, 열과

연기를 배출구로 밀어내는 데 사용한다.

- 포스팬(Force Fan) : 일반 팬보다 강력한 풍압과 많은 공기량을 생성하여 대규모 공간에서 대량의 연기를 신속히 배출할 수 있다. 지하상가나 대형 건물의 화재 시 효과적이다.
- 공기 배출 호스(Duct Ventilation Hose) : 좁은 공간이나 지하층에서 특정 위치의 연기를 집중적으로 배출할 때 사용한다. 배연 팬과 연결해 내부 깊숙한 곳의 연기를 외부로 유도할 수 있다.
- 수압 배연 장비 : 안개형 방수 기능을 갖춘 관창을 사용해 수압으로 연기를 배출할 때 활용된다. 시설이 제한된 현장에서 유용하다.

## 5. 배연 효과 평가 및 조정 (Evaluating and Adjusting Ventilation Effectiveness)

5.1. 배연 작업을 시작한 후에는 그 효과를 지속적으로 확인하고 필요 시 조정한다.

- 연기 흐름과 밀도 관찰 : 연기가 계획된 배출 경로를 따라 배출되는지, 밀도가 감소하는지 관찰한다. 실내 시야가 개선되는 정도를 확인하고, 내부 온도와 연기 농도 변화를 비교해 배연 효과를 평가한다.
- 급·배기구 조정 : 연기 흐름이 예상과 다르면 급기구와 배기구를 재조정하거나 추가 장비를 배치해 공기 흐름을 조정한다. 특정 구역에서 연기 정체가 발생하면 팬 위치를 변경하거나 추가 팬을 설치한다.
- 진압·구조 활동과 조화 : 배연이 구조 활동이나 화재 진압을 방해할 경우 현장지휘관(IC)은 배연 방식을 즉시 재조정하거나 일시 중단한다. 바람의 방향 변화로 양압 배연이 효과를 발휘하지 못하는 경우 팬 작동을 중지하거나 방향을 바꾼다.

## 6. 배연 시 고려 사항 (Considerations During Ventilation)

6.1. 배연은 화재 대응을 크게 향상시킬 수 있지만 부적절한 배연은 화재 상황을 악화시킬 수 있으므로 다음 사항을 고려한다.

- 화재 위치와 규모 파악 : 화재 발생 지점과 연소 확산 경로를 정확히 파악해 배연 방향과 방식을 설정한다. 잘못된 배연은 연기를 다른 구역으로 확산시키

거나 산소 공급을 늘려 화재를 증폭시킬 수 있다.

- 기상 조건 확인 : 바람 방향과 속도를 고려하여 배연 전략을 수립한다. 바람이 강하게 불면 연기를 내부로 밀어 넣을 수 있으므로 주의해야 한다.
- 배출 경로 통제 : 연기와 열이 빠져나갈 경로를 명확히 확보하고 통제한다. 무분별하게 창문이나 출입문을 열면 연기가 다른 구역으로 확산될 수 있으므로 계획된 순서에 따라 개방한다.
- 급격한 연소 현상 방지 : 환기 전에 내부 온도와 연소 상태를 충분히 평가해 플래시오버와 백드래프트를 방지한다. 환기를 통한 산소 유입으로 급격한 연소가 일어날 수 있으므로, 내부에 방수 준비가 완료되었는지 확인한 후 환기를 진행한다.
- 타이밍과 협조 : 배연 작업은 구조와 진압 활동과 긴밀히 협조되어야 한다. 너무 일찍 배연하면 화재가 확대될 수 있고, 너무 늦으면 대원들이 위험에 처할 수 있으므로, 현장지휘관(IC)은 최적의 타이밍을 판단해 배연을 시행한다.

## 07 복합 위기대응 및 진행상황에 맞는 우선순위 (Tactical Prioritization in Complex Incidents)

복합적인 화재 현장에서는 여러 위기 요소가 동시에 발생하므로, 현장지휘관(IC)은 인명 구조를 최우선으로 하면서 전술적 우선순위를 명확히 정하고 임무를 지시해야 한다.

### 1. 복합 위기 상황에서의 전술적 우선순위 결정 및 임무 지시 (Tactical Decision-Making and Prioritization)

1.1. 두 가지 이상의 위기 상황이 동시에 발생하는 경우, 현장지휘관(IC)은 즉시 상황을 재평가하고 최적의 전술 우선순위를 설정한다.

- 인명 구조 최우선 : 언제나 인명 구조가 최우선이다. 화재 진압과 동시에 구조 대상자가 발견되면 구조 우선 전술을 적용하고, 진압팀은 연소 확대를 저지하며 구조팀 활동을 지원한다.
- 상황 변화 통보 : 화재가 급속히 확대되거나 추가 구조 대상자가 발견되는 등

상황이 변하면 즉시 후착대와 현장 대원에게 공유하고, 새로운 전술을 부여한다. "추가 구조 대상자가 4층에서 발견되었으니 후착 진압팀은 4층 진입로 확보 및 연소 저지에 집중"과 같이 구체적 지시를 내린다.

- 추가 자원 요청 : 현장지휘관(IC)이 추가 자원이 필요하다고 판단하면 즉시 상황실에 지원 요청을 전달해 현장에 필요한 자원을 확보한다. 적절한 자원 배치는 복합 위기를 극복하는 핵심이다.

## 2. 시간 제한적이고 위험한 상황에서의 관리 및 상황 전파

(Time-Critical Management and Communication)

2.1. 제한된 시간 내 대응이 필요하거나 위험성이 급격히 증가하는 상황에서는 현장지휘관(IC)이 상황 변화를 즉시 파악하여 전 출동대에 전파해야 한다.

- 상황 전파 : 화재 확산 속도가 빨라지거나 구조 대상자 상태가 악화되는 경우, 상황 변화를 명확히 전파해 대원들이 즉시 대응 전술을 조정하게 한다. 단위지휘관(DGS)을 통해 각 구역의 진압·구조 활동과 필요한 자원을 실시간으로 파악한다.
- 우선순위 재조정 : 특정 구역에서 진입이 어려워지거나 구조 대상자가 발견되면, 현장지휘관(IC)은 우선순위를 즉시 재조정한다. 구조가 완료된 대원은 다른 구역 지원으로 재배치한다. 긴박한 상황에서 신속하고 정확한 우선순위 설정이 중요하다.
- 자원 배치 : 제한된 자원을 효율적으로 배치하여 작업 병목 현상을 해소한다. 필요하다면 특정 임무를 일시 중단하고 인력을 다른 위기 상황에 투입할 수 있도록 조정한다.

## 3. 주요 화재 현장 요소의 파악 및 전파

(Identifying and Sharing Critical Incident Factors)

3.1. 현장지휘관(IC)은 현장 상황을 총체적으로 파악하고, 핵심 요소를 신속하고 정확하게 모든 출동대와 상황실에 전달한다.

- 구조 대상자 현황 : 건물 내 구조 대상자의 위치와 상태를 정확히 파악하여 구

조팀과 진압팀에 전달한다. 신속한 인명 구조를 위해 매우 중요하다.

- 화재 양상 변화 : 화재 확산 경로와 강도를 지속적으로 모니터링하고, 확산 방향이나 추가 위험 요인 발견 시 즉시 전술을 조정하고 공유한다. 예를 들어, 수직 확산이 빠르면 상층 대피, 추가 방화선 구축 등을 지시한다.
- 자원 필요성 판단 : 소방 인력이나 특수 장비가 부족하다고 판단되면 상황실에 추가 요청을 보낸다. 소방력 확보는 현장 대응에 큰 영향을 미치므로 즉각적인 요구와 수급이 필요하다.
- 대응 활동 진행 상황 : 각 대응 구역의 진행 상황을 수시로 보고받아 완수된 임무와 미완료 임무를 명확히 파악하고 전 대원에게 공유한다. 이를 통해 현장 전체가 동일한 정보로 일관되게 대응할 수 있다.

## 08 단위지휘관의 임무 수행 및 역할 (Duties and Responsibilities of Division/Group Supervisors)

단위지휘관(Division/Group Supervisor)은 자신이 책임지는 구역 내 대원과 자원의 효과적인 운영을 통해 현장지휘관(IC)의 명령을 실행하며, 현장 대응의 효율성을 극대화한다.

### 1. 단위지휘관의 기본 임무 (Core Duties)

1.1. 단위지휘관(DGS)은 담당 구역 내 모든 대원의 임무 수행 상황을 철저히 파악하고, 활동이 중복되지 않도록 책임과 임무를 명확히 분담한다.

- 활동 조정 : 대원들이 지휘 전략과 전술 계획에 따라 적절한 역할을 수행하는지 확인하고, 필요 시 임무를 재조정한다. 예를 들어, 인명 구조가 완료된 팀을 다른 층의 화재 진압이나 배연에 투입할 수 있다.
- 상황 보고 : 단위지휘관(DGS)은 담당 구역의 진행 상황과 문제점, 필요한 지원 사항(인력, 장비 등)을 실시간으로 현장지휘관(IC)에게 보고한다. 이를 통해 전술적 결정이 효과적으로 이루어지도록 한다.
- 자원 요청 : 화재 확산 속도가 빨라 추가 수관이나 대용량 방수장비가 필요할 경우 즉시 보고하고 지원을 요청한다. 구조 대상자의 상태 악화로 추가 구급

장비가 필요하면 신속히 보고한다.

- 안전 관리 : 대원의 공기호흡기(SCBA) 잔압과 체력 상태를 수시로 확인하고, 대원들이 위험 구역에 장시간 머물지 않도록 교대 주기를 조정한다. 붕괴 징후나 급격한 연소 확산 등 새로운 위험 요소를 발견하면 즉시 현장지휘관(IC)과 모든 대원에게 알린다.

## 2. 임무 수행을 위한 사전 조치 (Preparatory Actions)

2.1. 현장지휘관(IC)은 현장도착 후 신속히 고정 지휘 위치를 설정하고, 구역별 단위지휘관(DGS)을 지정하며 현장 정보를 공유한다.

- 지휘 위치 설정 : 현장지휘관(IC)은 현장을 한눈에 관찰할 수 있는 고정 지휘 위치를 선정해 지속적으로 현장을 모니터링하고 지휘 체계를 유지한다.
- 구역 할당 : 현장 구조와 연소 진행 양상, 위험 요소를 바탕으로 구역을 명확히 구분하고 단위지휘관(DGS)을 지정한다. 각 단위지휘관(DGS)에게 담당 구역의 특성, 위험 요소, 중요 시설 위치 등 구체적인 정보를 제공한다.
- 지휘 체계 구축 : 현장지휘관(IC)은 단위지휘관(DGS)에게 명확한 역할과 임무를 부여하고, 각 구역 내 모든 활동을 효과적으로 관리한다. 단위지휘관(DGS)은 세부적인 상황 변화에 따라 필요한 지시를 직접 전달한다.

## 3. 단위지휘관의 구체적 역할 및 의사소통 (Specific Roles and Communication)

3.1. 단위지휘관(DGS)은 현장지휘관(IC)의 전략적 의도를 정확히 이해하고 구역 내 대원들에게 명확한 임무를 부여하며, 상황 변화에 따라 유연하게 대응한다.

- 구체적 임무 부여 : 구조팀과 진압팀에게 구체적인 위치와 목표를 알려주고, 임무 수행 방법을 명확히 전달한다. 예를 들어, "구조 1팀은 3층 북측 구역의 인명검색을 실시하고, 구조 2팀은 3층 남측 구역을 담당"으로 나누어 중복을 방지한다.
- 임무 조정 : 상황이 급변하거나 새로운 위험 요소가 나타날 경우 대원에게 신속히 새로운 지시를 전달한다. 구조 대상자가 발견되거나 대피 경로가 변경되면 즉각 임무를 수정한다.

- 현장지휘관(IC)과 상시 소통 : 단위지휘관(DGS)은 현장지휘관(IC)에게 구역 내 진행 상황과 문제점을 지속적으로 보고한다. 추가 자원 필요성이나 전략 변경 요구를 명확히 전달하여 현장지휘관(IC)이 효과적으로 지원할 수 있도록 한다.

## 09 후착대 임무 부여(Assigning Tasks to Subsequent Units)

현장지휘관(IC)은 후착대가 도착하면 현장 소방력 배치와 진행 상황을 정확히 파악하고, 구체적이고 명확한 임무를 즉시 부여하여 현장 활동에 공백이 발생하지 않도록 한다.

### 1. 현장 소방력 현황 파악 및 공유(Assessing and Sharing On-Scene Resources)

1.1. 현장지휘관(IC)은 후착대가 도착하기 전에 현재 투입된 진압팀, 구조팀, 구급팀의 임무 수행 현황과 위치를 파악하고, 전술상황판 등을 통해 시각적으로 관리한다.

- 정보 공유 : 후착대가 도착하면 현장지휘관(IC)은 각 팀의 위치와 임무, 진행 상황을 즉시 무전 또는 직접 대면으로 전달하여 후착대가 현장을 정확히 이해하도록 돕는다.

### 2. 후착대의 활동 위치 명확히 지정(Clearly Designating Subsequent Units' Tasks)

2.1. 현장지휘관(IC)은 후착대에게 활동할 방면(A/B/C/D면), 담당 구역, 층수, 세부 장소 등을 구체적으로 명시한다.

- 구체적 지시 : "후착 진압 5팀은 건물 A면 출입구로 진입하여 3층 301호에서 진압 3팀을 지원하라", "구조 3팀은 건물 B면 2층에서 구조 2팀과 함께 인명 검색을 실시하라"처럼 명확한 지시를 통해 혼선을 방지한다.

# 10 구조 대상자 발견 시 조치 및 대피로 확보 (Rescue Procedures and Securing Egress)

화재 현장에서 인명구조는 가장 중요한 임무이다. 구조팀은 인명검색 중 구조 대상자를 발견하면, 현장지휘관(IC)은 모든 전술의 우선순위를 구조로 전환하여 안전한 구조를 지시한다.

## 1. 즉각적인 구조 전환 및 대원 보호 (Switching to Rescue and Protecting Firefighters)

1.1. 구조 대상자 발견 무전이 수신되면 현장지휘관(IC)은 즉시 구조 작업을 최우선으로 지시한다.

- 명령 전환 : "구조팀이 구조 대상자를 발견했으니 진압팀은 화점 공격을 일시 중지하고 열기와 연기를 억제해 구조팀의 안전한 활동을 지원하라" 등 지시를 전달한다. 필요 시 추가 대원을 투입해 구조를 돕는다.
- 대원 보호 : 구조 작업 중 대원의 안전을 확보하기 위해 방수와 배연을 조정하고, 구조 공간을 보호하는 주수를 실시한다. 진압팀은 구조팀이 안전하게 작업할 수 있도록 열기와 연기 유입을 차단한다.

## 2. 대피 경로 확보 및 구조 지원 (Securing Egress and Supporting Rescue)

2.1. 구조팀은 구조 대상자를 이송할 때 항상 안전한 대피로를 확보한다.

- 가장 안전한 탈출 경로 설정 : 현장지휘관(IC)은 건물 구조도를 이용해 가장 안전하고 신속한 탈출 경로를 선정하여 구조팀에 전달한다. 최초 진입 경로가 화염이나 연기, 장애물 등으로 차단되면 대체 탈출로를 즉시 지정한다.
- 장애물 제거 : 진압팀 일부를 투입해 장애물을 제거하고 방화문 개방 및 배연을 실시하여 구조 대상자의 이동 경로를 확보한다. "진압팀은 계단의 장애물을 제거하고 2층 방화문을 확보하여 구조 대상자 이송 경로를 확보하라"와 같이 구체적으로 지시한다.
- 구급팀 준비 : 구급팀은 출입구 근처에서 들것과 응급처치 장비를 준비하여 구조 대상자가 나오면 즉시 응급 처치를 시행할 수 있도록 준비한다.
- 비상 탈출로 공유 : 현장지휘관(IC)은 모든 대원에게 비상탈출 경로를 미리 공

유해, 화세 악화나 붕괴 등 긴급 상황이 발생하면 대원들이 즉시 철수할 수 있도록 한다. 새로운 위험 요소가 발견되면 추가로 위험 통제 조치를 한다.

## 11 구조 활동 완료 및 인계(Completion and Handover of Rescue Operations)

구조 작업을 마친 후 현장지휘관(IC)과 구조팀은 구조 대상자 상태를 적절히 인계하고, 대원은 다음 임무를 위해 신속히 복귀한다.

### 1. 구조 상황 보고(Reporting the Rescue Status)

1.1. 구조팀은 구조 대상자를 발견하거나 구조를 완료한 직후 현장지휘관(IC)에게 보고한다.

- 간결한 보고 : "성인 남성 1명, 의식은 없지만 호흡·맥박 존재, 현재 1층 출입구로 이동 중"과 같이 대상자의 상태와 위치를 간결하고 명확하게 보고한다. 보고된 정보는 전 대원과 상황실에도 공유되어 후속 조치에 반영된다.
- 추가 자원 결정 : 현장지휘관(IC)은 보고 내용을 토대로 추가 구급팀이나 특수 의료진 요청 여부를 결정한다. 상황실은 보고를 받은 즉시 추가 의료 지원과 병원 이송 준비를 한다.

### 2. 구조 대상자 상태 전파 및 응급처치
(Communicating Victim Condition and Providing First Aid)

2.1. 구조팀은 확보된 구조 대상자의 의식 수준, 호흡 여부, 부상 정도를 간략히 무전으로 전파한다.

- 구급 준비 : 구급팀은 보고 내용을 토대로 산소 투여, 기도 확보, 지혈, 골절 고정 등 필요한 응급처치를 준비한다. 현장지휘관(IC)은 구조 대상자의 중증도에 따라 우선 순위를 결정하고 임시 의료소에 전파한다.
- 중증도 분류 : 여러 명의 구조 대상자가 있을 경우 중증도 분류를 실시하여 치료 및 이송 순서를 결정한다. 구급팀은 이를 명확히 기록해 의료진에게 전달한다.

## 3. 임시의료소 인계 (Handover to On-Scene Medical Post)

3.1. 구조팀은 구조된 대상자를 임시 의료소나 구급팀에게 신속하고 안전하게 인계한다.

- 신속 이송 : 현장지휘관(IC)은 환자 인계 시점을 정확히 파악하고 구조팀에게 "환자 인계 후 곧바로 대기 위치로 돌아가라"는 지시를 내려 다음 임무 투입을 준비한다.
- 구급 연계 : 임시 의료소에서 의료진은 상태를 재평가하고 추가 치료나 병원 이송 여부를 결정한다. 다수의 환자가 발생한 경우 상황실을 통해 재난의료지원팀(DMAT)이나 추가 의료진을 요청해 자원을 보강한다.
- 신원 확인 : 구조된 환자의 신원 확인과 보호자 연락은 구급팀과 상황실이 협력해 관리한다.

## 4. 구조팀 임무 복귀 (Returning Rescue Teams to Duty)

4.1. 구조팀은 환자 인계가 완료되면 현장지휘관(IC)에게 보고하고, 추가 구조 활동이나 다음 임무 수행을 위해 대기 위치로 이동한다.

- 임무 재지시 : 현장지휘관(IC)은 구조상황과 잔여 구조 대상자 유무를 판단하여 구조팀을 원래 임무로 복귀시키거나 후속 진압, 배연 등 다른 임무를 수행하도록 지시한다.
- 교대 투입 : 추가 구조가 필요하면 교대 인력을 투입해 대원의 피로를 관리하며 안전사고를 예방한다. 구조 활동과 교대 투입은 항상 대원 안전을 최우선으로 고려해 이루어진다.

# CHAPTER 6 인명구조 (Life Rescue)

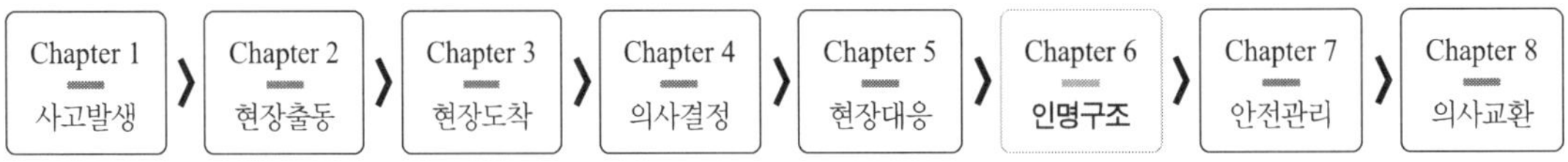


화재 현장에서의 인명 구조는 소방 활동 중 가장 중요한 임무로, 다른 어떤 목표보다 우선시된다. 현장지휘관(IC)과 대원은 항상 "인명 구조 최우선"이라는 명확한 목표 의식을 가지고 구조 활동을 수행하며, 현장지휘관(IC)은 이 원칙을 지속적으로 강조해 현장의 모든 전술적 의사결정과 행동이 부합하도록 관리한다. 본 장은 인명 구조 목표 달성 여부를 평가하는 방법과 전략적 판단 기준, 효율적인 인명검색 절차, 구조 대상자 발견 시 신속·안전한 구조 방법, 구조 후 응급처치 및 이송 등 구조 완료 이후 필요한 조치를 상세히 다룬다.

# 01 인명 구조 목표의 최우선 고려 (Prioritizing Life Rescue Goals)

## 1. 목표지향적 사고 (Goal-Oriented Mindset)

1.1. 현장지휘관(IC)과 대원은 모든 대응 활동이 궁극적으로 인명 구조의 성공에 기여하는지 지속적으로 자문·점검한다.

- 현장지휘관(IC)은 대응활동 중 결정하는 전략과 전술이 실제 구조 대상자를 발견하고 안전하게 구조하는 데 도움이 되는지 항상 검토한다.
- 절차나 형식에 치중해 핵심 목표를 소홀히 하지 않도록, 임무의 목적을 명확히 강조한다. 체크리스트를 작성하는 것이 목표가 아니라 사람을 찾고 구하는 것임을 분명히 하여 형식적 업무에 매몰되지 않도록 한다.

## 2. 유연한 임무 수행 (Flexible Execution)

2.1. 효과적인 인명 구조를 달성하기 위해 기존 절차나 매뉴얼(SOP)을 상황에 맞게 유연하게 적용할 수 있어야 한다.

- 인명검색 매뉴얼에 규정된 순서가 있더라도 현장에서 보다 효과적이고 신속한 방법이 발견되면, 현장지휘관(IC)의 판단 아래 절차를 탄력적 · 신속하게 변경한다.
- 절차를 조정할 때는 변경 사항을 모든 출동대원에게 명확히 전달해 혼선을 방지하고, 변경된 절차로 인한 안전 위험이 없는지 검토한다. 언제든 신속동료구조팀(RIT)을 준비해 사고에 대비한다.

## 3. 지속 평가와 피드백 (Continuous Assessment & Feedback)

3.1. 현장지휘관(IC)은 구조 활동 진행 상황을 실시간 평가하고 피드백을 통해 현재 전략이 인명 구조 목표에 부합하는지 확인하며, 필요하면 신속히 전략을 수정한다.

- 진압 활동 중 인력과 자원이 집중되더라도 내부에 아직 구조되지 못한 인원이 남아 있는 것으로 확인된다면, 현장지휘관(IC)은 즉시 전술을 인명 구조 우선으로 수정해 구조팀 투입과 추가 자원 요청을 한다.

- 대원이 과도하게 안전에만 치중해 내부 진입을 회피하는 경우, 현장지휘관(IC)은 추가 보호 조치를 강구한 후 공격적 구조 전술을 적용하도록 지시한다. 균형 잡힌 평가와 신속한 피드백을 통해 인명 구조 성과를 극대화한다.

## 02 상황에 맞는 전략 선택과 구조작전 (Strategy Selection & Rescue Operations)

### 1. 공격 전략과 방어 전략 선택 및 전개 (Offensive vs Defensive Deployment)

1.1. 공격 전략과 방어 전략은 현장상황과 자원상황에 맞게 합리적으로 선택한다.

- 공격 전략(Offensive Strategy) : 화재를 빠르게 제압해 구조 대상자가 처한 환경을 개선하는 데 중점을 둔다. 즉각적인 내부 진입으로 연기·화염의 확산을 억제하면서 1차 인명검색을 실시해 생존자 구조에 집중한다.
  현장지휘관(IC)은 공기호흡기(SCBA) 잔압과 대원의 체력 소모 상태를 실시간 확인하고, 필요 시 신속동료구조팀(RIT)을 대기시키거나 추가 인력·자원을 투입하여 안전성을 강화한다. 일반 절차는 "초기 인명검색 및 구조 → 화재 진압과 연소 확대 방지 → 2차 정밀 인명검색" 순으로 진행하며, 최대한 많은 인명을 구조하는 것이 목적이다.
- 방어 전략(Defensive Strategy) : 건물 붕괴 위험, 폭발 징후, 플래시오버(Flashover), 백드래프트(Backdraft) 등 내부 진입이 지나치게 위험할 경우 대원의 안전을 최우선으로 외부에서 구조 활동을 수행한다. 생존 가능성이 낮은 위험 구역에는 무리하게 진입하지 않고, 창문이나 발코니에 고립된 인원은 굴절사다리차 등으로 구조하며, 지상에는 에어매트를 설치해 하강 시 안전을 확보한다.
  방어 전략의 전개는 "위험구역 설정 → 저지선 구축(외부 방수와 화재 확대 차단) → 외부 인명 검색 및 구조 → 화세 약화 후 내부 정밀 검색" 순서로 진행한다. 현장지휘관(IC)은 화세가 약화되거나 환경이 개선되면 즉시 내부 진입 및 인명검색 재개를 계획한다.

## 2. 전략 전환 (Switching Strategies)

2.1. 현장 상황 변화에 따라 신속하고 유연하게 전략을 전환한다.

- 공격 전략을 사용하다가 갑작스러운 폭발 징후, 플래시오버 또는 구조적 붕괴 위험이 나타나면 즉시 구조팀 및 진압팀에 철수를 지시하고 방어 전략으로 전환하여 외부에서 화재 확산을 저지한다. 이때 현장지휘관(IC)은 철수와 동시에 구조 대상자와 투입 대원의 인원확인보고(Personnel Accountability Report)를 철저히 수행해 누락 인원이 없도록 한다.
- 초기 방어 전략을 선택했으나 화세가 진정되고 내부 환경이 개선되어 구조 가능성이 높아지면, 즉시 공격 전략으로 전환하여 내부 진입과 적극적 인명검색을 재개한다. 현장지휘관(IC)은 현장 상황을 지속 평가하며, 구조 기회가 발생하면 공격 전략으로 전환하고 다시 위험성이 커지면 방어 전략으로 복귀하는 탄력적 지휘로 최대한의 인명 구조와 안전을 확보한다.

# 03 체계적인 인명검색 절차 준수 (Systematic Search Procedures)

현장지휘관(IC)은 표준 인명검색 절차를 준수하되 현장 상황과 구조물 특성에 따라 전략적·유연하게 적용하여 누락 없는 인명검색을 목표로 한다.

## 1. 발화 지점 우선 인명검색 (Fire Origin Priority Search)

1.1. 화재 발생 지점은 구조 대상자의 위험도가 가장 높아 최우선으로 검색한다.

- 구조팀은 건물 진입 즉시 화점으로 신속 이동해 연기와 열기로 대피가 어려운 구조 대상자를 중심으로 인명검색을 실시한다.
- 구조 대상자를 발견하면 즉시 구조해 안전구역(Safe Zone)으로 이송하고, 구급팀에 인계 후 현장지휘관(IC)에게 보고한다.

## 2. 화재층 전체 인명검색 (Complete Fire Floor Search)

2.1. 발화 지점 주변 검색을 완료하면 화재층 전체를 신속하고 철저하게 인명검색을 실

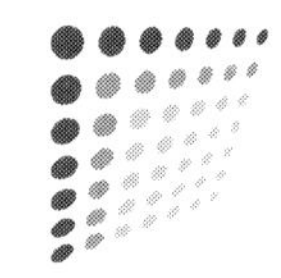



시한다.

- 화재층은 연기와 열기로 위험이 빠르게 증가하므로 모든 방·복도·화장실 등을 빠짐없이 확인하고, 잠긴 문이나 장애물이 있는 공간은 강제 개방해 내부를 확인한다.
- 구조 대상자 발견 시 즉시 구조팀에 인계해 응급처치를 실시하고 상황을 즉각 보고한다.

## 3. 직상층 인명검색 (Floor Above Search)

3.1. 화재층 인명검색 완료 후 직상층으로 이동해 인명검색을 실시한다.

- 직상층은 열기와 연기가 가장 빨리 확산되는 층으로, 대피를 못한 구조 대상자가 많을 수 있다.
- 실내 인명검색과 함께 건물 외부의 창문이나 발코니에 고립된 구조 대상자를 지속 관찰하고, 발견 즉시 사다리차를 이용하거나 내부 구조팀과 협력해 신속히 구조한다.

## 4. 인접층 및 연기 확산 구역 인명검색 (Adjacent Floors & Smoke Spread Areas Searches)

4.1. 화재와 연기 확산 상황을 고려해 검색 범위를 인접 층 및 연기 확산 층으로 확대한다.

- 계단, 엘리베이터 홀, 옥상, 지하층 등 대피 경로로 이용되는 곳을 우선 확인한다. 초기 신고에서 모두 대피했다고 하더라도 재확인해 구조 대상자 여부를 확인한다.

## 5. 교차검색 및 정밀 인명검색 (Cross & Detailed Searches)

5.1. 1차 인명검색 완료 후 추가 교차검색과 정밀검색을 실시해 사각지대를 해소한다.

- 교차검색은 서로 다른 구조팀이 번갈아 동일 장소를 검색하는 방식으로 진행하며, 정밀 검색은 옷장 내부·침대 아래·욕실 구석 등 숨을 수 있는 모든 공간을 면밀히 확인해 빠뜨린 대상자가 없는지 점검한다.

### 6. 검색 완료 구역 명확한 표시 (Marking Completed Searches)

6.1. 인명검색을 완료한 공간에는 명확히 표시하여 중복 검색을 방지한다.

- 문 또는 출입구에 테이프나 분필 등으로 “X” 표시를 하고, 검색 시간과 검색 완료팀 이름을 기록해 후속 진입 팀이 신속히 상황을 이해한다.
- 현장지휘관(IC)은 표시 내용을 주기적으로 확인해 검색 누락 또는 중복 검색으로 인한 혼선을 예방한다.

### 7. 검색 결과 지속적 평가 및 상황 전파 (Continuous Evaluation & Communication)

7.1. 현장지휘관(IC)은 인명검색 진행 상황을 수시로 확인하고, 단위지휘관(DGS) 및 구조팀과 긴밀히 공유해 추가 인력 · 장비 투입 필요성을 판단한다.

- 검색 진행 결과는 전술상황판에 지속 기록하고, 상황실과 무전으로 신속히 공유해 전 대원이 현장상황을 명확히 인지한다.
- 인명검색이 집중적으로 필요한 구역에는 추가 자원을 우선 배정하고, 검색 완료 구역과 미완료 구역을 명확히 구분해 전체 구조 작업을 체계적·효율적으로 관리한다.

## 04 구조 활동의 적절성 및 효율성 (Appropriateness & Efficiency of Rescue Activities)

### 1. 전술 선택의 적절성 (Tactical Choice Appropriateness)

1.1. 현장지휘관(IC)은 현장 여건(연기 농도, 구조물 특성, 화재 규모 등)에 맞는 최적의 인명검색 전술을 선택해 대원들에게 명확히 지시한다.

- 시야 확보가 어려울 때는 왼손법(Left-hand Search Method) 또는 오른손법(Right-hand Search Method)으로 벽을 따라 체계적 검색을 수행한다.
- 공장, 창고, 강당 같은 넓은 공간에서는 인명구조선(Life Line) 방식을 활용해 인명구조 피난로를 확보하고 인명검색을 실시한다.

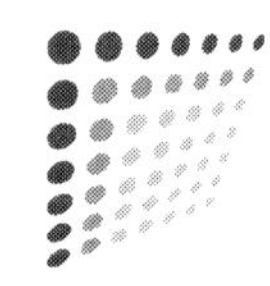



- 좁은 공간에 여러 팀이 동시에 진입하면 혼란과 비효율이 발생하므로, 각 대원의 담당 구역을 명확히 분할해 중복을 방지한다.

1.2. 현장지휘관(IC)은 전술 효율이 낮다고 판단되면 신속하게 조정 지시를 내린다.

- "지하 주차장의 차량 하부는 열화상카메라(TIC)를 활용해 재검색하라"와 같이 구체적인 추가 지시를 통해 미흡한 부분을 보완한다.

## 2. 적절한 장비 활용 (Proper Equipment Use)

2.1. 현장지휘관(IC)과 구조팀은 인명 구조 성공률을 높이기 위해 다양한 장비를 적재적소에 활용한다.

- 열화상카메라(TIC)는 연기 속에서 생존자를 효과적으로 구분할 수 있어 진입 시 반드시 휴대해 즉각 활용한다.
- 인명구조선(Life Line)은 복잡한 공간에서 진입·철수 경로를 명확히 표시하는 데 필수적이다.
- 잠긴 문이나 장애물이 있으면 할리건 바(Halligan Bar), 도끼(Fire Axe), 유압 절단기 등 파괴 공구를 즉시 활용해 구조 접근 시간을 최소화한다.
- 외부 구조 요청 대상자를 발견하면 굴절사다리차를 신속히 배치해 효율적으로 구조한다.

2.2. 현장지휘관(IC)은 대원에게 적극적이고 신속한 장비 사용을 독려하고, 필요하면 문이나 장애물을 과감히 제거해 구조에 방해되는 요소를 최소화하도록 지시한다.

## 3. 협조와 분업 (Coordination & Division of Labor)

3.1. 현장지휘관(IC)은 여러 대원이 동시에 투입되는 인명 구조 현장에서 효율적 협력과 역할 분담이 이뤄지도록 조정한다.

- 각 구조팀은 진입 구역과 인명검색 영역을 명확하게 할당받아 중복되지 않도록 한다. "구조 1팀은 3층 북측, 구조 2팀은 3층 남측"과 같이 구체적으로 임무를 지정한다.

- 필요시 한 구조팀이 구조 대상자를 발견하면 인근 팀이 들것 운반이나 응급처치를 지원할 수 있도록 즉시 합류한다.
- 진압팀과 구조팀은 긴밀히 협력해 진압팀이 열기와 연기를 억제하는 동안 구조팀은 안전하게 구조 활동을 수행한다.

3.2. 현장지휘관(IC)은 모든 대원이 현장의 실시간 변화를 인지하고 원활한 통신으로 협조가 이루어지도록 통합 관리한다.

### 4. 사후 확인 및 구조활동 종료 (Post-Rescue Checks & Conclusion)

4.1. 현장지휘관(IC)은 모든 인명 구조 활동이 완료되었다고 판단되면 철저한 사후 확인을 실시하여 누락된 구조 대상자가 없는지 확인한다.

- 구조된 인원 명단과 최초 신고 시 확보된 인원 수 등 인명정보 자료를 대조하여 누락 여부를 확인한다.
- 열화상카메라(TIC) 또는 열화상드론(TID)을 사용해 붕괴 잔해물, 천장, 지붕 등 육안으로 확인하기 어려운 장소를 추가 탐색한다.
- 별도의 구조팀을 투입해 주요 공간을 교차 확인하거나 정밀 재검색을 실시한다.

4.2. 추가 구조 대상자가 없다고 확실히 판단되면, 현장지휘관(IC)은 공식적으로 완진을 선언하고 구조 활동을 종료한다.

- 구조 종료 후에는 잔불 정리와 현장 복구 및 원인 조사 단계로 전환해 효율적인 현장 관리를 진행한다.

## 05 구조 대상자 발견 및 구조 완료 보고 (Find & Report; Completion)

### 1. 즉시 보고 및 추가 지원 판단 (Immediate Reporting & Assessment)

1.1. 구조 대상자를 발견한 대원은 즉시 무전으로 현장지휘관(IC)과 상황실에 구조 위치와 상태를 명확히 보고한다.

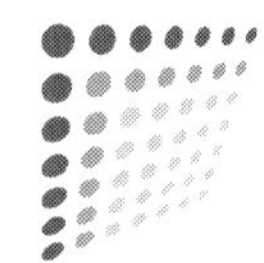



- 보고에는 의식 상태(의식 있음/없음), 호흡·맥박 여부, 부상 정도(중상·경상·응급처치 필요성), 성별, 연령 추정, 기타 특이사항(임산부·노약자 등)을 포함한다.
- 이 보고를 통해 현장지휘관(IC)은 구조 우선순위를 재조정하고, 상황실은 적절한 구급팀과 의료 장비(들것, 산소 공급기 등)를 신속히 배치한다.

1.2. 구조 완료 후 대상자는 임시 의료소 또는 구급팀 대기 지점까지 신속하고 안전하게 이송해 인계한다.

- 이송 중 의식 저하, 호흡 곤란, 출혈 지속 여부 등 상태 변화를 지속적으로 관찰하고, 해당 정보를 구급팀에 명확히 인계하여 응급처치의 연속성을 확보한다.
- 의료소에서 추가 치료, 병원 이송 또는 장비 보강이 필요하면 구급팀은 즉시 현장지휘관(IC)과 상황실에 재보고해 필요한 자원을 신속히 요청한다.

## 2. 구조 대상자 안전 이동 및 현장 내 관리

(Safe Movement & On-scene Management)

2.1. 이송 과정에서 2차 부상 방지를 최우선으로 한다.

- 빌라 또는 다층 구조에서 엘리베이터 미작동, 협소 계단, 장애물 밀집 구역 등에 대비해 이송 경로를 사전 확보하고, 최소 2인 이상 협동으로 들것 또는 구급 이송 장비를 활용해 안정적으로 이동시킨다.

2.2. 이동 중 기도 유지, 체온 저하 방지, 출혈 부위 압박 고정 등의 응급처치를 병행한다.

- 상태 악화가 우려될 경우 즉시 의료 인력에 인계하거나 경로를 변경해 우선 이송한다.

2.3. 구조 완료 후 구조 시간, 위치, 대상자 정보를 전술상황판 또는 환자 이송 현황판에 기록·공유해 전체 구조 전략 조정과 후속 대응을 효율적으로 한다.

CHAPTER

# 7 안전관리 (Safety Management)

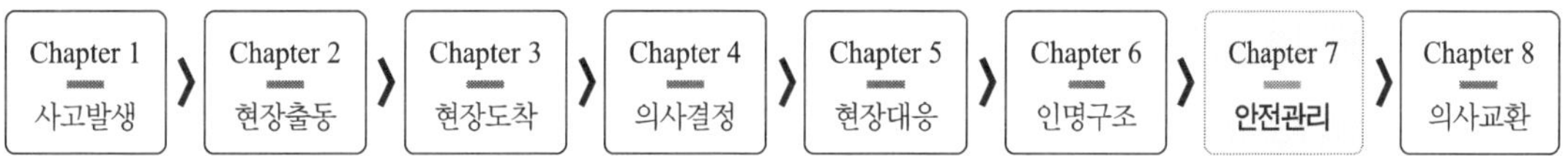


화재 현장에서는 대원 안전이 모든 작전 활동의 최우선 기준이다. 현장지휘관(IC)은 현장의 위험 요소를 식별·통제하는 작업을 전술 판단에 앞서 수행하며, 구조·진압팀의 활동이 표준작전절차(SOP)에 따라 이뤄지도록 지속 감독한다. 또한 사고발생 시 신속한 구조가 가능하도록 신속동료구조팀(RIT) 운영, 대원 상태 확인, 위험 구간 통제 등의 대비책을 병행한다. 본 장에서는 화재 현장 대응 중 발생할 수 있는 주요 위험 요소를 제시하고, 그에 따른 대응 절차와 현장지휘관(IC)의 지시 사항을 정리한다.

## 01 위험 요인 확인 및 대응 적절성 평가 (Hazard Identification & Response Adequacy)

현장지휘관(IC)과 대원은 출동 단계부터 종료까지 잠재 위험 요인을 지속 확인하고 대응 활동이 이를 적절히 고려하는지 평가한다. 위험 요인을 사전 인지 · 경계하면 안전사고를 예방할 수 있다.

### 1. 추락 위험 (Fall Hazards)

1.1. 고층 또는 옥상 작업 시 추락에 유의한다.

- 대원은 지붕 가장자리, 붕괴 바닥, 창틀 주변 등 추락 위험 지점을 사전 식별하고 접근 시 추락방지 하네스(Harness)를 착용한다.
- 현장지휘관(IC)은 추락 우려 구간을 무전 · 육성으로 반복 공지하고, 고소작업 시 고정 고리 설치 여부를 직접 확인한다.
- 추락 가능 구간에는 현장통제선(Fire Line) · 시각 표지를 설치하고 감시자를 배치한다.

### 2. 붕괴 위험 (Structural Collapse)

2.1. 건물의 구조적 안정성을 항상 점검한다.

- 현장지휘관(IC)은 도착 즉시 연소 시간, 구조 형태, 노후 상태 등을 종합 평가한다. 오래된 조적조, 불법 증 · 개축, 다층 목조건물, 장시간 고열 노출 철골은 위험이 높다.
- 활동 전 · 중에 붕괴 전조를 반복 확인 · 공유한다 : 내부/외벽 균열음, 철근 파열음, 슬래브 처짐, 기둥·보 휨, 외벽 벌어짐, 창틀·문틀 변형, 내력벽 불연속 흔들림, 천장 연기 · 열기 집중 등.
- 징후 구역은 즉시 위험구간으로 지정 · 출입 금지하며, 위치 · 상황을 전 대원에게 무전 전파한다. 테이프 · 삼각대 · 조명 등으로 물리 통제선을 설치하고, 인원 제한 또는 외부 진입 전략으로 전환한다.
- 안전성 불확실 시 건축 전문가의 구조 안전성 평가를 요청하고, 초기 판단 전

드론·열화상카메라(TIC)·봉카메라 등 비접촉 관찰 장비로 간접 확인한다. 붕괴 임박 구역에 고립 대원이 있을 경우 지지 구조물 설치·안전 해체 계획 수립 후 구조 작전을 진행한다.

## 3. 낙하물 위험 (Falling Objects)

3.1. 외벽 마감재·간판·내부 구조물 낙하에 대비한다.

- 유리창, 외장 패널, 간판, 실외기, 조명기구 등 상부 구조물을 지속 감시한다. 전 대원은 헬멧·방열복 등 보호장비를 완비하고, 낙하 예상 지점에는 통제선을 설치해 접근을 제한한다.
- 건물 높이에 따라 외벽으로부터 최소 안전거리를 확보한다(낙하 반경 권장 : 건물 높이의 1/2 이상). 4층(≈12 m) → ≥6 m, 10층(≈30 m) → ≥15 m.
- 외벽 진입 대원에게 낙하 반경을 반복 인지시키고, 흔들림·변형·진동 등 징후 시 작업 중단·일시 철수를 지시한다.
- 낙하 예상 위치에는 방풍막 또는 낙하물 유도 매트(방지망)를 설치할 수 있도록 구조팀과 협조한다.

## 4. 위험물질 및 유독가스 (Hazardous Materials & Toxic Gases)

4.1. 화학물질 및 연소 생성물 위험을 식별·대응한다.

- 현장지휘관(IC)은 연기 색상, 냄새, 표지판, 컨테이너 형태 등으로 유해화학물질 존재 여부를 조기 판단한다(녹색/회색/황색 연기, 플라스틱·고무 연소 시 유독가스 의심).
- 저장탱크·드럼·컨테이너 발견 시 해당 구역을 진입 금지로 지정하고, 공기호흡기 착용을 전파하며, UN번호·NFPA 마크 등 위험 표지를 식별한다.
- 위험물로 판단되면 구역 위험성(위치·색상·반응성 등)을 전파하고, 상황실에 물질안전보건자료(Material Safety Data Sheet) 요청을 지시한다. 물질안전보건자료(MSDS) 확인 후 소화 방법·반응 특성·응급처치를 숙지해 전술을 수정한다.
- 소화수 사용 여부를 판단하고, 물 반응성·고온·독성가스 발생 물질 등은 특수 소화작전으로 전환한다.

- 누출·확산 의심 시 접근 제한·후퇴, 가스감지기(PID, LEL)로 농도 측정, 신속동료구조팀(RIT) 대기, 긴급탈출 경로 확인, 지자체·유관기관 협조 요청, 방재막·제독구역·대피 명령 등을 한다.
- 인근 주민·대원 노출 여부를 수시 점검하고, 이상 증상자는 즉시 의료 지원을 연계한다.

## 5. 폭발 위험 (Explosion/BLEVE/Backdraft)

5.1. 압력용기·가연성 기체·백드래프트 위험을 식별·선제 조치한다.

- 압력용기(LPG, 아세틸렌, 산소 등) 또는 가연성 기체 축적 가능 구조(지하실, 보일러실 등)를 우선 파악한다. 발견 즉시 대원 철수, 냉각·방호 병행한다.
- 압력용기 폭열(BLEVE) 예방을 위해 원거리 냉각 방수, 가능 시 안전 지역 이송한다.
- 밀폐 공간 백드래프트 위험 시 : 불꽃 부재·누르스름한 연기 배출 등 징후 확인 → 강제 개방 금지 → 소형 천공(Inspection Hole)로 내부 확인 → 제어 환기(Control Ventilation) → 위험 시 무진입 방수·외부 차단 전환한다.
- "폭발 위험"을 전파하고, 안전거리(용기 높이의 3~5배 이상) 확보·방폭자세 유지를 지시한다.
- 공장·주유소·탱크로리 등에서는 폭발 위험구역 설정을 최우선 검토하고, 진입 방향·피난 통로·대기지점을 사전 지정한다.

## 6. 전기 위험 (Electrical Hazards)

6.1. 감전·통전 확산을 방지한다.

- 도착 즉시 전원 차단 여부 확인, 한전·관계기관 전원 차단 요청. 미확인 시 통전 상태로 간주하고 활동을 제한한다.
- 진입 전 통전·비통전 구역을 구분 공유, 방수 시 전기설비에 직사방수를 금지한다.
- 절연 장비(절연장갑·절연화·고무매트)를 착용하고 고압선 구역에 인원을 최소화한다.

- 전선 낙하·단락 가능성 고려, 반경 2 m 이내 접근을 금지하여 실외 고압선에 대한 위험을 사전에 차단한다.
- 임시 전력선·발전기·비상조명 등 가설 전기장치 사용 시 피복·누전·접지 점검, 노출 배선에 대한 안전조치를 실시한다.
- 전기차 및 태양광 설비 화재 시에는 잔존 전류 가능성을 고려하고, 절연 도구를 사용하며 일정 시간 진입을 지연한다. 또한 패널과 인버터와는 거리를 유지하고, 직사광선을 차단하는 조치를 병행한다.

## 7. 현장 환경 위험 및 대원 관리 (Environmental Risks & Crew Management)

7.1. 기상·지형·교통 등 외부 요인과 대원 피로도를 종합 판단한다.

- 초기에는 기온, 강풍 여부, 기상 악화 가능성, 지형 특성, 대원의 이동 동선, 주변 교통 위험을 확인하고, 위험 요인이 발견되면 즉시 조치한다.
- 폭염(기온 30℃ 이상) 상태에서는 대원 1회 활동 시간을 약 15~20분으로 제한하고, 냉감 조끼와 냉음료를 제공하며, 그늘에서 쉴 수 있도록 하고, 대원을 순환 배치한다. 한파(기온 0℃ 이하) 상태에서는 보온 장비를 충분히 제공하고, 체온과 근육 경련 발생 여부를 계속 점검한다.
  강풍이 불 때에는 낙하물 위험과 연기의 방향 및 확산 양상을 고려하여 통제선 위치와 방수(물 뿌리는 방향)를 조정한다.
- 도로 또는 철도에 인접한 현장에서는 전담 감시자를 지정하고, 라바콘, 경광등, 입간판 등을 설치하여 차량과 열차의 움직임을 경고하며, 필요할 경우 경찰 및 관제 기관과 협조하여 일시적으로 통행을 제한한다.
- 슬로프(경사지), 맨홀, 지반 침하 우려 지점 등 지형적 위험이 있는 곳은 미끄럼 방지 조치를 하고, 장비나 구조물을 고정하며, 발판을 보강하고, 출입 통제선을 설치하여 불필요한 접근을 막는다.
- 대원들의 피로도와 탈진, 탈수, 두통, 근육 경련 등 이상 증상이 나타나는지 수시로 점검한다. 교대 주기는 원칙적으로 20~30 min 기준으로 운영하고, 각 대원의 활동 누적 시간은 인원 관리표 또는 열 스트레스 관리 태그(Heat Tag)에 기록하여 관리한다. 이상 증상이 있는 대원은 즉시 현장 활동에서 제외하고, 의료 지원과 충분한 휴식을 보장한다.

## 02 사고 대원 발생 시 대응 : 신속동료구조팀 운용 (RIT Operations)

### 1. 신속동료구조팀(RIT) 편성 (Organization)

1.1. 신속동료구조팀(RIT)을 사전에 편성하여 현장에 대기시킨다. 신속동료구조팀(RIT)은 현장 활동 대원 구조를 전담하는 독립팀으로, 대원이 실종되거나 부상·고립되는 상황이 발생하면 즉시 투입한다. 팀은 2인 이상 숙련된 대원으로 구성하며, 완전한 개인보호장비와 구조장비를 갖추고 현장지휘관(IC)의 통제 하에 인근 지정 위치에서 대기한다.

- 신속동료구조팀(RIT)의 주요 임무는 다음과 같다. 사고 발생 시 우선순위무전보고(PET)를 접수하면, 진행 중인 작전을 일시 중지하거나 방어 위주로 전환하고, 신속동료구조팀(RIT)을 즉시 투입한다.
- 평상시에는 구조지형과 진입 경로를 미리 숙지하고, 예비 공기호흡기(SCBA), 로프, 구조장비를 전달할 준비를 유지한다. 동시에 비상 탈출로를 확보하고, 주 출입구 외에 사용할 수 있는 예비 탈출 경로를 사전에 설정 · 표시 · 확보한다.

### 2. 위험요소 사전 제거·예방조치 (Preventive Measures)

2.1. 작업로에 있는 낙하물, 넘어질 수 있는 물체, 잔해, 미끄러운 지점, 갑자기 닫힐 수 있는 문 등 위험 요소는 사전에 제거하거나 단단히 고정한다. 무전이 끊기거나 호출에 응답하지 않는 대원이 발생하면 즉시 보고하고, 구조 투입 등 대응 준비를 강화한다. 무전 음영지역이나 구조적으로 불안정한 구역은 미리 탐색하고, 감시 인원을 배치하여 계속 관찰한다.

### 3. 출동 대비 태세 (Readiness)

3.1. 신속동료구조팀(RIT)은 다른 어떠한 임무도 겸하지 않고 대원 구조 대기만을 전담한다. 팀원들은 공기호흡기(SCBA) 압력이 정상 범위인지 수시로 확인하고, 절단 도구, 구조용 밧줄, 휴대용 조명, 응급처치 키트 등 필요한 구조 장비를 완비한 상태를 유지한다. 헬멧에는 식별띠를 부착하여 다른 대원과 명확히 구분하고, 무전은 항상

수신 가능한 상태로 유지한다. 대기 시간이 길어질 경우 교대로 운영하여 피로를 조절하며, 실제 구조 투입 시에는 인력 · 장비 · 지원이 최우선으로 제공되도록 한다.

### 4. 우선순위 무전보고 (Priority Emergency Traffic)

4.1. 즉시 구조가 필요한 상황에서 "우선순위 무전보고" 3회 반복 선포 후 핵심정보(소속 · 성명 · 임무 · 위치 · 요구) 전파한다.

- 우선순위 무전보고(PET) 발생 시 일반 무전 즉시 중지, 현장지휘관(IC)은 신속 동료구조팀(RIT) 투입을 최우선으로 결정하고 현장 지원 임무 전환을 지시. 반복 훈련으로 숙지 · 숙련을 확보한다.

## 03 2인 1조 원칙 및 소방호스 접촉 유지 (Two-in/Two-out & Hose Contact)

### 1. 2인 1조 전술의 원칙과 적용

1.1. 모든 활동은 반드시 최소 2인 1조로 수행한다. 단독 행동은 금지한다. 한 명은 주 작업을 수행하고, 다른 한 명은 감시와 보조, 무전 교신을 담당하여 안전성을 높인다. 동료에게 이상 증세가 발견되면 즉시 교대하고 상급자에게 보고한다.

1.2. 2인 1조 편성은 대원의 안전을 지켜 주는 기본 수단이다. 연기 가득한 환경에서 방향 감각을 상실했을 때, 동료가 출구 위치를 인지하고 안전한 방향으로 유도한다. 단독 진입을 철저히 막기 위해 필요 시 3인 1조로 조정할 수 있다. 각 팀은 서로를 눈으로 확인하거나 음성으로 교신할 수 있는 거리를 유지하여, 팀 간 상호 지원이 가능하도록 배치한다.

1.3. 내부에 진입할 때 소방호스는 대원의 생명선이다. 후속 대원은 손과 발로 항상 호스를 접촉하며 이동하고, 암카플링이 연결된 방향을 따라 역추적하여 탈출 방향을 확보한다. 벽을 따라 이동하는 것보다 호스를 따라 이동하는 것을 우선한다. 현장 지휘관(IC)은 "호스를 잡고 위치를 확인하며 이동하라"는 지시를 반복해서 전파하고, 주요 구간에는 예비 조명과 인명구조선(Light Line)을 설치하며, 진입 경로와

후퇴 경로를 전술상황판에 기록한다.

## 04 공기량 관리 및 탈출 대비 (Air Management & Egress)

### 1. 공기호흡기(SCBA) 공기량 관리

1.1. 현장지휘관(IC)은 팀별 잔여 공기량과 예상 활동 가능 시간을 파악하여 10분 간격으로 무전으로 알린다. 공기 경보가 울리기 전, 약 2/3 시점에서 교대 및 철수 여부를 검토 한다.

1.2. 밀폐 공간이나 지하와 같이 공기 소모가 많은 환경에서는 수시로 잔압을 확인하고, 잔압이 50%에 도달하면 단위지휘관(DGS)에게 보고한다.

1.3. 현장지휘관(IC)은 현재 잔여 공기로 안전하게 복귀할 수 있는지를 판단하여 필요시 "교대 및 철수"를 지시한다. 공기 경보음이 울리면 모든 임무를 즉시 중단하고 교대 및 철수하는 것을 원칙으로 한다.

### 2. 활동시간 모니터링

2.1. 상황실 통제요원과 지휘 보조요원(안전 · 통신 담당)은 각 팀의 진입 시각을 정확히 기록하고, 10 min 간격으로 무전으로 확인한다. 무전 확인에 응답이 없는 대원이 있을 경우, 해당 대원에게 현재 상황과 위치에 대한 보고를 즉시 요구한다.

- "진압 1팀, 진입 후 10분 경과, 상황 보고하라." 응답 없으면 인접 팀을 급파해 상태 확인하고, 시간 · 공기호흡기 관리로 사전에 위험을 예방한다.

### 3. 긴급탈출 계획 (Emergency Egress)

3.1. 비상 탈출 절차를 사전 숙지시킨다.

- "경보가 울리면 즉시 호스를 따라 철수한다"는 원칙을 반복해서 강조하고, 필요시 신속동료구조팀(RIT)을 투입한다. 대원 위치 추적 장비를 즉시 활성화하며, 외부 방수와 차단 작전은 대피 지원을 최우선으로 하도록 곧바로 지시한다.

## 05 대원 피로 관리 및 교대/휴식 (Fatigue Management, Relief & Rehab)

### 1. 활동 상황 추적

1.1. 현장지휘관(IC)과 안전담당관(ISO)은 각 팀의 작업 강도와 활동 시간을 지속적으로 모니터링한다. 한 팀이 20~30 min 이상 활동한 경우에는 교대 준비를 시행하고, 내부 진입팀은 1회 임무를 마치면 즉시 다른 팀으로 교체한다. 대원이 교대를 요청할 경우에는 이를 적극적으로 수용한다.

### 2. 교대 운영 (Rotation)

2.1. 예비대원을 상시 편성하여 지속적으로 교대를 실시한다. 1차 진입팀이 철수하면 즉시 2차 팀을 투입하고, 다음 투입을 위한 3차 팀을 준비한다. 잔불 위치, 미검색 구역 등 인계 사항은 신속하게 전달하며, 현장지휘관(IC)이 이를 감독한다.

### 3. 휴식 및 재활 (Rehab)

3.1. 현장 대응이 장기화될 경우에는 물, 이온음료, 응급품, 간식, 식사를 제공할 수 있는 현장 휴식 지점을 설치한다. 휴식 시간 동안 대원들의 건강 상태를 확인하고, 이상 징후가 보이면 즉시 의료진의 검진을 받게 한다. 과로가 의심되거나 회복이 필요한 대원은 원소속대로 복귀시키거나 후방 지원 임무로 전환한다.

## 06 사고 특성에 대한 지식과 숙달 (Knowledge & Proficiency)

### 1. 교육 및 훈련 (Training)

1.1. 대원은 유형별 위험과 대처를 평시 교육 · 훈련으로 숙달한다. 현장지휘관(IC)은 사례 전파 · 모의훈련을 통해 의사결정 · 판단 · 스트레스 관리 능력을 향상시킨다.

- 가상현실(VR) · 증강현실(AR) · 시뮬레이션은 실전 감각과 대응 능력 향상에 효

과적이다. 팀 단위 협력 훈련을 병행하여 역할·위치 이해와 혼선 없는 협력을 확보한다.

- 경찰·군·지자체·전기·가스 등 유관기관과 합동훈련으로 통합지휘·통신·자원 배분 체계를 점검·숙달한다.

  훈련 결과를 평가·피드백하여 부족을 보완하고, 사례 분석·교훈을 다음 훈련·교육에 반영한다.

## 2. 위험물 특성 지식 (HazMat Knowledge)

2.1. 나트륨 등 물 반응성, 전기 설비 화재 시 이산화탄소 소화 등 물질별 특성을 숙지한다. 전기차 배터리는 대량 물로 지속 냉각이 효과적이다. 관할 위험물 취급 시설 정보를 사전 파악하고 표준 대응 절차를 교육한다.

## 3. 건축물 및 환경 이해 (Building & Environment)

3.1. 경량 목조·철근콘크리트 등 구조별 약점(목조의 빠른 붕괴, 철골의 고온 강도 저하)을 숙지한다. 지하·고층·밀폐 공간의 화재 양상(배연 곤란, 굴뚝효과 등)을 이해하고 최적 전술을 수립한다. 관할 특수 건축물 정보를 주기 교육해 신속·정확 대응을 준비한다.

# CHAPTER 8 의사교환 (통신체계 운영)

## Communication and Radio System Operations

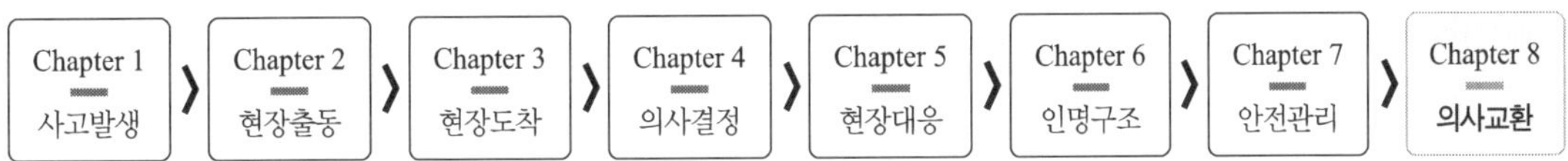


화재 현장에서는 다수의 대원과 지휘부가 동시에 움직이므로 원활한 의사소통(effective communication)이 작전 성공에 필수적이다. 이 장에서는 현장지휘관(IC)이 무전(radio) 중심의 통신체계를 확립하고, 모든 대원이 정확하고 신속하게 정보를 주고받도록 통제하는 방법과 통신 시 표준 용어(SOP)와 절차를 준수하여 오해나 지연을 방지하는 내용을 다룬다.

# 01 무전 교신 원칙(Radio Communication Principles)

## 1. 정확한 용어 사용(Use of Standard Terminology)

1.1. 무전 교신 시 상황에 맞는 표준 용어를 사용하여 간결하고 명확하게 전달한다. 각 지역 소방서에서 정한 공용어(예: "초진 완료", "증원 필요", "대원 탈진")를 활용하면 누구나 의미를 쉽게 이해한다.

- 불길을 잡았을 때 "초진"이라고 보고하면 모든 인원이 화재 진압 상황을 즉각 파악한다. 현장지휘관(IC)은 평소 대원들에게 무전 용어 숙달 교육을 정기적으로 실시하고 현장에서는 "임의 용어 사용 금지"를 지시하여 통일성을 유지한다.
- 추가적으로 용어집을 작성·배포하여 언제든 참조하도록 하고, 주기적으로 무전 용어 숙지 평가를 실시한다.

## 2. 복명복창(Read-Back/Repeat-Back)

2.1. 무전으로 명령이나 정보를 받은 대원은 핵심 내용을 짧게 복창하여 정확히 이해했음을 알려야 한다.

- 현장지휘관(IC)이 "진압 2팀, B면 이동, 직전대기"라고 지시하면 진압 2팀 대원은 "진압 2팀 B면 이동, 직전대기"라고 반복하여 응답한다. 이를 통해 잘못 듣거나 착오가 있었을 경우 즉시 수정할 수 있다. 복창은 핵심만 간단히 1회 수행한다. 긴박하여 복창이 어렵더라도 "확인, 이동 중" 등의 최소한의 응답으로 수신 확인을 한다.
- 현장지휘관(IC)은 명령 전달 후 복창 여부를 확인하여 반드시 수신 상태와 이해도를 확인한다.

## 3. 소속 및 위치 보고(Unit Identification and Location Reports)

3.1. 무전 교신을 할 때 송신자는 자신의 소속과 호출부호를 명확히 밝혀야 한다.

- 현장지휘관(IC)에게 보고할 때 "현장지휘관(IC), 여기 진압 1팀"과 같이 시작하면 현장지휘관(IC)이 즉시 발신자를 파악하고 상황을 이해하기 쉽다. 또한

필요한 경우 자신의 위치를 함께 보고하여 현장지휘관(IC)과 동료들에게 현재 활동 위치를 명확히 알린다.

- "현장지휘관(IC), 3층 진압 1팀, 화점 발견" 이와 같이 명확히 보고하면 긴급 상황에서 대원의 위치 추적 및 구조 활동에도 도움이 된다.
- 현장지휘관(IC)은 무전 교신 시 위치 정보가 빠지면 즉시 위치를 재확인하도록 요구하여 정확성을 유지한다.

## 4. 상황 변화 및 위험의 즉시 보고 (Immediate Reporting of Changes and Hazards)

4.1. 대원들은 자신이 맡은 구역에서 상황 변화가 발생하면 지체 없이 무전으로 신속히 알린다.

- "LPG 탱크 주변 온도 상승 중", "층 추가 인원 발견" 등과 같은 정보는 즉시 전파되어야 전체 대응 전략을 빠르게 수정할 수 있다.
- "천장 균열음 발생, 붕괴 위험" 같은 위험 요소도 즉각 보고하여 전 대원이 공유한다. 현장지휘관(IC)은 "위험 상황일수록 즉시 보고하라"는 문화를 조성하여 대원들이 정보를 주저하지 않고 신속히 공유한다.
- 모든 대원은 중요한 상황 변화나 위험 요소 보고 시 가능한 간결하고 명확한 표현을 사용해 혼선을 최소화한다.

## 5. 간결·명확·침착하게 말하기 (Be Concise, Clear, and Calm)

5.1. 무전 통신에서는 짧은 시간에 명확히 핵심만 전달하는 것이 중요하다.

- 흥분해서 소리치거나 두서없이 말하면 수신자가 정확히 이해하기 어렵다. 따라서 한 번 교신은 20초 이내로 간결하게 전달하고 목소리는 적절한 크기와 명료한 발음으로 한다.
- 중요한 수치나 용어는 두 번 반복하거나 필요하면 알파벳 코드(예: A-Alpha, B-Bravo)를 사용하여 오해를 줄인다. 현장지휘관(IC)은 특히 흥분한 대원이 빠르게 보고하면 "천천히 다시"를 요구하여 명확히 듣고 정확히 대응한다.
- 주기적으로 무전 교신 훈련을 실시하여 모든 대원의 교신 습관과 명확성을 평가하고 개선 사항을 제공한다.

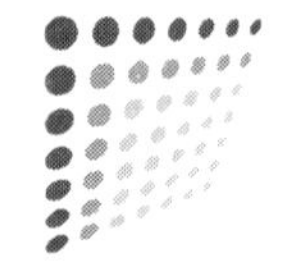



### 6. 무전 7 : 3 원칙 (Listening-to-Speaking Ratio 7:3)

6.1. 현장지휘관(IC)은 무전 교신 시 듣는 비율을 7, 말하는 비율을 3으로 유지한다.

- 현장지휘관(IC)은 현장 내부 대원의 무전에 담긴 현장 상황 정보를 최대한 듣고 파악하는 것이 필수적이다. 이를 통해 고정지휘 위치에서 정확한 의사결정을 할 수 있다.
- 이 원칙을 준수하면 불필요한 혼선을 방지하고 현장 대원의 안전과 작전 효율성을 동시에 높일 수 있다.
- 현장지휘관(IC)은 정기적인 훈련과 실제 현장 사례를 통해 7 : 3 원칙을 습관화하고 유지하도록 노력한다.

## 02 통신체계 운영 및 정보 전달 (System Operation and Information Flow)

### 1. 지휘통신 체계 확립 (Establishing the Incident Communications Plan)

1.1. 현장지휘관(IC)은 출동대 간 무전 교신을 통합 관리한다.

- 최초 출동 단계에서 현장지휘관(IC)은 하나의 무전 채널을 통해 초기 상황 평가, 방면 지정, 전략, 전술, 임무 부여 등의 주요 정보를 모든 대원에게 전달하여 상황 인지와 신속한 대응을 가능하게 한다.
- 모든 출동대는 설정된 주파수를 사용해 현장지휘관(IC)과 교신하며, 이를 통해 현장 내에서의 무전 소통이 효율적으로 이루어지도록 한다.

1.2. 현장 상황의 복잡성 증가 및 무전량 증가 시 지휘망(Command Channel)과 작전망(Operational Channel)으로 구분하여 운영한다.

- 지휘망(CMD)은 현장지휘관(IC)이 상황실, 후속 출동대 등 외부 조직과 무전 교신을 하기 위한 채널로, 현장 전반적인 통제와 외부 기관과의 조율을 담당한다. 작전망(TAC)은 현장 내에서 활동하는 단위지휘관(DGS)과 대원들 간의 무전 교신에 사용되며, 현장 작전에 중점을 둔다.
- 현장지휘관(IC)은 상황실과의 교신을 지휘망(CMD)을 통해 별도의 채널로 유

지하여 현장 내부 통신과 외부 통신을 명확히 구분한다. 이를 통해 대원들은 상황실이나 외부 기관과 직접 무전을 하지 않고 반드시 현장지휘관(IC)의 지시에 따라 통신을 진행해야 한다.

- 단일 지휘 무선 체계 및 명확한 무전망 분리 운영을 통해 통신 혼선을 예방하고, 명령 전달의 일관성을 유지한다.
- 현장지휘관(IC)은 주기적으로 무전망 운영 훈련을 실시하여 대원들이 실제 상황에서 정확하고 신속하게 무전망을 활용할 수 있도록 지속적으로 교육해야 한다.

## 2. 명령 전달 (Command Transmission via Chain of Communication)

2.1. 현장 규모가 커지면 현장지휘관(IC)은 모든 팀과 직접 교신하기 어려우므로 단위지휘관(DGS)을 임명하여 통신 계층을 형성한다.

- 건물의 A, B, C, D 면별 또는 층별로 단위지휘관(DGS)을 지정하며, 현장지휘관(IC)은 이 지정된 단위지휘관(DGS)과 직접 교신하고, 단위지휘관(DGS)이 각 소속 팀원들과의 교신을 담당한다.
- 대원들은 보고 및 요청 사항을 팀장이나 할당된 단위지휘관(DGS)을 통해 상위 지휘관에게 전달한다. 현장지휘관(IC)은 이러한 무전 통제 규칙을 사전에 정해 명확히 공지하고, 모든 대원이 이를 준수하도록 지속적으로 교육 및 강조한다. 이를 통해 다중 교신으로 인한 혼선을 방지하고 현장의 질서를 유지할 수 있다.

## 3. 교신 우선순위 통제 (Priority Control of Radio Traffic)

3.1. 여러 무전 보고가 동시에 발생할 경우 긴급성에 따라 우선순위 무전보고(PET)를 정하여 처리한다.

- "대원 구조 요청"이나 "긴급 철수" 지시와 같은 긴급 상황에 관한 무전은 우선순위 무전보고로 지정하여 모든 교신에 최우선 순위를 부여한다. 우선순위 무전보고가 이루어지면 다른 대원들은 즉시 무전 사용을 중지하고 청취 모드로 전환하여 중요한 정보를 놓치지 않도록 한다.

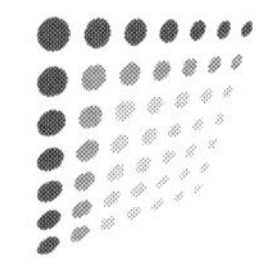



- 현장지휘관(IC)은 긴급 상황 발생 시 “전 대원, 우선순위 무전보고가 아니면 무전 침묵”을 명령하여 채널을 확보한다. 반면 일반적인 화재 진압 경과 보고 등 긴급성이 낮은 정보는 우선순위 무전보고가 완료된 후 전달한다.
- 상황실 무전통제소 역시 이러한 통신 우선순위를 지원하여 하나의 채널에 동시에 두 가지 이상의 정보가 전달되지 않도록 교신 내용을 체계적으로 조정하고 관리한다. 또한 모든 대원은 우선순위 무전보고 절차와 사례를 정기적으로 숙지하여 실제 상황에서 신속하고 정확하게 대응할 수 있도록 훈련해야 한다.

## 4. 비상 신호 및 응급 통신 (Emergency Signals and Communications)

4.1. 현장에서 우선순위 무전보고 사항 발생 시 통신 규칙은 평시와 다르게 적용된다.

- 구조팀이 우선순위 무전보고를 선언하면 현장지휘관(IC)은 즉시 해당 대원과 1 : 1 교신을 시작하고 다른 대원은 무전을 자제하며 긴급 상황에 집중한다. 필요하면 상황실의 지시에 따라 비상시에만 사용하는 별도의 비상 채널로 신속히 전환할 수도 있다. 이때 모든 대원은 현장지휘관(IC)의 지시에 따라 지정된 비상 채널로 즉각 이동하며 기존 채널은 최소한의 필수 교신만 유지한다.
- 현장에서는 무전 외에 보조 신호로서 공간 음향 경보(예: 차량 에어혼 3회 울림=긴급 철수 지시) 등을 활용하며 모든 대원은 이러한 신호의 의미를 철저히 숙지해야 한다. 현장지휘관(IC)은 이러한 비상 통신 절차를 사전에 철저히 공지하고 정기적인 훈련을 통해 신속하고 정확하게 시행될 수 있도록 준비한다.

## 5. 정보 공유와 보고 체계 (Information Sharing and Reporting)

5.1. 현장지휘관(IC)은 자신이 파악한 정보를 상황실에 적시에 정확히 보고해야 하며, 대원들 역시 필수 정보를 빠짐없이 현장지휘관(IC)에게 전달해야 한다.

- 현장 무전 교신 내용 중 주요 사항은 상황실에서도 실시간 청취 가능하나, 현장지휘관(IC)이 우선순위를 고려하여 주기적으로 요약 정리한 내용을 별도로 보고하는 것이 더욱 정확하다. 또한 수집된 정보를 현장 대원 간에도 공유하여 현장 전체의 공통된 상황 인식을 형성한다.
- 현장지휘관(IC)은 “전 대원에게 알린다, 현재까지 구조자 3명, 추가 구조 대상

자 없는 것으로 파악됨"과 같이 주기적으로 현장 상황을 무전을 통해 알리고 대원들은 의문 사항이나 추가 정보 필요 시 현장지휘관(IC)과 무전을 통해 소통하여 임무를 수행한다.

- 침착하고 질서 있는 통신은 혼란스러운 화재 현장에서 필수적이며, 이는 현장에서의 효율적인 작전 수행과 대원 안전 확보에 매우 중요하다. 현장지휘관(IC)은 표준 무전 사용으로 통신 질서를 유지하며 대원들도 훈련받은 대로 정확하고 명확한 의사소통을 통해 현장지휘관(IC)의 지침을 확실히 전달받고, 현장의 위기 상황을 정확히 보고한다. 원활한 의사소통이야말로 안전하고 성공적인 현장 대응의 시작임을 항상 명심한다.

# PART 2

# 재난사례별 현장지휘

Chapter 1 사고발생 › Chapter 2 현장출동 › Chapter 3 현장도착 › Chapter 4 현장대응

# PART 2-1

# 노래방화재 현장지휘

(출처: 부산서면 노래방화재, 2012-05-06 부산일보 보도기사 사진)

## 01 실제 사례

### 1. 부산 서면의 노래방 화재(2012)는 9명이 사망하고 25명이 부상당한 참사였다.

- 화재는 입구 쪽 빈 방에서 전기 합선으로 발생한 뒤, 연기가 순식간에 전체로 퍼져 다수 인원이 미로 같은 내부에서 대피하지 못했다. 노래방은 작고 밀폐된 방들이 많은 구조로, 화재 시 연기가 빠르게 확산되어 대형 인명피해로 이어질 수 있다. 부산 노래방 화재에서는 6층 건물 3층에서 불이 나 순식간에 연기가 퍼져나갔다. 화재는 노래방 입구 쪽 빈 방에서 전기 합선으로 발생하였고 순식간에 복도와 다른 방으로 연기가 확산되었다. 이로 인해 많은 손님들이 미로 같은 내부에서 출입구를 찾지 못해 우왕좌왕하다 피해가 커진 것으로 조사됐다. 이 사례는 복잡한 다중이용업소 화재에서 초기 인명검색과 연기 제어의 중요성을 보여준다. 이후 비슷한 업소들에 대한 스프링클러 설치 의무 및 비상구 관리가 대폭 강화되는 계기가 되었고 지휘관의 신속한 판단과 효과적인 인명 구조 및 진압 지휘가 얼마나 중요한지 보여준다.

### 2. 베트남 호치민 노래방 화재(2022)는 호치민시 근교의 한 노래방에서 발생한 화재로 32명이 사망하고 11명이 부상당하는 대형 참사가 발생했다.

- 화재는 건물 2층에서 시작되어 급속히 확산되었으며, 특히 내부의 인테리어 자재와 방음재 등 가연성 소재로 인해 연소가 더욱 가속화되었다. 비상구가 부족하고 밀폐된 구조였기 때문에 이용객들이 빠르게 대피하지 못했고, 이로 인해 다수의 사상자가 발생하였다. 이 사건 이후 베트남 정부는 노래방 등 다중이용업소에 대한 안전점검을 강화하였다. 현장지휘관은 다중이용시설 화재 시 비상구의 확보와 관리상태 점검하고, 내부 가연성 자재의 위험성 사전 인지, 그리고 화재 초기에 신속한 인명구조와 철저한 연기 제어 및 배연활동이 중요하다는 점을 다시 한 번 고려한다.

# CHAPTER 1 사고발생
(Incident Occurrence)

(출처: XVR Program 노래방화재 가상환경)

Chapter 1 사고발생 › Chapter 2 현장출동 › Chapter 3 현장도착 › Chapter 4 현장대응

## 1. 정확한 위치 및 규모 확인(Accurate Location & Scale Confirmation)

- 출동 중 현장지휘관(IC)은 소방활동정보카드 · 소방안전지도, 출동지령서, 무전을 확인하고 상황실에 재확인하여 정확한 주소와 위치(지상/지하 여부)를 파악한다. 노래방이 지하 1층인지 지상 2층 이상인지에 따라 연기 배출 특성, 진입 동선, 진압 전략이 크게 달라지므로 사전에 반드시 확인한다. 상가건물 내 입점 형태일 가능성이 높으므로 동일 상호의 다른 층 지점과 혼동되지 않도록 출입구 위치 · 외부 간판 위치까지 특정한다. 건물 전체 층수, 출입구 수, 비상구 존재 · 폐쇄 여부, 내부 복도 구조(미로형 · 막다른 복도)를 미리 확인하여 현장도착 전 접근로와 초기 전략 · 전술에 반영한다. 필요 시 집합계량기(가스케이지) · 전력 설비 · 소화전 위치와 압력 정보를 추가 확보해 정확한 접근과 신속한 전개를 준비한다.

Table 2-1-1. 위치 · 규모 사전 확인 체크리스트(Pre-Arrival Location & Scale Checklist)

| 항목 기준 | 내용 | 전술 시사점 |
|---|---|---|
| 주소 · 층 · 구역 특정 | 신고 주소, 건물명/동, 노래방 위치(지상/지하, ○층), 동일상호 타층여부, 출입구 · 간판 위치 재확인(상황실/신고자 교차확인) | 오인출동 방지 |
| 접근 경로 | 진입 골목 폭 · 회차가능, 지하진입 가부, 불법 주정차 · 차양 · 간판 장애물 | 진입로 통제 · 견인 선제 요청, 펌프차 · 특수차 부서 위치 사전 지정 |
| 건물 개요 | 전체 층수, 출입구 수, 비상구 위치 · 폐쇄 여부, 공용계단/승강기 위치 | 대피 동선 · 사다리 전개 지점 결정, 피난 계획 초안 반영 |
| 내부 구조 | 복도형태(미로형 · 막다른 복도), 룸 배치 밀도, 방음 · 차음재 존재 | 문 제어(Door Control) · 인명검색 경로 사전 설계, 가시성 저하 대비 |
| 화점 · 연기 징후 | 창 · 출입부 연기 색 · 양 · 속도, 지하의 양압/굴뚝효과 가능성, 천장 간섭 공간 연기 체류 | 통제배연(PPV)시점 계획, 전환공격 필요성 검토 |
| 인명 정보 | 영업시간 · 체류 인원, 미확인 인원수, 마지막 목격 위치(룸 번호 · 복도 구간) | 구조 우선구역 지정, 신속동료구조팀(RIT) 대기, 인원확인보고 강화계획 |
| 설비 · 위험물 | 가스설비(취사실 여부), 전력 설비 · 간판 전원, 내부 가연 내장재 | 가스 · 전력 차단요청 준비, 위험구역 설정 |
| 용수 · 압력 | 인근소화전 위치 · 유량 · 압력, 지하 진입 시 급수 동시 운용 가능 여부 | 급 · 배수 계획 수립, 중계 · 릴레이(Relay Pumping) 급수 검토 |
| 보완 정보 | CCTV · 평면도 · 관리자 연락처, 야간 시인성 · 표지 | 사각지대 파악, 순찰 동선 · 표지 배치 준비 |

## 2. 출동대 및 경로 파악(Responding Units & Routing Selection)

- 현장지휘관(IC)은 현재 투입 소방력(진압 5개 팀, 구조 2개 팀, 구급 2개 팀)과 차량 편성(펌프차, 물탱크차, 구조공작차, 고가사다리차)을 확인하고, 도로 상황을 반영해 최적 경로로 신속 이동을 지시한다. 노래방은 도심 밀집 상권에 위치할 가능성이 높아 야간에도 차량·보행자 밀집이 발생하므로, 경광등·사이렌을 운용하되 교차로·횡단보도 진입 시 감속·정지 후 통과 원칙을 준수한다. 현장 인근 주요 교차로는 상황실을 통해 경찰 교통 통제를 사전 요청하고, 지하층 노래방일 경우 지하 경사로(Lamp) 상단을 선두 차량 정지 위치로 지정해 회차·장비 하차 동선을 확보한다. 지상층 노래방은 외벽 접근이 가능한 방면을 우선 경로로 선정하고, 고가사다리차 전개 공간을 사전에 지정한다.

Table 2-1-2. 출동 경로·사이징 의사결정(En-route Routing & Sizing Decisions)

| 조건 | 판단 | 조치 |
|---|---|---|
| 도심 밀집·야간 시간대, 차량·보행자 혼잡 | 교차로·횡단보도진입 위험도 상승 | 경광등·사이렌 운용, 교차로 감속·정지 후 통과, 보행자 유도선 요청 |
| 동일 상호 다층 입점 (동일 건물 내 타층 지점 존재) | 오인정차·오진입 위험 | 상황실에 정확 층·구역 재확인, 간판·출입구 위치 무전 공유, 선두 차량 확인 지점 지정 |
| 지하층 노래방 (지하진입필요) | 회차·장비하차동선 제약 | 선두차량 정지위치를 지하층 상단으로 지정, 물탱크차 외곽대기(Staging Area), 인원·장비 도보 전개 |
| 지상 2층 이상, 외벽 접근 가능 | 외부전개로 초기제압·구조 가능 | 고가사다리차 전개 공간 사전 확보, A/B 방면 접근 우선, 내부 진입팀과 동시 전개 |
| 골목 협소·이중주차로 병목 | 대형차 진입·회차 곤란 | 경찰 견인·일시 통제 요청, 불필요 차량은 외곽 대기구역(Staging Area), 회차 지점 사전 지정 |
| 소화전 위치·압력 불확실 | 연속 급수 가용성 불명확 | 인근 소화전 사전 확인·시험 개방, 필요 시 중계/릴레이(Relay Pumping) 급수 계획 가동 |
| 인파 밀집 상권(야간피크) | 구급·구조 동선 혼잡 | 구급·구조 전용동선분리, 콘·바리케이드 설치, 현장 접근 인원 통제 요청 |
| 복도 미로형 내부 구조 예상 | 진입지연·길 찾기 실패 | 내부 평면도·관리자 연락 확보, 최초 진입팀에 문 제어(Door Control)·표식 테이프 부여 |
| 풍향이 출입구 쪽 | 연기역류·시야 저하 | 풍상측 진입회피, 대체방면접근, 배연시점 지휘승인 하 조정 |

CHAPTER

# 현장출동
## (En route to the scene)

(출처: XVR Program 노래방화재 가상환경)

Chapter 1 사고발생 › **Chapter 2 현장출동** › Chapter 3 현장도착 › Chapter 4 현장대응

## 1. 선착대장 초기 상황보고 청취 (First-Arriving Officer Initial Report)

■ 가장 먼저 현장에 도착한 선착대장으로부터 무전으로 초기 상황보고를 받는다. "지하 1층 노래방 입구에서 연기 다량 분출, 내부 다수 인원 대피 시도 중." 보고를 통해 화재 발생 위치와 연기 상태를 파악한다. 보고 형식은 현장상황 · 조치 · 필요(Conditions-Actions-Needs)로 통일하여 상황(연기 색 · 양, 가시성 · 열 상태 등), 현재 조치(예: A방면 정문 확보, 문 제어(Door Control) 시행, 방수선 준비), 추가 요구 자원(구조 · 구급 증원, 소화전 압력 확인 등)을 간결하게 송신한다. 통제배연(PPV)은 표준작전절차에 따라 선착대장이 필요 시 시행할 수 있으며, 시행 또는 계획 시 즉시 현장지휘관(IC)에게 보고하여 진입팀과 타이밍을 조정한다. 보고에는 인명 현황(대피 미완료 여부, 미확인 인원, 마지막 목격 위치)과 가스 · 전력 차단 상태, 주 출입구 · 접근로 · 장애물 정보를 포함하고, 무전 송수신의 정확성을 위해 복명복창으로 핵심 사항을 짧게 재확인한다.

Table 2-1-3. 선착대장 표준 보고 항목(Initial Radio Report)

| 항목 | 예시 보고(내용) | 전술 시사점 |
|---|---|---|
| 위치 · 방면 · 구역 | "OO빌딩 A방면, 지하1층 노래방 정문확보." | 현장지휘소(ICP) · 대기구역(Staging Area) 배치, 출입동선결정 |
| 연기 · 열 · 화염 | "입구 · 환기구 검은 연기, 내부고열, 화염 미확인." | 통제배연(PPV)시점 검토, 전환공격필요 시 준비 |
| 인명 · 대피 | "대피미완료, 복도구간 다수체류, 마지막 목격룸 8-12번." | 구조우선구역 지정, 신속동료구조팀(RIT) 대기, 인원확인보고(PAR) 즉시 가동 |
| 접근로 · 장애물 | "골목이중주차, 간판 · 차양저고로 차량근접곤란." | 차량외곽 대기구역(Staging Area), 도보전개전환, 견인 · 일시통제 요청 |
| 내부 구조 단서 | "미로형 복도추정, 일부방음문 폐쇄/잠금." | 문 제어(Door Control) 지정, 표식 테이프로 경로 표기 |
| 급수 · 에너지 | "동측소화전1기 압력미확인, 가스 · 전력차단 미확인." | 소화전 시험개방 · 압력 확인, 가스 · 전력 차단 요청 |

## 2. 특수차량 진입 확인 및 추가 장비요청

(Access for Specialized Apparatus & Additional Resource Requests)

- 현장지휘관(IC)은 출동 중 선착대장에게 노래방 주변 골목 폭과 도로 조건을 확인시켜 굴절사다리차 등 특수장비 차량의 진입 가능 여부를 즉시 파악하게 한다. 보고를 토대로 접근로 폭과 주변 도로 상황을 분석하여 굴절사다리차·고가사다리차의 접근 가능성을 판단한다. 노래방이 밀집한 상가 지역이면 소방차량 진입이 제약될 수 있으므로, 현장지휘관(IC)은 사다리차 배치 지점을 선착대장에게 전면 주차 상황, 후면 진입로 유무 등 현장 여건과 함께 확인시켜 결정한다. 접근이 가능하면 적절한 배치 지점을 선정해 화점 접근 및 인명구조를 지원하고, 접근이 불가능하면 지상에 방수 및 구조 활동에 집중하도록 전술을 조정한다. 필요 시 소형 펌프차·소형 사다리차 등 대체 장비 투입을 고려하고, 휴대용 사다리를 이용한 창문 접근까지 염두에 둔다.

Table 2-1-4. **특수차 진입 가능 판단 기준**(Apparatus Access Criteria)

| 항목 | 기준/내용 | 전술시사점 |
|---|---|---|
| 골목 폭 · 회전 반경 | 차폭미달, 급협코너,<br>이중주차로 회차불가 | 굴절사다리차 · 고가사다리차<br>외곽대기(Staging Area) 전환,<br>소형펌프차 우선진입 · 연장호스준비 |
| 상부 · 측면 장애물 | 전선 · 차양 · 간판 · 돌출 발코니로 버킷간섭 | 대체방면배치 또는 휴대사다리전개,<br>전개금지구역표지 |
| 전개면(아웃트리거) · 노면 | 주차밀집,<br>보도블록/침하 · 결빙으로 버팀 불가 | 안전지점정차 · 매트사용, 도보전개 · 개구부진입인명검색(VEIS) 대체계획 |
| 사다리 도달 반경 | 건물 이격으로 창 · 발코니 직접 접근 곤란 | 각도 · 거리재조정,<br>옥외방수 · 연기배출보조 위주 운용 |
| 전면/후면 진입로 | 전면 병목 · 후면 통로 부재 · 야시장 등 상권 혼잡 | 경찰통제요청, 부출입로 활용,<br>보행자동선분리 |
| 인명구조 신호 | 창가호출장 · 휴대전화 조명 · 손 흔듦 등 | 사다리구조 방면우선지정, 방수금지,<br>구급동선분리 |
| 급수 가용성 | 소화전 부족 · 압력 불확실,<br>장시간 방수 예상 | 중계/릴레이(Relay Pumping) 급수계획,<br>물탱크차순환요청, 펌프압관리 |

### 3. 유관기관 요청(Requests to Cooperating Agencies)

- 노래방 화재는 도심 상권 · 야간 영업 · 지하/무창부 특성으로 교통 통제 · 대피 지원 · 전력/가서 차단의 신속 협조가 필수이다. 현장지휘관(IC)은 출동 중 상황실을 통해 경찰에 골목·교차로 통제와 불법 주정차 견인을 요청하고, 한전에는 층·구역 단위 전원 차단을, 가스에는 공급 차단과 누설 점검을 즉시 요청한다. 구급/의료는 야간 인파·연기 흡입 환자 다수를 고려해 증강 출동·병원 사전 대기를 가동하며, 재난의료지원팀(DMAT)을 상황에 따라 요청한다. 건물 관리자/점주에는 비상구 · 평면도 · CCTV · 마스터키 협조를 요구해 미로형 내부 접근을 지원한다. 지자체 · 도로부서에는 우회 동선 · 표지 · 집결지(대피소) 운영을 요청해 현장 혼잡과 2차 위험을 줄인다.

Table 2-1-5. 유관기관별 즉시요청사항(Cooperating-Agency Immediate Requests)

| 유관기관 | 요청사항(예) | 전술시사점 |
|---|---|---|
| 경찰 | 상권골목 · 교차로일시통제, 불법주정차견인, 보행자접근차단 | 사다리차 · 구급동선분리, 병목해소로 도보전개 · 회차용이 |
| 한전 | 지하/해당 층 전원차단, 위험구역표지, 감전위험확인 | 내부진입 · 절단작업안전확보, 2차 전기화재예방 |
| 가스 | 가스공급차단, 집합계량기 · 배관누설점검, 농도측정 | 폭발 · 재발화 위험저감, 가스인접구간 접근안전확보 |
| 구급/의료 | 구급대 증원, 인근병원사전대기, 재난의료지원팀(DMAT)출동 · 현장연락관지정, 응급의료소 지정 · 이송계획 공유 | 연기흡입 · 경미화상환자 분류(Triage)와 병원 분산으로 초기과밀 완화 |
| 건물 관리자/점주 | 비상구개방, 평면도 · CCTV제공, 마스터키 · 전실 · 방음문정보제공, 방송안내지원 | 미로형 복도 · 잠금문 해제 인명검색/문 제어(Door Control) · 진입경로 단축 |
| 지자체 | 임시대피소운영, 취약계층지원인력 · 통역배치, 주민통보망 가동 | 대피자관리 · 보호로 소방력은 진압 · 구조에 집중가능 |
| 도로 · 교통 부서 | 우회동선지정, 통제표지 · 바리케이드설치, 대형차 전개면 확보 | 외곽대기(Staging Area)안정화, 굴절사다리차 · 고가사다리차 전개지연최소화 |
| 수도사업소 | 소화전유량 · 압력증강, 밸브조정, 급수장애 대응 | 동시방수 운용안정화, 중계/릴레이(Relay Pumping)급수계획 보완 |

## 4. 선착대원 현장활동 통제 (Control of First-Arriving Crews)

- 현장지휘관(IC)은 출동 중 전 대원에게 현장도착 직후 지시 전 개별 행동 금지를 반복 공지한다. 노래방은 지하/무창부·미로형 복도·방음문 특성으로 연기 정체와 급격한 열 축적 위험이 크므로, 선착대 최소 인원만 투입하고 후속 대원은 외부 대기구역(Staging Area)에서 임무 배분을 대기한다. 지휘체계 확립 전까지 현장지휘관(IC)은 대원의 위치·행동을 직접 통제해 과잉 진입과 동선 겹침을 방지하고, 출입 방향(방면)별 인원 분포를 사전에 조정한다. 또한 선착대장의 판단·지시를 최우선으로 따른다. 초기 전개는 계단/복도확보와 문 제어(Door Control)를 우선하며, 통제배연(PPV)·절단·외부 방수 등은 내부팀과 타이밍을 조율해 전술 충돌을 피한다.

Table 2-1-6. **선착대원 통제 체크리스트**(Arrival Control Checklist)

| 항목 | 기준/내용 | 조치 |
|---|---|---|
| 개별 행동 금지 | 도착·지시 전 임의 진입/소방호스라인 전개 금지 | 현장지휘관(IC)이 무전으로 반복 고지 |
| 투입 인원·출입로 관리 | 지하/무창부·미로형 복도 특성상 과잉 진입 위험 | 선착대 최소인원만 진입,<br>방면별 인원분배·교차통로 사용금지 |
| 계단/복도 확보 소방호스·문 제어(Door Control) | 피난/인명검색 동선 보호와 연기 역류 차단 필요 | 계단/복도 소방호스 1선 우선전개,<br>문 제어(Door Control) 전담지정·불필요 개방 금지 |
| 인원확인보고(PAR) | 투입 인원·위치 추적이 안전의 전제 | 투입 전/교대 전/철수 후 인원확인보고(PAR)를 시행 |
| 개인보호장비(PPE/SCBA) 및 안전구역 | 개인보호장비(PPE/SCBA)착용,<br>공기·무전 사전점검 | 투입 전 팀호출(Call-out) 후 진입,<br>공기량 공유 |

## 5. 연기 및 화염 상태 파악(Reading Smoke & Flame Conditions)

■ 현장에 접근하면서 원거리에서 보이는 연기 기둥과 불길의 색상 · 양 · 이동 방향을 관찰한다. 노래방은 지하/무창부 · 미로형 복도 · 방음문 특성으로 환기 제한 연소가 잦고, 출입문 틈·환기구·계단실 상부에서의 연기 이동이 화점 구역과 확산 방향을 드러낸다. 짙은 검은 연기는 내장재·흡음재 고발열 연소를 시사하고, 문틈 연기흐름(분출↔흡입)과 유리 파손을 동반한 화염 분출은 고온·고압 진행을 의미한다. 관측 결과는 즉시 무전 공유하고, 계단/복도 확보와 문 제어(Door Control), 통제배연(PPV) 시점을 열화상카메라(TIC) 확인과 함께 초기에 실시한다.

Table 2-1-7. 연기 · 화염 판독 매트릭스(Smoke/Flame Reading Matrix)

| 관측 | 내용 | 전술 시사점 |
|---|---|---|
| 문틈 · 환기구 검은 난류연기 펄싱(Pulsing) | 통제배연(PPV) 연소,<br>압력 상승 · 플래시오버 전조 | 문 제어(Door Control)유지, 무분별개구금지, 전환공격(Transitional Attack) 검토 |
| 복도상부 고온층 두꺼움 · 급강하 | 복도 · 계단방향 급격확산 | 계단/복도확보 소방호스1선 우선,<br>저상접근, 통제배연(PPV)시점조율 |
| 회색/갈색연기 저속누출(화염 미노출) | 저 환기 · 무염연소, 시야제로 가능 | 열화상카메라(TIC)로 온도 · 층 확인,<br>표식테이프 · 로프가이드 운용 |
| 출입문 개방직후 연기가 밝아지며 양급증 | 산소유입으로 연소가속전환 | 개방시간최소화, 방수–배연 타이밍분리, 팀간 무전조율 |
| 유리파손, 화염분출 또는 방음문 변형 | 내부과압 · 열방출률(Rate of Heat Release) 상승 | 2선 확보 · 열 보호 강화,<br>외부냉각 후 제한진입 |
| 불티/불꽃분출복도 · 계단방향 | 내장재 고온 연소 · 적층 | 인접룸 연소확대방지와 방수,<br>피난유도우선 |
| 계단실상부로 연기급상승 | 수직샤프트(Shaft) 효과로 피난 경로 위협 | 계단실 문닫힘 유지,<br>필요시 통제배연(PPV), 상층대피우선 |
| 창 · 환기구 외부로 흑 연기 기둥소규모분출 | 외기접촉구역 연소진행 | 외벽 · 차양냉각방수, 외부사다리 표적환기보조(내부팀과 타이밍조율) |

CHAPTER

# 3 현장도착 (On-Scene Arrival)

(출처: XVR Program 노래방화재 가상환경)

Chapter 1 사고발생 › Chapter 2 현장출동 › Chapter 3 **현장도착** › Chapter 4 현장대응

## 1. 지휘권 인수 및 선언 (Assume and Announce Command)

- 노래방 화재는 지하/무창부, 미로형 복도, 방음문 등으로 초기 혼선과 급격한 연기 확산 위험이 크므로, 현장지휘관(IC)은 현장도착 즉시 선착대장의 대면보고로 지휘권을 인계받고, 무전으로 지휘권 선언 실시한다. 선언에는 현장지휘소(Incident Command Post) 위치, 운용 채널, 초기 우선순위(계단/복도 보호, 문 제어(Door Control), 통제배연(PPV) 시점 통제, 상권 혼잡 대비 접근·통제 계획)를 포함한다. 선언 이후 모든 보고와 지시는 지휘관으로 일원화하고 지휘체계를 즉시 가동하고 현장상황 · 조치 · 필요(CAN)를 중심 보고한다.

Table 2-1-8. 지휘권 인수 · 선언 절차(Procedure & Standard Elements)

| 단계 | 핵심내용 | 지휘내용 |
|---|---|---|
| 도착 보고 | 선착대가 현장도착, 추정 화점(지하/층 · 구역), 계단/환기구 연기 상태를 무전 보고 | 현장지휘관(IC)이 수신내용을 요약 재송신하고 안전사항을 전달 |
| 대면보고 | 선착대장이 현장상황 · 조치 · 필요(CAN)보고로 인명 · 대피, 문상태(방음문 · 잠금), 급수 · 접근로, 내부가시성 · 화재상황을 요약 | 현장지휘관(IC)이 계단/복도보호필요성, 문제어(Door Control)시행여부, 통제배연(PPV)시점보류/승인기준, 소화전압력 · 차량배치 · 출입동선을 확정 |
| 지휘권 인수 | 현장지휘관(IC)이 지휘권 공식 인수를 전대원에게 알리고 현장지휘계획(Incident Action Plan) 초안을 작성 | 현장지휘소(ICP) · 대기구역(Staging Area) 위치를 지정하고 구조 · 계단보호 · 배연통제 · 연소확대방지 임무를 배정 |
| 지휘권 선언 | 전 채널에 지휘권 확립, 현장지휘소(ICP) 위치, 운용 채널을 지정 | 무전표준용어 사용하고 보고주기 · 대원편성 및 임무지정 · 안전담당(ISO)지정 알림 |
| 일원화 전환 | 모든 보고 · 지시를 현장지휘관(IC)의 중심 단일 체계로 전환 | 방면–층–구역을 중심으로 현장상황 · 조치 · 필요(CAN)위주로 간략하게 보고를 통일하고 임의지휘라인을 금지하며, 배연 · 방수 타이밍 충돌을 조율 |

## 2. 최초 상황평가 (Initial Size-Up)

- 현장지휘관(IC)은 안전거리를 확보한 지점에서 노래방 내부 · 출입부 · 계단실의 연기·열 이동을 신속히 확인한다. 화점 구역, 지하/지상 여부, 미로형 복도 · 방음문 상태, 환기 경로(출입문 · 환기구 · 계단실 상부)를 우선 확인한다. 대피자 · 직원 · 인근 업소로부터 고립자 위치, 마지막 목격, 최초 발화 지점을 청취해 정보 공백을 메운다. 지하 · 무창부 특성으로 환기 제한 연소와 급격한 수직 확산 위험이 크므로, 계단/복도 보호와 연소확대 차단배치를 동시에 고려한다. 무전 보고는 간략 보고 형식으로 방면-층-구역/현장 상황 · 조치 · 필요(CAN)로 표준화한다.

Table 2-1-9. 최초 상황평가 핵심 체크리스트(Initial Size-Up Checklist)

| 항목 | 확인 포인트 | 전술 시사점 |
|---|---|---|
| 외부 관찰 | 출입문 · 환기구 · 창(있을 시) 연기 색 · 양 · 펄스(Pulsing), 불꽃 분출, 인파 밀집 | 연소확대차단 우선방면선정, 외부냉각 · 연소확대차단검토, 군중통제요청 |
| 접근 안전 | 골목 폭 · 이중주차 · 상부 장애물, 전개/회차공간, 하역구 · 비상출입로 | 현장지휘소(ICP) · 대기지점지정, 활동제한구역 설정, 사다리차 대체 방면검토 |
| 인명 상황 | 대피 현황, 미확인 인원, 객실 단서(호실 번호 · 잠금 · 호출장), 상층 대피 여부 | 구조우선구역지정, 계단/복도방어선 소방호스라인 1선전개, 구급동선분리 및 통보 |
| 내부 정보 수집 | 복도상부 고온 층, 문틈 검은 난류 연기펄싱(Pulsing),<br>방음문 · 잠금, 가시성 · 화재상황 | 문 제어(Door Control)우선,<br>열화상카메라(TIC) 인명검색,<br>개구 · 배연시점 현장지휘관(IC)승인 하 조율 |
| 연소 확대 | 계단실 상향 확산, 환기구 통한 수평 확산, 인접 업소 · 외벽 착화 징후 | 계단보호+인접구역 연소확대차단 동시전개, 배연 · 방수타이밍 충돌방지 |
| 용수 · 압력<br>우선순위 | 소화전위치 · 유량 · 압력,<br>소방시설(Standpipe) 가용 여부 | 중계/릴레이(Relay Pumping)급수검토,<br>펌프압관리,<br>현장상황 · 조치 · 필요(CAN)보고 |

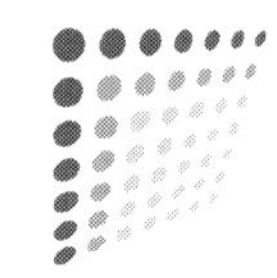



### 3. 방면 지정 및 지휘형태 결정(Side Designation & Command Mode)

■ 현장지휘관(IC)은 노래방 화재에서 위치 혼선을 방지하기 위해 출입구가 보이는 정면을 A방면(Side A)으로, 시계 방향으로 B방면(좌측)－C방면(후면)－D방면(우측)을 지정해 무전으로 전파한다. 지시는 "B방면(좌측) 환기구 연기급증"처럼 방면 용어를 사용해 위치를 통일한다. 내부가 미로형 복도·방음문 구조이므로 "복도 끝 창측=D방향 간주" 같은 내부 기준을 병행해 방향 인지를 돕는다.

Table 2-1-10. 방면 지정 기준(Side Designation Guide)

| 구분(방면) | 기준 | 예시 지시(무전) | 전술 시사점 |
|---|---|---|---|
| A방면<br>(정면) | 주 출입구·계단 진입이 있는 정면 | "현장지휘소(ICP) A방면 설치, 계단/복도방어선 1선 전개." | 현장지휘소(ICP)·대기지점<br>(Staging Area)에 적합,<br>초기 수평전개·대피 동선 보호의 기준이 됨 |
| B방면<br>(좌측) | A기준 좌측 측면(인접 점포·골목 인접) | "B방면 환기구 검은 난류연기, 배연대기." | 대체진입·배연포인트 확보에 유리,<br>인접구역 연소확대방지 및 휴대사다리 접근경로를 설 |
| C방면<br>(후면) | 후면 비상출입·설비실·배기덕트 인접 | "C방면 접근혼잡, 외벽냉각 우선." | 후면확산·비산감시와 활동제한구역 설정이 필요, 후면 연소확대차단을 위한 경계관창을 선배치 |
| D방면<br>(우측) | A기준 우측 측면<br>(협소 통로·적치물 가능) | "D방면 휴대사다리전개, 창문구조준비." | 창문구조·수평전개에 유리,<br>외벽수직 확산차단과 인접구역 연소확대차단을 구축 |
| 내부<br>기준 | 복도 말단·코너·계단실 상·하행, 룸 번호 체계 | "복도말단창측=D방향간주, 문 제어(Door Control) 유지, 통제배연(PPV) 시점대기." | 인명검색경로와 문 제어(Door Control)·배연타이밍을 고려,<br>인원확인보고(PAR) 주기적보고 |

## 4. 360° 상황평가(360°Size-Up)

■ 현장지휘관(IC)은 도착 직후 안전이 허용되는 범위에서 노래방 건물 외곽을 360°로 순회 점검한다. 상가 밀집·지하/무창부 특성상 측면(B·D)과 후면(C)의 연소확대 가능성과 연기 배출 장애를 우선 확인한다. 환기구·배기 덕트·계단실 상부로의 연기 흐름, 창호 파손·외벽 균열, 가스 배관·간판·차양(노출물) 가열 여부를 확인하고, 후면·측면의 대체 진입/창 접근 루트를 탐색한다. 미로형 복도·방음문으로 구조 접근이 지연될 수 있으므로, 상층 발코니(있는 경우)·계단참·창 인근의 고립자 징후를 육안 확인해 구조 우선순위를 정한다.

Table 2-1-11. 360° 상황평가 체크리스트(360° Size-Up Checklist)

| 구역 | 확인 항목 | 관측 포인트 | 즉시 조치 |
|---|---|---|---|
| 후면(C) | 창/출입부·환기구 연기/화염, 구조 신호 | 환기구 검은난류 연기분출, 간헐불빛, 비상계단출구 | 후면차단선·활동제한구역 설정, 대체진입/창 접근지정, 인접업소 경계관창 선 배치 |
| 측면(B/D) | 외벽 가열·틈새, 연기누출, 인접 업소연소확대 | 경계벽 과열·균열, 간판·차양·전선 접촉, 창호 파손 | 인접면 경계관창 배치, 측면배연 포인트 확보, 휴대사다리 접근·창문구조대비 |
| 상부(계단실 상부/옥상 배기) | 계단실 상향 확산, 배기 설비 과열 | 계단실 상부 고온층, 덕트 발열·연기 누출, 상층 대피 신호 | 상부감시/배기배치, 출입통제, 필요시 배연환기(내부팀과 타이밍조율) |
| 공통 (확산 경로) | 수직/수평 연기 흐름, 덕트·샤프트(Shaft) 영향 | 계단실·복도 상부 연기층, 덕트/샤프트(Shaft) 풍입·배출 | 계단/복도방어선 전개, 문 제어(Door Control)우선, 통제배연(PPV)시점 지휘 승인 하 검토 |
| 안전 | 접근 가능성·낙하물·협소 공간 | 골목 적치물, 미끄럼·시야 제한, 야간 조도 부족 | 현장지휘소(ICP)기준 안전통제선 확장, 개인안전거리 유지, 투입전 위험브리핑실시 |

## 5. 지휘형태 결정(Command Mode Selection)

- 360° 상황평가와 방면 지정이 끝나면 현장지휘관(IC)은 노래방 현장 여건에 맞춰 지휘형태를 선택·전환한다. 전진지휘(Forward Command)는 선착대장이 실내로 직접 진입해 지휘하는 형태로, 미로형 복도·방음문 환경에서 초기 판단을 가속하되 시야·안전제약이 크므로 책임구역(Accountability)·인원확인보고(PAR) 주기를 강화하고 현장지휘소(ICP)와 지휘 연속성을 유지한다. 고정지휘(Fixed Command)는 A방면 안전구역에서 통제를 극대화하고, 이동지휘(Mobile Command)는 단시간 이동으로 정보 공백을 보완한다. 혼합지휘(Combined Command)는 고정지휘를 축으로 제한적 이동지휘를 병행해 변동 상황에 대응한다. 지휘 형태·위치 변경 시마다 전 채널에 지휘위치·채널·보고 주기를 재공지하고, 배연·방수 등 전술 타이밍 충돌을 조율한다.

Table 2-1-12. 지휘형태 전개 기준(Command Mode Criteria)

| 지휘형태 | 적용 조건 | 지휘 포인트 |
|---|---|---|
| 전진지휘<br>(Forward Command) | 선착대장이 내부 상황·인명 신호를 즉시 확인해야 할 때 | 내부지휘+현장지휘소(ICP)연속성,<br>인원확인보고(PAR)강화,<br>문 제어(Door Control)·계단/복도방어선우선 |
| 고정지휘<br>(Fixed Command) | A방면에서 가시성·안전이 확보될 때 | 현장지휘소(ICP) A방면설치,<br>대기지정(Staging Area), 보고주기설정,<br>연소확대차단 계획 |
| 이동지휘<br>(Mobile Command) | 후면·측면 전개 확인이 필요하거나 정보가 부족할 때 | 단시간 둘러보고 현장지휘소(ICP)복귀,<br>배연/방수타이밍 동기화,<br>안전점검관(ISO)배치로 연속성유지 |
| 혼합지휘<br>(Combined Command) | 복수 방면 동시 전개·변동 큰 초동 단계 | 현장지휘소(ICP)중심통제유지+제한적 이동지휘, 인명검색우선→차단→진압재확인 |

## 6. 전략 결정(공격/방어) (Strategy Selection: Offensive/Defensive)

- 현장지휘관(IC)은 노래방 화재의 밀집된 소실(방 단위 구획)·방음문·복도 중심 동선 특성을 고려해 공격(Offensive) 적용 가능성을 우선 검토한다. 생존 가능 구역과 접근 경로가 확보되고, 배연·용수·인력이 충족되면 내부 진입과 화점 공격을 동시 구조와 병행한다. 반대로 복도·출입부 전면연소, 고온·농연 지속, 플래시오버/백드래프트 징후, 수평·수직 연소확대 우세, 구조 손상 또는 안전 한계가 식별되면 방어(Defensive)로 전환해 외부 억제와 연소확대방지를 우선한다. 상황 호전 및 자원 보강 시 공격으로 재전환 한다.

Table 2-1-13. 전략 선택 기준(Strategy Decision Criteria)

| 전략 | 공격(Offensive) | 방어(Defensive) | 전환(Transition) |
| --- | --- | --- | --- |
| 인명 · 경로 | 생존징후 확인, 출입·계단·복도 가시 확보 후 구획(룸) 분할 인명 검색과 동시 구조·진입을 시행 | 출입·계단 차단, 복도 전면연소 또는 낙하물·붕괴 위험으로 내부 진입이 부적절 | 방어→공격 : 장애물제거·가시성 확보·생존징후 재 확인 시 공격으로 전환 |
| | | | 공격→방어 : 경로상실·붕괴징후 등 구조위험 증가 시 방어로 전환 |
| 화재 · 환경 (연기·열·배연·연소확대) | 배연 또는 양압 가능, 연기 층·열 저감 상태에서 국부 화점을 직접·조합공격하고 인접 룸·천장공간의 연소확대를 차단 | 고온·농연 지속, 플래시오버/백드래프트 징후 또는 덕트·천장공간을 통한 연소확대 우세 시 외부 억제·차단선을 우선 | 방어→공격 : 배연 확보·열완화·연소확대 통제 시 공격으로 전환 |
| | | | 공격→방어 : 급격한 열상승·연기 악화·연소확대 가속 시 방어로 전환 |
| 자원 · 지휘 (용수 · 인력 · 안전 · 통신) | 화점 진압을 위해 두 개의 진압팀(1·2)을 운용, 예비팀을 확보, 활동제한구역 밖 안전을 유지. | 용수·인력열세 또는 안전한계(감전 · 가스누출·구조손상등) 발생 시 외부억제·대기 | 방어→공격 : 추가용수·인력도착, 연결송수관, 옥내소화전 등 소방시설(Standpipe)확보, 안전지표 및 상황호전 시 공격으로 전환 |
| | | | 공격→방어 : 용수고갈·인력이탈·안전상황 악화시 방어로 전환 |

## 7. 전술 결정 및 구체적 임무지시 (Tactics & Assignments)

- 현장지휘관(IC)은 선택된 전략에 따라 전술 목표를 설정하고 각 팀에 구체 임무를 부여한다. 노래방 화재(는 다실(방) 구획 · 방음문 · 미로형 복도 · 출입구 혼잡 특성으로 초기 인명 구조와 통로 확보가 핵심이다. 공격(Offensive)이 가능하면 계단 · 복도 확보와 문 제어(Door Control)를 우선 시행하고, 방 단위 분할 인명검색을 진행한다. 복도 전면연소, 고온 · 농연 지속, 수평 · 수직 연소확대 우세, 구조 손상, 용수 · 인력 열세가 식별되면 방어(Defensive)로 전환해 외부 억제 · 연소확대방지를 우선한다. 모든 팀은 '방면-층-구역 + 현장상황 · 조치 · 필요(CAN)' 형식으로 무전 보고하고, 활동제한구역을 준수한다. 건물 특성상 연결송수관 · 옥내소화전 등 소방시설(Standpipe) 유무 · 가압 상태가 상이하므로 현장 확인 후 용수 · 호스 연장 · 중계 계획을 확정한다.

Table 2-1-14. **팀별 임무 · 교신 · 안전요소**(Assignments · Communications · Safety)

| 팀 | 임무 | 동선 · 수단 | 안전요소 |
|---|---|---|---|
| 진압1 | 화점 직접공격, 화세 억제 | 공격계단 통해 전실→화점 세대 진입, 소방시설 연결 · 고층 소방호스라인 전개,<br>문 제어(Door Control) | 전실 · 계단 제연/양압 확인, 풍향화재 · 플로우패스(Flow Path) 차단, 열감지 · 감압, 메이데이(MAYDAY) 대비 |
| 진압2 | 인접세대 · 상하층 연소확대 차단, 파사드(Façade) / 발코니 방어 | 차단선 형성, 외벽 · 샤프트(Shaft) 감시, 외부 방수 보조 | 낙하물 · 유리비산, 전선 · 가설물 접촉 위험, 안전거리 · 하풍 회피 |
| 구조1 | 고립세대 인명검색 · 구조, 생존자 확보 | 대피계단과 분리된 인명검색동선, 열화상카메라(TIC) · 표식 사용 | 연기층높이 · 가시성, 문닫힘 상태, 경량칸막이 붕괴위험 |
| 구조2 | 전실 · 피난실 인원확인, 대피 유도 · 인원 파악 | 피난유도 · 계단분리, 엘리베이터 금지(소방전용 제외) | 과밀 · 패닉관리, 질식 · 추락 방지 |
| 배연팀 | 제연 · 양압 유지/복구, 연기층 저감 | 전실 · 계단 배연 팬 운용, 창 개방 · 유량 조정(조절환기) | 풍향화재 유발방지, 역류 · 플로우패스(Flow Path) 통제, 개구부 개폐 통합지휘 |
| 전기 · 가스 차단 | 2차 위험 제거(전기 · 가스 · 스프링클러 밸브 점검) | 전기실 · 기계실 접근, 밸브 · 차단기 조작 | 감전 · 가스누출 · 폭발위험, 열기실 내부 고온 · 산소결핍 |
| 구급 | 현장처치, 연기흡입 · 화상 분류(Triage) · 이송 | 대피계단 하부 · 안전구역에 수용 · 처치 구역설정 | 오염 · 교차오염 관리, 이송 동선과 진입 동선 분리 |
| 급수 · 중계 | 용수확보, 중계가압 · 호스 연장 지원, 장비 지원 | 소화전 연계, 펌프 중계 · 압력 모니터링, 병행 지원선 운영 | 동압저하방지, 동결 · 누수 · 호스손상확인, 소방시설압력경보 |
| 지휘보조 | 현장지휘소(ICP)보조, 상황판 · 자원추적, 통신관리 | '방면-층-구역 + 간략보고(CAN)' 로그, 인원 · 소방호스라인 추적 | 무전혼선 · 포화 관리, 안전지표 추적, 전술변경 신속전파 |
| 안전 | 위험성 평가, 활동제한구역 설정 · 감시 | 360° 현장확인, 구조손상 · 낙하 · 전기 · 가스 · 풍향화재 감시 | 긴급구조상황 기준, 철수 · 전환(공격↔방어) 트리거 관리 |

CHAPTER

# 4 현장대응
(On-Scene Operations)

## 01 전반부 대응 (Primary Phase Operations)

(출처: XVR Program 노래방화재 가상환경)

Chapter 1 사고발생 〉 Chapter 2 현장출동 〉 Chapter 3 현장도착 〉 Chapter 4 현장대응

## 1. 현장통제 및 안전구역 확보(Scene Control & Establish Safety Zones)

■ 현장지휘관(IC)은 도착 즉시 지휘참모(안전 · 통신 · 조사)와 경찰 · 건물관리자와 공조하여 현장통제선(Fire Line)을 설정하고 활동제한구역을 구획한다. 노래방 화재는 미로형 복도 · 방음문 · 무창 또는 소창 구획과 간판 · 유리 파사드(Façade) · 전기설비 밀집 특성으로 군중 접근 · 2차 위험이 높다. 화재 층 출입부와 건물 외벽 전 · 후 · 측면, 골목 교차부에 넓은 통제 구역을 우선 형성하고, 필요 시 건물 출입구 · 승강기 로비 · 주차장 진입로를 봉쇄한다. 화염 분출, 열복사, 유리 파손 · 낙하물, 외부 간판 · 전선 탈락 우려 구역은 건물 높이의 1.5배 이상을 위험 구역으로 간주해 일반인 접근을 차단한다. 경찰에는 "유흥 · 상가 밀집 인파와 외부 차량을 외곽으로 우회 유도"를 요청하고, 안전담당은 인접 점포 · 층 이용자에게 위험 알림 · 대피 안내를 실시한다.

Table 2-1-15. 현장통제 핵심 조치(Scene Control Actions)

| 항목 | 기준/내용 | 전술 시사점 |
|---|---|---|
| 통제반경 | 건물외곽으로 최소건물높이 1.5배 1차통제반경 설정, 풍하측은 추가확장 | 열복사 · 유리비산 · 간판낙하대비, 외곽에 현장지휘소(ICP) 임시의료소를 배치 |
| 배제구역 | 외벽간판 · 유리창하부, 케이블 · 전선트레이, 출입부 상부캐노피, 덕트배출구 하부는 완전배제 | 대원동선은 상풍측 · 코너회피로 설정, 이중바리케이드/야광테이프로 시인성을 확보 |
| 열복사 구역 | 외벽분출화염 · 간판연소 시 전면 · 코너부를 열복사구역으로 표기하고 차량 · 인원노출 금지 | 펌프 · 고가사다리 차량은 열복사 구역 밖 상풍측에 배치, 호스보호매트 · 차량 보호막을 운용 |
| 출입관리 | 건물주출입구 · 승강기로비 · 계단실앞에 차단선설치, 팀 · 차량출입 목록으로 통제 | 용수 · 장비지원 동선을 우선 확보, 일반차량 · 인파전면차단 · 우회 |
| 광역 대비/교통-활동공간 | 외곽교통 통제구역과 장비집결(Staging Area) · 임시의료소를 분리배치 | 공격동선(계단 · 복도)과 대피동선을분리, 중계가압 · 소방호스 연장차량위치를 조기확정 |
| 안전(현장통제선 구성 · 표식) | 콘/바리케이드/야광테이프/표지판으로 연속표식, 야간조명 · 확성기로 추가고지 | 경계인력(경찰 · 관리인)배치, 통제를 간략하게 보고 |

## 2. 관계자 확보 (Stakeholder & Gather Critical Info)

- 현장지휘관(IC)은 도착 즉시 업주·매니저·직원(카운터)·건물관리자·경비 등 관계자를 확보해 룸(방)별 인원·대피 현황·출입 통제·설비 상태를 신속히 파악한다. 노래방 화재는 미로형 복도·방음문·무창/소창 구획·음향/조명 전기설비 밀집·간판/유리 파사드(Façade) 등 특성이 두드러진다. 활동제한구역, 연결송수관·옥내소화전 등 소방시설(Standpipe) 유무·가압, 용수 취약 가능성을 전제로 확인한다.

Table 2-1-16. 관계자 확인사항(Stakeholder Interview Checklist)

| 항목 | 질문예시 | 전술 시사점 |
|---|---|---|
| 인원 파악 | 영업 중 룸별 인원·예약 현황은?<br>대피완료/미확인 룸 번호는?<br>술 취함·수면 가능 인원은? | 구조우선순위 설정(미확인 룸우선, 현장상황·조치·필요(CAN) 보고형식으로 인원현황을 반영한다. |
| 출입·잠금 상태 | 각 룸 출입문 잠금·안쪽 걸쇠 상태는?<br>마스터키·비상 해제 수단은?<br>비상구·계단 접근은? | 강제진입도구·열쇠운용으로 인명검색속도를 높이고, 문 제어(Door Control)를 즉시 시행 |
| 평면·동선 | 룸 배치도·복도 구조·카운터·무대·화장실 위치는?<br>우회 통로·직통 계단은? | 인명검색 구역지정과 계단/복도확보 소방호스전개, 혼잡구역 회피동선을 확정 |
| 설비·경보 | 감지기·경보·비상방송(PA)작동여부는?<br>연결송수관, 옥내소화전 등 소방시설(Standpipe) 유무·가압상태는? | 경보미작동시 수동경보·직접안내를 병행하고, 용수·호스전개·중계가압계획을 조기확정 |
| 전기·가스 | 전기메인 차단반 위치·차단 권한은?<br>주방/바 가스 사용 여부·차단 밸브 위치는? | 감전/가스누출/폭발위험저감, 전원·가스 즉시차단지시, 활동제한구역을 보강 |
| 배연·덕트 | 공조기·배기 덕트·노래방 룸 배연팬 위치·동작 상태는?<br>배출구 외부 위치는? | 덕트통한 수평·수직연소확대 감시, 배출구하부 배제구역설정, 개구는 지휘하에 단계적개방 |
| 간판·파사드(Façade) | 외부 간판(네온/LED)·유리 파사드(Façade) 전원차단 방법은? | 낙하·유리비산·전기위험구역 완전배제, 외부방수각도·통제선위치를 조정한다. |
| CCTV·결제/출입 기록 | CCTV실시간확인가능여부?<br>최근입·퇴실·결제기록으로 잔류인원추정 가능 여부는? | 미확인룸 역추적, 구조 대상자 추정에 활용 |
| 특별 위험·가연물 | 무대 장치·폼 흡음재·커튼·소파 등 가연물 밀집 구역?<br>연무기(Smog)·스프레이류 보관은? | 고발열·연기발생 구역표식, 차단·냉각·연기제어 우선, 연소확대방지 소방호스라인을 보강 |

### 3. 대기단계 운영 (Staging Operations)

■ 현장지휘관(IC)은 선착대를 제외한 후착 차량 · 인력을 대기단계(Staging Area)로 운용한다. 노래방 화재는 미로형 복도 · 방음문 · 유흥가 밀집 특성상 전면 혼잡과 군중 유입이 쉽다. 현장지휘관(IC)은 무분별한 전면 진입을 통제하고, 차량을 외곽대기(Staging Area)로 전환한다. 대기인력은 무전 청취를 유지하고 현장지휘관(IC)이 호출 시 순차 투입한다. 전면부는 계단/복도 접근선 · 계단보호 소방호스라인, 필요 시 사다리차 전개 공간을 상시 확보한다.

Table 2-1-17. **대기단계 운영 체크리스트**(Staging Operations Checklist)

| 항목 | 기준/내용 | 전술 시사점 |
|---|---|---|
| 대기 위치 | 건물전면을 비워두고 골목입구 · 외곽도로에 1차(장비집결)–2차(투입대기)대기선을 설정, 현장지휘소는 상풍측 외곽에 위치 | 전면은 계단/복도접근 · 고가사다리차 전개 · 구급차 회차전용 공간으로 공백을 유지 |
| 진입 통제 | 선착대 외차량은 요청 시 에만 진입, 역할별(펌프/고가차/구급/장비 등) 진입순서를 사전 지정 | 혼잡 · 교차사고를 방지하고 소방호스라인 전개 · 용수연결, 일반차량 · 군중은 경찰과 협조해 우회 |
| 준비 상태 | 공격라인 · 예비소방호스 · 들것 · 배연장비 등 사전세팅 | 호출시 즉시내부진입/연소확대방지/배연보강/구급지원으로 전환 |
| 통신 · 지휘 | 대기단계 책임자(Staging Officer)를 지정해 차량배치도 · 인원명부 · 장비현황을 상황판으로 관리 | 인원파악과 순차투입을 실시하고, 공격↔방어 전환시 신속재배치 |
| 교통 · 회차 | 일방동선을 설정하고 회차지점(원형/T자)을 확보, 주정차차량은 강제이격 | 구급차이송 · 재진입, 펌프차교대, 급수차량순환을 지연없이 운용 |

## 4. 직전대기 운영 (On-Deck/Forward Staging Operations)

- 현장지휘관(IC)은 노래방 화재에서 화점 인근 투입팀의 활동이 일정 수준에 이르면 직전대기(On-Deck) 지점을 지정해 즉시 투입 가능한 예비 전력을 운용한다. 노래방은 미로형 복도 · 방음문 · 무창/소창 구획 · 간판/유리 파사드(Façade) · 전기설비 밀집 특성으로 연기 · 열이 급변하므로, 직전대기는 화점에 가깝되 안전이 확보된 복도 말단 · 계단참 · 한 층 아래 전실에 둔다. 직전대기 인원은 공기호흡기(SCBA), 열화상카메라(TIC), 개인보호장비(PPE)를 완전 착용하고, 현장지휘관(IC)의 지시에 따라 교대 · 증원 · 고립 룸 구조 · 메이데이 대응에 즉시 투입한다.

Table 2-1-18. 직전대기(On-Deck) 운영 기준(Forward Staging Standards)

| 항목 | 기준/내용 | 전술 시사점 |
|---|---|---|
| 위치선정 | 화재층계단참/복도말단 또는 한층아래 전실에 설정한다. 문 제어(Door Control)가 가능하고 열 · 연기 역류가 적은 지점을 선택, 간판 · 유리파사드(Façade) 하부, 덕트배출구하부, 전기실 인접부는 배제 | 계단확보 소방호스 유지하고 대피경로를 확보, 소방용수시설(Standpipe)연결 · 압력확인과 중계가압위치를 동시에 확정 |
| 준비사항 | 개인보호장비(PPE)전착용, 공기호흡기(SCBA)압력 확인, 열화상카메라(TIC), 예비호스 · 분기관 · 노즐, 유도로프(Guideline/Search Rope), 강제진입공구(방음문 · 도어체인용), 들것 · 구급키트를 세팅, 팀별 임무지정 · 투입순서 · 철수 경로를 공유 | 1분내 투입을 목표, 복도코너 · 문턱 · 출입통로에는 호스보호매트를 설치해 소방호스라인 손상과 걸림을 방지 |
| 우선임무 | (1)교대(Relief): 화점/인명검색팀교대<br>(2)증원(Reinforce): 인접룸 · 천장플레넘 · 덕트연소확대차단<br>(3)구조(Rescue): 잠금 · 방음문강제개방보조, 조건충족 시 개구부진입인명검색 (VEIS)제한적용지원<br>(4)메이데이(MAYDAY)대응 | 공격↔방어전환시 즉시역할을 재조정, 덕트/파사드(Façade)로 확산 우세시 연소확대방지/차단선과 연동해 투입구역을 변경 |
| 대기상태 | 무전청취지속, 대기선 이탈금지, 소방호스라인 · 장비 정돈유지. 팀리더는 5–10분 간격으로 업데이트 사항을 보고 | 혼선 · 중복투입을 방지하고 인원파악)를 유지한다. 철수/운행정지 지시에 즉시 반응 |

## 5. 소방용수공급체계 확보 (Firefighting Water Supply, FWS)

■ 현장지휘관(IC)은 노래방화재에서 지속·안정적 용수 확보를 최우선으로 지시한다. 미로형 복도·방음문·무창/소창 구획과 전기·간판 설비 밀집으로 열·연기 확산이 급격하므로, 초기에 1선펌프차(First-Due Engine)와 중요물탱크차(Primary Water Tender)를 지정하고, 중계급수(Relay Supply)를 조기 구축한다. 상가건물의 연결송수관·옥내소화전 등 소방시설(Standpipe) 유무·가압은 현장 편차가 크므로, 소화전·대체 수원을 다중 확보하고 예비/이원 급수(Backup/Dual Supply)로 연속 방수를 담보한다. 목표는 복도·룸 구획에 지속 압력·유량을 공급해 연소 확대 조기 차단과 동시 구조를 지원하는 것이다.

Table 2-1-19. 소방용수공급체계 표준 구성(standard Firefighting Water Supply configuration)

| 항목 | 기준/내용 | 전술 시사점 |
|---|---|---|
| 1선펌프차<br>(First-Due Engine) | 화점에 최단거리로 배치하고, 공격라인·계단확보 소방호스에 안정유량공급을 담당, 흡·토출압력, 유량계, 1선펌프차와 중요물탱크차소방호스라인을 즉시 세팅 | 초기에 지연없는 방수한다. 연결송수관, 옥내소화전 등 소방시설(Standpipe)미가압시 장거리전개·중계계획을 즉시 연동 |
| 중요물탱크차<br>(Primary Water Tender) | 핵심급수원으로 지정해 수위를 항시 50%이상 유지, 1선펌프차 직결 또는 중계라인에 편성 | 소화전불량·단수시 지연없이 운용, 대체수원(하천·저수조) 왕복급수 시 회차 동선을 사전확보 |
| 수원<br>(Hydrant/대체 수원) | 가용소화전 2개 이상을 우선 확보하되, 저유량·결빙·폐색을 대비해 대체수원(비상급수탑,저수조,수조차,인근상수도맨홀)을 병행 조사 | 고장·저압발생시 즉시전환 가능하도록 흡·토출커플링을 사전배치, 수원→물탱크→펌프의 단계형 체계를 유지 |
| 중계급수<br>(Relay Supply) | 수원↔중요물탱크↔1선펌프차간중계펌프를 구성하고, 각 펌프는 목표토출압을 공유(예: 공격라인/노즐요구압+마찰손실). | 복도·장거리 전개에서도 압력을 유지한다. 협소골목·문턱에는 호스보호매트를 설치 |
| 예비/이원 급수<br>(Backup/Dual Supply) | 주 급수선과 별도예비선을 동시구축(이원공급), 주 급수장애시 무전한마디로 즉시절체가능하게 밸브·소방호스라인을 표식 | 요청 시 연속방수를 확보해 구조지연을 방지한다. 화세급등·재점화 시 추가 소방호스라인에 곧바로 가압 |

## 6. 단위지휘관 지정 (Assign Division/Group Supervisors)

- 현장에 2개 대 이상 투입되어 규모가 확장되거나 구조가 복잡해지면, 현장지휘관(IC)은 구역별(Division) 또는 기능별(Group) 단위지휘관(DGS)을 지정해 지휘 부담을 분산한다. 노래방은 밀폐 다실+미로형 복도 구조로 층별 구획이 뚜렷하므로 층 단위 지휘가 효과적이다. 단위지휘관(DGS)은 담당 구역의 위험요소·화재상황을 직접 파악하고, 진입 방향·인명검색 순서·투입 시기를 결정해 실질 지휘를 수행한다. 현장지휘관(IC)는 각 단위지휘관(DGS)과 현장상황·조치·필요(CAN) 형식으로 긴밀히 소통하며 자원 배치·전략 수정·안전관리에 집중한다. 상황에 따라 2층·3층·4층 등 추가 지정하여 유연한 지휘체계를 운용한다.

Table 2-1-20. 단위지휘관 운용 매트릭스(Division/Group Assignment)

| 구분 | 지정 기준 | 전술 시사점 |
|---|---|---|
| 구역별 (Division) | 층 · 방면중심으로 구획 | 복도보호 · 문 제어(Door Control)와 계단확보 소방호스 유지한다. 인접룸 연소확대차단과 인명검색순서(화점인접→복도말단)를통일 |
| 기능별 (Group) | 기능 · 임무중심으로 구성 | 진압–인명검색–배연–용수의 상호간섭 최소화(개구 · 배연시점통제)와 중계급수 · 예비선 확보를 단일창구에서 조정, 신속동료구조팀(RIT)은 별도Group으로 운용 |
| 복합형 (Hybrid) | 화재층은 구역별, 타층 · 외부는 기능별로 혼합운용 | 층내부전술(화점접근 · 인명검색)과 외부지원(간판/유리파사드 하부활동제한구역, 중계급수)을 동시에 통제한다. 공격↔방어전환시 자원재배치를 신속수행 |

## 7. 무전망 분리 (Split Radio Nets)

- 노래방화재에서 대응 인원이 늘고 작업이 미로형 복도·다실(룸) 내부·외부 파사드(Façade)로 입체 전개되면 무전망을 역할별로 분리한다. 현장지휘관(IC)은 지휘망(CMD)을 유지해 전략 결정·자원 배분·안전 지시를 총괄하고, 진압·인명검색·구조 등 전술 팀은 작전망(TAC)에서 세부 전술·위치·진척을 교신한다. 급수·보급·외부 지원 연락은 지원망(LOG)으로 분리한다. 노래방 특성상 방음문·흡음재·금속 덕트·간판/전광판 전원부가 전파 감쇠·난반사를 유발하고, 지하층·코너 많은 복도는 음영(Dead Zone)을 만든다. 통신담당을 지정해 중계 지점(계단참·전실·옥외 파사드(Façade) 하풍측) 운영을 맡기고, 신호 저하 시 수신호·러너(Runner)를 보조 수단으로 병행한다. 긴급 대피·메이데이(MAYDAY) 등 전 대원이 즉시 알아야 할 사항은 공용 공지(일시 단일망 전환) 후 원 채널로 복귀한다. 현장지휘관(IC)은 지휘망(CMD)·작전망(TAC)·지원망(LOG)을 동시 모니터하거나 보조 지휘요원 이중 청취로 커버한다.

Table 2-1-21. 무전망 분리 의사결정 기준(When to Split TAC/CMD)

| 항목 | 기준/내용 | 전술 시사점 |
|---|---|---|
| 인원/트래픽<br>(Personnel/Traffic) | 3팀이상 동시투입이거나, 내부진압+인명구조+외부연소확대/간판관리+용수지원이 병행 | 지휘망(CMD)·작전망(TAC)·지원망(LOG)분리로 혼선·중첩교신을 차단, 각 망에 단위지휘관(DGS)을 채널관리자 겸임으로 지정 |
| 음영·간섭<br>(Coverage<br>/Interference) | 방음문·흡음재, 금속덕트, 전광판/간판 전원부로 수신불량·난반사발생. 지하층·코너가 많은복도·기계실 인접부 음영이 빈발 | 중계지점을 계단참·전실·옥외파사드(Façade) 하풍측에 설치, 안테나위치/출력조정. 신호저하시 수신호·러너(Runner)를 즉시 가동 |
| 임무 복잡도<br>(Mission Complexity) | 배연시점 조절이 필요하거나, 개구부진입 인명검색(VEIS)·신속동료구조팀(RIT): 병행. 잠금/방음문강제개방 | 배연·신속동료구조팀(RIT)·소방차연결구(Fire Department Connection)를 별도망(지원망 또는 전술망)으로 분리해 개구타이밍·안전이벤트를 지휘통제 하에 조정 |
| 안전사고<br>(Safety Events) | 메이데이(MAYDAY),긴급탈출, 전기위험(간판/분전반), 유리파사드(Façade) 낙하, 덕트역류화염 등 발생 | 전 채널 동시공지(일시단일망) → 확인 → 원채널복귀순으로 시행,<br>안전점검관(ISO)가 확인·기록 |
| 현장규모<br>(Scene Size/Span) | 다층동시전개(지하층+지상층)또는 화재층/인접층/옥외파사드(Façade) 연소확대방지, 유흥가밀집으로 군중·교통통제 병행필요 | 층별Division+기능별Group로 무전망을 분리하고 지휘망(CMD)은 전술간섭 없는 중요사항만 수신 |

## 02 후반부 대응 (Late-Phase Operations)

(출처: XVR Program 노래방화재 가상환경)

Chapter 1 — 사고발생 〉 Chapter 2 — 현장출동 〉 Chapter 3 — 현장도착 〉 Chapter 4 — 현장대응

## 1. 초진(Initial Knockdown) – 7면 포위(Seven-Side Containment, SSC)

- 노래방화재는 미로형 복도·방음문·무창/소창 구획과 전기/간판 설비 밀집 특성으로 열·연기 확산이 빠르다. 현장지휘관(IC)은 발화 지점 기준으로 상·하·좌·우·전·후·화점의 7면 포위(SSC)를 적용해 수평·수직 확산을 차단한다. 내부 진압팀은 룸 내부와 복도에 화점 집중 방수로 초진을 확보한다. 동시에 외부 대원은 창·파사드(간판·유리)·발코니(있을 경우) 방면에서 외곽 차단 방수로 내부 접근이 어려운 공간을 제어한다. 노래방은 룸 간 방음·흡음재로 직접 확산이 늦어 보일 수 있으나, 문 틈·덕트·배연 개구·외벽 파사드(Façade)를 통한 간접 확산 위험이 높다. 따라서 인접 룸 사전 차단, 간판·유리 파사드(Façade) 연소 확인, 상·하층 연소확대방지를 병행한다. 초진 직후에는 잔불정리(Overhaul), 열화상카메라(TIC) 재확인, 통제된 배연을 순차적으로 수행한다.

Table 2-1-22. 7면 포위 운용 체크리스트(Seven-Side Containment Checklist)

| 면 | 점검/조치 | 전술 시사점 |
|---|---|---|
| 상<br>(천장) | 방음천장·흡음재 상부공간·덕트관통부를 열화상카메라(TIC)로 스캔, 필요시 개구후 미세분무/안개방수로 냉각 | 은폐연소와 상층전이를 조기에 차단, 상층 인명구조와 연소확대를 차단 |
| 하<br>(바닥) | 룸바닥하부·문턱주변·케이블트레이(Cable Tray: 전선지지받침대/덕트) 인접부를 확인, 잔불·적열부를 국소냉각하고 누수·감전위험을 병행점검 | 하층·인접구역으로의 열·연기침투를 억제, 대피·인명 구조안전을 확인 |
| 좌/우<br>(측벽) | 방음문 프레임·콘센트 박스·배관 박스 등 측벽 관통부 틈을 열화상카메라(TIC)로 확인, 노즐 스윕(원형 또는 좌↔우로 천천히 흔들어 표면을 고르게 적시는 동작)으로 냉각 | 인접룸으로의 측면확산을 차단, 인명구조 동선을 안전하게 유지 |
| 전/후<br>(출입·복도/발코니) | 출입문·복도· 외부파사드(간판·유리)방향은 문 제어(Door Control: 필요시에만 제한개방) 하에 방수, 개구부에는 차열포(방열담요/커튼)로 복사열·불티를 차단, 복도보호선과 대피동선을 분리 | 플로우패스(Flow Path) 형성억제, 계단보호선 유지에 기여, 간판·유리낙하위험구역은 활동제한구역으로 관리 |
| 화점 | 직접분사(Direct Stream)로 연료에 맞춰 열을 빠르게 낮추고, 이어 펄스 방수(Pulse: 0.5~1초 짧은 간헐분사)로 실내 증기팽창·가시성 확보, 가연물 제거·연소확대지점 냉각을 병행 | 초진달성속도를 높이고, 전체에 7면포위에 필요한 압력·유량 줄임, 재점화 위험을 낮춘다. |

## 2. 초진구역 배연(Post-Knockdown Ventilation)

- 주요 화점 진압이 완료되면 즉시 배연을 실시한다. 노래방 내부는 미로형 복도·방음/흡음 마감·무창/소창 구획 특성으로 연기와 열기가 구획별 고립·정체되기 쉽다. 진압팀은 창·외부 파사드(Façade) 개방부·덕트/골조 빈틈을 배출구(Exhaust)로 선 확보하여 자연 배출을 유도하고, 필요 시 양압 송풍기(PPV)와 배연 장비로 강제 배연을 한다. 지하층 또는 상가형 상층부가 있는 경우 옥상 환기구·엘리베이터 샤프트(Elevator Shaft)·계단실·배기 덕트를 배연 루트로 활용한다. 배연 구역에는 연소가스 잔류와 산소 유입에 따른 재발화 위험이 있으므로 구획별 순차 배연을 원칙으로 하고, 배연 후 열화상카메라(TIC)로 열원 잔존을 점검한다. 표준 절차는 배출구 선 확보 → 상층 가스 냉각(미세 분무/안개) → 유입구 제한(문 제어: Door Control) 순서를 준수한다.

Table 2-1-23. 배연 전술 선택 매트릭스(Ventilation Tactics Matrix)

| 적용사항 | 핵심절차 | 전술 시사점 |
|---|---|---|
| 기본 자연 배연<br>(Natural Venting) | 하풍측·상층에 배출구를 먼저 연다→상층가스를 짧게 냉각(미세분무/안개)→유입구 최소화(문 제어:Door Control) | 장비의존도 낮음·신속성 높음. 급격한 배연으로 플로우패스(Flow Path)가 과도하기 형성되지 않도록 개구범위를 단계적으로 확대, 간판/유리파사드(Façade) 하부는 활동제한구역으로 관리한다. |
| 양압 배연<br>(PPV: Positive Pressure Ventilation) | 배출구 선 확보 후 유입구(출입문/전실)에 통제배연(PPV)팬 설치(틈새차폐로 밀폐강화)→압력형성확인→문 제어(Door Control)유지, 가스측정병행 | 잔불정리 선행이 전제다. 가스·분진위험구역에서는 사용을 금지, 공격라인· 신속동료구조팀(RIT)과 가동시점을 사전 조율 |
| 계단실·샤프트 활용<br>(Stair/Shaft Vent) | 계단실/엘리베이터샤프트 상부를 배출구로 지정→하부유입구제한→필요시 양압배연(PPV)보조 | 굴뚝효과로 상층위험증가, 상층연소확대방지 경계관창을 병행 |
| 파사드/간판 방면 배연<br>(Façade/Signboard Side) | 파사드(Façade) 절개 또는 기존개구를 배출구로활용→내부 문 제어(Door Control)유지→낙하·비산대비 차열포로 동선보호 | 유리비산·간판낙하위험, 외부차단선을 이중설정하고, 급·배수동선을 우회, 저층·전면부 연기배출에 효과적 |
| 구획 순차 배연<br>(Zonal/Staged) Ventilation) | 룸/복도구획을 하나씩 운영: 배출구개방→상층냉각→문 제어(Door Control)→열화상카메라(TIC)확인 후 다음구획으로 이동 | 연기역류·재순환을 방지한다. 개구·폐쇄 담당을 지정하여 재발화가능성을 낮춤 |
| 지하·밀폐 구역<br>(Basement/Confined) | 배출루트 선 확보(계단실/샤프트상단)→가스측정→제한적 통제배연(PPV) 또는 배기팬(Exhauster)운용→열화상카메라(TIC) 재확인. | 폭발성 혼합기·전기아크 위험이 큼, 방폭장비를 사용하고 측정-배연-재측정 사이클을 준수, 인명구조안전 엄격히 유지 |

### 3. 상황판단회의 후 완진선언

(Situation Assessment → Final Extinguishment Declaration, FED)

■ 현장지휘관(IC)은 연기가 걷힌 뒤 2차 인명검색(Secondary Search)을 실시해 잔류 인원 유무를 확인한다. 겉보기 진압이 완료되어도 즉시 완진을 선언하지 않고, 단위지휘관들과 함께 룸 · 복도 · 전실 · 계단실을 직접 순회 점검한다. 노래방은 미로형 복도 · 다실(룸) · 방음/흡음재 특성으로 숨은 불씨 · 잔열 가능성이 높다. 현장지휘관(IC)은 각 룸의 출입문과 천장, 덕트 · 간접조명 박스 등 관통 · 빈 공간을 열화상카메라(TIC)로 확인하고, 필요 시 문 · 천장 개방으로 내부를 세밀 점검한다. 탄화 잔해 하부 불씨나 잔불 정리 미흡이 확인되면 예비 소방호스라인을 투입해 추가 냉각 · 방수를 한다. 복도 천장 틈 · 덕트 내부 · 파사드(Façade) 인접 룸까지 잔불 제거와 "온도 정상" 확인이 끝나면, 현장지휘관(IC)은 단위지휘관들과 상황판단회의를 열어 구역별 보고를 종합한다. 전기 간판 · 분전반 차단, 유리 파사드(Façade) 낙하 위험 해소, 인명검색완료(ALL CLEAR)가 충족되면 현장지휘관(IC)은 무전으로 "○○노래방 화재는 현 시간부로 완진(Final Extinguishment)"이라고 공식 선언한다.

Table 2-1-24. 완진 전 점검 리스트(Pre-FED Checklist)

| 항목 | 점검 기준/내용 | 전술 시사점 |
|---|---|---|
| 2차 인명검색 (Secondary Search) | 룸 전수 확인, 화장실 · VIP실 · 기계실 · 직원실 포함. 잠금 룸 강제 개방 재확인 | 인명검색완료(ALL CLEAR) 확인 전 완진 금지, 무창/소창룸 · 화점 인접룸을 우선 점검 |
| 열화상카메라 잔열 확인 (TIC Survey) | 열화상카메라(TIC)로 벽체 · 천장 · 관통부(콘센트 · 배관 박스) · 문틀 상부 스캔 | 고온지점 표식 후 즉시국소냉각, 재측정으로 온도정상화 확인 |
| 잔불 정리(Overhaul) | 방음재 · 흡음재 · 가구 · 천장내부개방 · 제거. | 은폐 연소제거가 핵심, 미세분무/안개방수로증기 · 연기 상승을 최소화 |
| 전기 · 가스 안전 (Isolation) | 간판/전광판 전원 · 분전반 차단, 가스기기 · 배관 상태 확인 | 재 점화 · 감전방지. 재 통전금지 · 잠금 표식을 유지 |
| 배연 · 연기 잔류 (Ventilation) | 구획별 순차배연완료, 문 제어(Door Control)로 플로우패스(Flow Path) 통제 | 급격한 배연금지, 배연 후 열화상카메라(TIC) 재확인이 필수 |
| 파사드 · 유리 · 간판 위험 (Façade Hazards) | 유리파편 · 간판 구조물 낙하 위험 제거 · 표식. | 위험구역 활동제한구역설정 · 해제기준 기록 |
| 오염 · 유해가스 (Contamination) | 일산화탄소/시안화수소(CO/HCN) 등 가스측정, 그을음 · 오염용수처리 계획 | 개인보호장비(PPE) 수준유지 · 배연강화로 재 연소확대를 방지 |
| 자원 · 기록 (Resources/Docs) | 소방호스라인 · 장비회수계획, 사진 · 열화상카메라(TIC) 캡처 · 무전 로그 정리 | 사후 조사 · 보고 근거 확보. 잔여 대기 전력 지정 |
| 구역별 종합보고 (Brief-back) | 단위지휘관의 현재상황 · 조치 · 필요사항(CAN)보고취합 · 누락/중복제거, 완진선언(FED)조건확인 | 완진선언 여부를 객관적으로 판단 |

# PART 2-2

# 고시원화재 현장지휘

(출처: 서울종로 고시원화재, 2018-11-09 세계일보 보도기사 사진)

## 01 실제사례

### 1. 서울 종로구 고시원(2018) 화재는 이러한 구조적 취약성이 반복적으로 드러난 사례다.

- 새벽 5시경 전기난로에서 시작된 화재가 3층 출입구 근처에서 발생하면서 유일한 탈출 경로가 막혔고, 비좁고 창문이 없는 밀실 구조로 인해 잠든 거주자들이 제때 대피하지 못해 총 7명이 사망하고 11명이 부상당하는 참사로 이어졌다. 당시 화재건물은 1980년대에 지어진 노후 건물로 스프링클러가 설치되어 있지 않아 피해가 더 커졌다. 고시원은 좁은 방들이 복도 양측에 밀집된 구조로, 창문이 없거나 매우 작아 화재 시 피난이 어렵고 다수의 인명피해가 발생할 위험이 높다. 실제로 최근 5년간 국내 고시원 화재는 총 252건이 발생했으며, 미로 같은 구조와 비좁은 통로로 인해 초기 진화에 실패하면 피해가 급속히 확대되는 특징이 있다. 이 사고를 계기로 정부는 고시원 내 스프링클러 설치 의무화와 창문 없는 밀실 구조 개선을 위한 법적 기준을 강화하였다. 소방 대응 측면에서도, 고시원 화재 발생 시 지휘관이 구조적 위험성을 철저히 인지하고, 초동 단계에서부터 과감하고 적극적인 인명 구조를 최우선으로 지휘해야 한다는 점이 강조되었다.

### 2. 경기도 용인시 김량장동 타워고시텔(2008) 화재는 고시원 구조의 취약성이 극명하게 드러난 대표 사례다.

- 2008년 7월 25일 새벽 1시 25분경, 10층 상가건물 9층에 위치한 타워고시텔에서 화재가 발생하였다. 내부는 6.6㎡ 미만의 소형 실 68개가 벌집형으로 밀집되어 있었고, 무창 또는 협소 창 구조가 많아 연기 배출과 피난이 극히 어려웠다. 불은 약 40분 후인 02:05경 진화됐으나, 유독가스가 급격히 퍼지면서 사망 7명·부상 11명의 큰 인명 피해가 발생하였다. 수사 과정에서 복수 발화 지점과 방화 정황이 확인되었고, 협소한 복도와 미로 같은 평면이 초기 제압과 대피를 동시에 어렵게 했다. 이 사건은 다중이용업소 중 고시원의 구조·설비 취약성을 사회적으로 환기시켰고, 이후 피난·소방시설 기준 강화 논의를 촉발했다. 지휘 측면에서는, 현장지휘관이 도착 즉시 현장지휘소를 안전 구역에 설치하고, 생존 가능 구역을 빠르게 특정하며, 협소 복도·다실 환경에 맞춘 속공 라인 전개와 인명 구조 최우선 지휘가 필수임을 재확인한 사건이다.

CHAPTER

# 1 사고발생
(Incident Occurrence)

(출처: XVR Program 고시원화재 가상환경)

Chapter 1 — 사고발생 › Chapter 2 — 현장출동 › Chapter 3 — 현장도착 › Chapter 4 — 현장대응

## 1. 정확한 위치·규모 확인 (Accurate Location & Scale Confirmation)

- 출동 중 현장지휘관(IC)은 소방활동정보카드, 소방안전지도, 출동지령서, 무전을 교차 확인해 고시원의 정확한 주소·층위(지상/지하/반지하)를 파악한다. 고시원이 지하·반지하인지 상층부인지에 따라 연기 이동·배연 루트·초기 진입 동선이 달라지므로 도착 전에 반드시 확인한다. 고시원은 소구획 다실·협소 복도·단일 또는 제한 계단 특성이 일반적이므로, 주출입구·비상구 위치와 폐쇄 여부, 복도 형태(미로형/막다름), 방번호 체계를 사전 파악해 인명구조 우선 동선과 검색 구역 할당에 반영한다. 창살(방범창), 집합계량기(LPG등), 분전반 위치, 내·외부 소화전·수원 및 압력 정보를 추가로 확보해 정확한 접근과 신속 전개를 준비한다. 동일 건물 내 동일 상호의 타 층 지점과 혼동을 방지하기 위해 간판·파사드(Façade)·출입구 위치까지 특정한다.

Table 2-2-1. 위치 · 규모 사전 확인 체크리스트(Pre-Arrival Checks)

| 항목 기준 | 내용 | 전술 시사점 |
|---|---|---|
| 주소·층·호 확인 | 신고주소, 건물출입구(골목 내부/도로 접면), 고시원 위치 층, 화점(호실/복도/공용부) 재확인(상황실/신고자 교차확인) | 오인출동 방지, 초기보고는 '방면-층-구역 + 현재상황·조치·필요사항을(CAN) 간결하게 보고 |
| 접근 경로 | 골목 폭·경사·회차 가능, 불법 주정차·차양·간판 장애물 | 진입로 통제·견인 선제 요청, 특수차 진입 가부 판단, 장비하차 동선 분리 |
| 화재 규모·층수 | 신고 연기/불꽃 위치, 외부 창·환기구 연기 색·양, 수직 확산 징후 | 공격/방어 전략초안, 전환공격 필요성 검토 |
| 인명 정보 | 상주 인원·객실 수, 미확인 인원, 마지막 목격위치, 야간취침 여부 | 구조 우선구역 지정, 신속동료구조팀(RIT)대기, 인원확인보고 강화 계획 |
| 설비·위험물 | 공용 취사실(LPG/도시가스), 전열기구 과열, 복도적치물·잠금문 | 가스차단·전력차단 요청, 위험구역설정, 절단장비 준비 |
| 피난·탈출 경로 | 비상구 위치·폐쇄 여부, 외부 피난계단 유무, 창문 방범창 설치 여부 | 대체탈출 경로·사다리 전개 지점 확보, 문 제어(Door Control) 계획 수립 |
| 보완 정보 | 관리인 연락처, CCTV·평면도 유무, 야간 시인성(표지) | 사각지대 파악·순찰 동선 설정, 표지·콘 배치 준비 |

## 2. 출동대 및 경로 파악(Responding Units & Routing Selection)

■ 현장지휘관(IC)은 현재 출동 소방력(진압 5개 팀, 구조 2개 팀, 구급 2개 팀)과 차량 편성(펌프차, 물탱크차, 구조공작차, 고가사다리차)을 확인한다. 고시원은 밀집 골목에 위치할 가능성이 높아 불법 주정차로 차량 접근 한계 지점이 발생하기 쉬우므로, 메인 도로 외곽에 대기구역(Staging Area)을 설정하고 호스 연장 전개를 준비한다. 출동 차량은 교통량이 적은 경로로 유도하고, 교차로 신호 대기 최소화를 위해 필요 시 상황실을 통해 경찰 공조로 우선 통행을 적용한다. 지상층 고시원은 외벽 접근이 가능한 방면을 우선 경로로 선정하고, 고가사다리차 전개 공간을 사전에 지정한다.

Table 2-2-2. 출동 경로 · 사이징 의사결정(En-route Routing & Sizing Decisions)

| 조건 | 판단 | 조치 |
|---|---|---|
| 골목 폭 협소 · 불법 주정차 다수 | 대형차 진입 · 회차 곤란, 접근한계지점 발생 | 메인도로외곽 대기구역(Staging Area), 펌프차 전방배치 · 물탱크차 후방대기, 호스연장 전개준비 |
| 건물 출입구가 골목 내부(간판 · 차양 장애) | 정면접근 지연 · 차량 손상 위험 | 차량외곽대기(Staging Area), 인원 · 장비 도보전개로 전환, 차양 · 간판하부 통과 시 안전요원배치 |
| 야간 시간대 · 보행자 혼잡 | 교차로 통과 지연 · 사고 위험 | 상황실을 통해 경찰 교통통제 · 우선통행요청, 교차로감속 · 정지 후 통과원칙준수 |
| 소화전 위치 · 압력 불확실 | 연속급수 가용성 불명 | 인근소화전 사전확인, 필요시 중계/릴레이(Relay Pumping) 급수계획가동 |
| 내부 미로형 복도 · 다수 호실 예상 | 길 찾기 실패 · 진입 지연 가능 | 관리인연락처 · 층별 평면도 확보, 문 제어(Door Control) · 표식테이프지급, 선착대 경로지정 |
| 지하/무창부 고시원 | 연기정체 · 배연 곤란 | 풍상측 진입회피, 대체방면접근 지정, 통제배연(PPV)시점은 지휘승인 하에 시행 |
| 인근 주택가 밀집 · 연소확대 가능 | 진입동선과 구급동선 간섭 | 구급 · 구조전용 동선분리, 콘 · 바리케이드로 보행자통제, 인접 건물로 연소확대감시 배치 |
| 전기 · 가스 설비 밀집(공용 취사실 가능) | 2차 위험 · 접근 제한 | 한전 · 가스차단요청 준비, 위험구역표지, 접근동선우회 |
| 회차공간 제한 | 철수지연 · 차량고립 위험 | 회차지점 사전지정, 불필요차량은 외곽대기(Staging Area), 진입 차량간 간격유지 |

# 현장출동
(En route to the scene)

(출처: XVR Program 노래방화재 가상환경)

| Chapter 1 | | Chapter 2 | | Chapter 3 | | Chapter 4 |
|---|---|---|---|---|---|---|
| 사고발생 | › | **현장출동** | › | 현장도착 | › | 현장대응 |

### 1. 선착대장 초기 상황보고 청취(First-Arriving Officer Initial Report)

- 선착대장의 현장도착 보고를 받아 초기 정보를 입수한다. "○○고시원 3층 화염과 다량 연기가 계단으로 분출"이라는 보고를 받으면 현장지휘팀장(IC)는 이를 바탕으로 화재 층수와 연기 확산 상태를 가늠한다. 선착대장은 건물 구조(계단 위치·복도 구조), 주 출입구 상황, 옥상 대피 가능 여부를 확인해 보고한다. 현장지휘관(IC)은 도착 전에 내부 접근 방법(계단 이용 등)과 필요 장비(도어 파괴용 장비, 열화상카메라(TIC), 추락 방지용 선착대장의 현장도착 보고를 무전으로 받아 초기 정보를 입수한다. 선착대장은 건물 구조(계단 위치·복도 형태·막다른 구간), 주 출입구와 접근로 상태, 방범창·잠금문·적치물 등 진입 장애 요소, 가스·전력 차단 여부, 옥상 대피 가능성, 미확인 인원과 마지막 목격 호실을 포함해 보고한다. 현장지휘관(IC)은 이 정보를 바탕으로 도착 전에 내부 접근 방법(계단 이용·대체 동선)과 문 제어(Door Control) 장비·도어 파괴 공구·열화상카메라(TIC)·추락방지매트 등 필요장비를 확정하고, 필요 시 통제배연(PPV)을 선착대장 주도로 시행·보고하도록 하며, 구조 우선순위와 계단 확보 소방호스 배치를 사전 구상한다.

Table 2-2-3. 선착대장 표준 보고 항목(Initial Radio Report)

| 항목 | 예시 보고(내용) | 전술 시사점 |
|---|---|---|
| 위치·방면·층 | "A방면정문도착, 3층고시원구역 화점 추정." | 현장지휘소(ICP)·대기구역(Staging Area) 배치, 방면–층–구역 + 현재 상황·조치·필요사항을 (CAN) 간결하게 보고 |
| 연기·열·가시성 | "계단실로 검은 연기다량 유출, 복도 고열·저가시성." | 계단확보 소방호스 1선우선, 문 제어(Door Control)유지, 통제배연(PPV) 시점조정 |
| 인명·대피 | "대피미완료, 미확인○명, 마지막목격 309–312호." | 구조우선구역 지정, 신속동료구조팀(RIT) 대기, 인원확인보고(PAR) 즉시 가동 |
| 구조 접근성·장애물 | "방범창다수, 일부 잠금문. 복도적치물존재." | 절단·개방장비전개, 통로정리 인력배치, 투입인원 제한 |
| 계단·피난·옥상 | "계단1개 코어, 옥상문 잠금추정." | 대체피난동선 설정, 옥상접근팀 대기, 추락방지매트준비 |
| 설비·위험물 | "공용취사실 가스사용, 전력차단 미확인." | 가스·전력 차단요청, 위험구역 설정·표지 |
| 급수 | "동측 소화전 1기, 압력 미확인." | 시험개방으로 압력확인, 필요 시 중계/릴레이(Relay Pumping)급수 |

## 2. 특수차량 진입 확인 및 추가 장비요청
(Access for Specialized Apparatus & Additional Resource Requests)

- 현장지휘관(IC)은 출동 중 선착대장에게 골목 폭 · 회전 반경 · 상부 장애물(전선 · 차양 · 간판) · 노면상태를 즉시 확인시켜 고가사다리차 · 굴절사다리차등 대형 차량의 진입 · 전개 가능 여부를 파악한다. 접근이 곤란하면 진입로 입구 외곽대기(Staging Area)로 전환하고, 옥외 방수 · 창문 구조 지원이 가능한 위치에 배치한다. 건물과 일정 거리가 있더라도 사다리 최대 작업 반경 내에서 창 접근과 연기 배출 보조가 가능하도록 각도를 조정한다. 고시원은 협소 골목 · 방범창 · 미로형 복도로 내부 접근이 지연되기 쉬우므로, 필요 시 소형 펌프차 · 소형 사다리차 투입과 휴대용 사다리전개, 연장 호스 운용으로 도보 전개를 병행한다. 옥외 방수는 내부 인명 위치 · 문 제어(Door Control) · 통제배연(PPV) 타이밍과 조율해 인명에 위해가 가지 않도록 제한한다.

Table 2-2-4. 특수차 진입 가능 판단 기준(Apparatus Access Criteria)

| 항목 | 기준/내용 | 전술시사점 |
|---|---|---|
| 골목 폭 · 회전 반경 | 차폭미달, 급협코너, 이중주차로 회차 불가 | 굴절사다리차 · 고가사다리차 외곽(Staging Area) 전환, 소형펌프차 우선진입 · 연장소방호스 준비 |
| 상부 · 측면 장애물 | 전선 · 차양 · 간판 · 돌출 간판으로 버킷간섭 | 대체방면배치 또는 휴대사다리전개, 전개금지구역표지 |
| 전개면(아웃리거) · 노면 | 주차밀집 · 보도블록 · 침하/결빙으로 버팀불가 | 안전지점정차 · 매트활용, 도보전개 · 창접근 대체계획 |
| 사다리 도달범위 | 건물 이격거리로 창 · 발코니 직접 접근 곤란 | 각도 조정해 옥외방수/연기배출보조, 내부팀과 주수 · 배연타이밍조율 |
| 인명구조 신호 | 창가호출장 · 휴대전화 조명 · 연기 손흔듦 | 사다리구조 방면우선지정, 방수금지, 구급동선분리 |
| 급수 가용성 | 소화전부족 · 압력 불확실, 장시간 방수예상 | 중계/릴레이(Relay Pumping)급수계획, 물탱크차순환요청, 펌프압 관리 |
| 교통 · 병목 해소 | 골목병목 · 불법 주정차 · 야간 밀집 | 경찰견인 · 일시통제요청, 선두차량 정차지점 사전지정 |

### 3. 유관기관 요청(Requests to Cooperating Agencies)

- 고시원 화재는 좁은 복도와 밀집 거주 특성으로 다수 인명피해 위험이 크다. 현장지휘관(IC)은 피해 확산이 예상되면 출동 중 상황실을 통해 경찰·한국전력·도시가스 등 유관기관의 즉시 지원을 준비한다. 경찰에는 교통 통제·주민 대피 유도·현장 질서 유지와 함께 대피 인원/부상자 관리 인력 증원을 요구한다. 연기흡입자·부상자가 다수 예상되면 구급대 증원과 필요 시 재난의료지원팀(DMAT) 출동을 검토한다. 전기·가스는 화재 확대와 2차 폭발 위험을 높이므로, 상황실을 통해 한전에 전력 차단, 가스에 밸브 폐쇄를 신속히 요청해 2차 사고를 선제 차단한다. 건물 관리자에는 비상구 개방·평면도·CCTV·마스터키 제공과 세대/객실 거주자 명부 확인을 요청해 인명검색·구조 동선을 단축한다.

Table 2-2-5. 유관기관별 즉시요청사항(Cooperating-Agency Immediate Requests)

| 유관기관 | 요청사항(예) | 전술시사점 |
|---|---|---|
| 경찰 | 골목·교차로통제, 불법주정차견인, 주민대피유도, 군중관리 인력증원 | 진입·회차 동선 확보, 혼잡완화로 도보전개·구급동선 분리용이 |
| 한전 | 전원차단(층/라인), 감전위험구간 표시, 분전반 상태확인 | 절단·구조장비 운용 안전확보, 전기 2차 사고예방 |
| 가스 | 공급차단, 집합계량기·배관 누설 점검·가스농도 측정 | 폭발·재발화 위험저감, 가스인접구역접근 안전확보 |
| 구급/의료 | 구급대 보강, 인근병원사전대기, 재난의료지원팀(DMAT) 출동·현장연락관지정, 응급의료소지정·이송계획공유 | 다수사상자 대응으로신속분류·분산이송, 연기흡입·화상환자우선치료 |
| 건물 관리자 | 비상구개방, 평면도·CCTV·마스터키제공, 객실거주자명부확인·연락 | 미로형복도·잠금문 해소로 인명검색·문제어(Door Control)·구조동선 단축 |
| 지자체 | 임시 대피소 개소, 취약계층 지원 인력·통역 배치, 주민 알림망 가동 | 대피자관리 체계화, 소방력은 진압·구조에 집중가능 |
| 수도사업소 | 소화전 유량·압력 증강, 밸브 조정, 급수장애 긴급대응 | 동시방수 운용안정화, 중계/릴레이(Relay Pumping)급수계획 보완 |
| 도로·교통 부서 | 우회동선 지정, 통제 표지·바리케이드 설치, 대형차 전개 면 확보 | 외곽대기(Staging Area)안정화, 사다리차전개 지연최소화 |

## 4. 선착대원 현장활동 통제 (Control of First-Arriving Crews)

- 현장지휘관(IC)은 출동 중 무전으로 현장도착 전까지 개별 행동 금지를 반복 공지한다. 고시원은 협소 복도·단일 계단 구조로 동시 진입 시 충돌·체류열·시야 상실 위험이 크므로, 선착대만 최소 인원으로 진입시키고 후착대는 외부 대기구역(Staging Area)에서 임무 배분을 대기하게 한다. 도착 즉시 지휘체계를 확립하고 출입 통제선(Hot/Warm/Cold Zone)을 설정하며, 문 제어(Door Control) 담당과 계단확보 운용팀을 지정한다. 초기 지휘체계 확립 전에는 선착대장의 판단·지시를 최우선으로 따른다. 초기 투입 인원과 위치는 인원확인보고(PAR) 기준으로 관리하고, 임의 교대·임의 소방호스라인 전개를 금지한다. 통제배연(PPV) 또는 절단 작업이 필요한 경우에는 선착대장의 지휘 하에 '방면-층-구역 + 현재상황·조치·필요사항을(CAN)' 간결하게 보고한다.

Table 2-2-6. 선착대원 통제 체크리스트(Arrival Control Checklist)

| 항목 | 기준/내용 | 조치 |
|---|---|---|
| 개별 행동 금지 | 도착·지시 전 임의 진입·소방호스라인 전개 금지 | 현장지휘관(IC)이 무전으로 반복 고지 |
| 투입인원 제한 | 협소 복도·단일 계단으로 동시 진입위험 | 선착대 최소 인원만 진입, 후착대는 대기(Staging Area) |
| 문 제어 (Door Control) | 연기역류·가시성 저하 방지 | 문 개폐를 필요여부를 고려하여 불필요 개방을 금지 |
| 계단확보 소방호스·인원확인보고(PAR) | 피난·구조동선 보호와 인원 추적 필요 | 계단실확보 소방호스 1선을 우선 전개하고 투입 전·교대 전·철수 후 인원확인보고(PAR)을 시행 |
| 개인보호장비 (PPE/SCBA) | 개인보호장비(PPE/SCBA)착용,공기·무전 사전점검 | 투입 전 팀호출(Call-out) 확인 후 진입, 공기량 확인 |

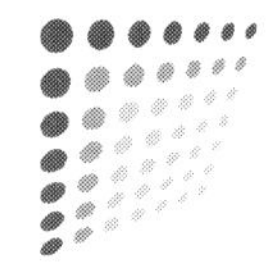



## 5. 연기 및 화염 상태 파악(Reading Smoke & Flame Conditions)

- 현장 접근 중 현장지휘관(IC)과 대원은 출입문 틈, 환기구, 복도 천장·모서리, 외벽 창 등에서 분출되는 연기와 불꽃을 관찰해 화점층/구역, 연소속도, 확산 방향을 추정한다. 고시원은 무창·소창 호실, 미로형 복도, 방음문 특성으로 환기 제한 연소와 복도·계단실로의 급격한 연기 확산 위험이 크므로, 확인 결과를 즉시 무전으로 전파하고 초기 전개(계단실 보호·문 제어:Door Control)에 반영한다. 검은 난류 연기나 문틈 펄싱(Pulsing), 복도 상부 고온층의 급강하가 보이면 가연 내장재 다량 연소와 급격 확대가 우려되므로 "복도·계단 보호 우선"을 전파하고 피난 확인·연소확대 방지를 위해 초기에 대원을 배치한다.

Table 2-2-7. 연기·화염 판독 매트릭스(Smoke/Flame Reading Matrix)

| 관측 | 내용 | 전술 시사점 |
|---|---|---|
| 문틈·환기구에서 검은 난류연기 펄싱(Pulsing: 분출↔흡입) | 통제배연(PPV) 연소, 압력 상승·플래시오버 전조 | 문 제어(Door Control)유지, 무분별 개구금지, 전환공격검토 |
| 복도상부에 두꺼운 고온층형성, 급격한 하강 | 복도·계단실로 열·연기 급팽창 | 계단/복도 확보 소방호스 1선 즉시 전개, 저상접근, 통제배연(PPV)시점조율 |
| 회색/갈색연기가 느리게 누출, 화염 미 노출 | 저 환기·무염연소, 시야 제로가능 | 열화상카메라(TIC)로 인명검색·온도 확인, 표식 테이프·로프 가이드 운용 |
| 출입문 개방즉시 연기색 밝아지며 양급증 | 산소유입으로 연소가속전환 | 개방시간최소화, 방수·배연타이밍분리, 팀간 무전조율 |
| 불티/불꽃분출이 복도 쪽으로 관찰 | 내장재 고온연소·압력 과다 | 진입팀 개인보호장비(SCBA·PPE)착용, 소방호스라인 2선 준비, 인접호실 연소확대방지 |
| 창·외벽으로 흑연기 기둥 소규모 분출 | 외기접촉 호실/공용부 연소 | 외벽·차양 냉각방수, 외부사다리 통한 표적배연보조(내부팀과 타이밍조율) |
| 계단실 상부로 연기급상승 | 수직샤프트(Shaft)효과, 피난경로 위협 | 계단실 문닫힘 유지, 필요시 통제배연(PPV), 상층대피 우선전파 |

CHAPTER

# 3 현장도착
(On-Scene Arrival)

(출처: XVR Program 고시원화재 가상환경)

| Chapter 1 | Chapter 2 | Chapter 3 | Chapter 4 |
|---|---|---|---|
| 사고발생 | 현장출동 | **현장도착** | 현장대응 |

## 1. 지휘권 인수 및 선언 (Assume and Announce Command)

- 고시원화재는 구획된 호실이 많고 계단 복도확보가 가장 중요하다. 현장지휘관(IC)은 현장도착 즉시 선착대장의 대면보고로 지휘권을 인계받는다. 곧바로 무전으로 "지금부터 ○○고시원 화재 현장지휘는 ○○지휘관(계급/성명)이 지휘한다."라고 지휘권 확립을 선언하여 전 대원에게 전파한다. 선언 후 모든 보고와 지시는 지휘관으로 일원화하고, 현장지휘소(ICP) 위치·운용 채널을 지정하며, 고시원 특성에 맞춰 초기 우선순위(계단/복도 보호, 문 제어(Door Control), 미로형 복도 인명검색 동선 통제)를 명확히 하고 현장상황·조치·필요(CAN)를 보고하고 지휘체계를 즉시 가동한다.

Table 2-2-8. **지휘권 인수·선언 절차**(Procedure & Standard Elements)

| 단계 | 핵심내용 | 지휘내용 |
|---|---|---|
| 도착보고 | 선착대가 현장도착·화점 추정·계단/복도 연기 상태를 무전 보고 | 현장지휘관(IC)이 수신 사항을 요약 재송신하고 안전사항을 전달 |
| 대면보고 | 선착대장이 현장상황·조치·필요(CAN) 보고로 화점호실, 인명·대피, 문 상태, 급수·접근로를 요약 | 현장지휘관(IC)이 계단/복도 보호 필요성, 문 제어(Door Control) 시행 여부, 소화전 압력·접근 동선을 확인 |
| 지휘권 인수 | 현장지휘관(IC)이 공식 인수를 알리고 현장지휘계획(IAP) 초안을 작성 | 현장지휘소(ICP)·대기구역(Staging Area) 위치를 지정하고, 구조·계단보호·연소확대방지 우선임무를 배정 |
| 지휘권 선언 | 전 채널에 지휘권 확립·현장지휘소(ICP) 위치·운용 채널을 고지 | 표준용어로 일괄 통보하고 보고 주기·임무지정·안전 담당(ISO) 지정을 알림 |
| 일원화 전환 | 모든 보고·지시를 현장지휘관(IC)의 중심 단일 체계로 전환 | 방면-층-구역을 중심으로 현장상황·조치·필요(CAN) 위주로 간략하게 보고를 통일, 임의지휘라인 사용금지, 전술충돌(배연·방수)조율을 지시 |

## 2. 최초 상황평가(Initial Size-Up)

- 현장지휘관(IC)은 화재 현장의 건물 층수, 화점층, 용도, 구조 대상자 여부, 위험요소를 신속히 파악한다. 건물 전체를 빠르게 관측하여 화재 상황을 판단한다. 고시원 건물의 몇 층에서 불길과 연기가 발생하는지, 그 연기가 다른 층 또는 복도로 퍼져 나오는지를 확인한다. 3층 창문 여러 개에서 짙은 흑색 연기가 분출되면 복도 전체 연소 진행 또는 각 실 연기 충만 상태로 본다. 또한 옥상 탈출자가 보이는지 상부를 살피고, 하층으로의 연소 확대 여부도 확인한다. 현장도착 시점까지 대피한 거주자들을 모아 질의하여 남은 인원을 가늠하고, 이 정보를 토대로 구조 우선순위를 설정한다. 필요 시 열화상카메라(TIC)를 활용해 가시성 저하 구역의 열원 · 인명 징후를 확인한다. 무전 보고는 '방면-층-구역 + 현장상황 · 조치 · 필요(CAN)'와 같이 표준화한다.

Table 2-2-9. 최초 상황평가 체크리스트(Initial Size-Up Checklist)

| 항목 | 확인 포인트 | 전술 시사점 |
|---|---|---|
| 외부 관찰 | 창 · 출입문 · 환기구 연기 색 · 양 · 펄싱(Pulsing), 불꽃 분출, 불티 비산 방향 | 상층 · 인접구역 연소확대 차단우선, 외벽 · 차양냉각방수검토, 풍상측 진입회피 |
| 접근 안전 | 골목 폭 · 이중주차 · 상부 장애물, 전개 · 회차 공간, 전선 · 차양 위험 | 현장지휘소(ICP) · 대기지점지정, 활동제한구역 설정, 사다리전개방면 사전지정 |
| 인명 상황 | 미 탈출자 유무, 마지막 목격 위치, 옥상 · 계단 대피 여부 | 구조우선구역지정, 계단/복도확보 소방호스 1선전개, 구급동선분리 및 인근병원 응급실통보 |
| 내부 정보 수집 | 복도상부고온층, 문틈 검은 난류연기 펄싱(Pulsing) 방음문 · 잠금, 가시성 · 열 확인 | 문 제어(Door Control)우선, 열화상카메라(TIC)인명검색, 개구 · 배연시점 현장지휘관(IC)승인 하 조율 |
| 연소 확대 | 계단실 상향확산, 환기구 통한 수평확산, 인접 업소 · 외벽착화 징후 | 계단보호+인접구역 연소확대 차단동시전개, 배연 · 방수타이밍 충돌방지 |
| 용수 · 압력 · 보고 | 소화전위치 · 유량 · 압력, 연결송수관, 옥내소화전 등 소방시설(Standpipe)가용 | 중계/릴레이(Relay Pumping)급수검토, 펌프압 관리, 현장상황 · 조치 · 필요(CAN) 주기적으로 보고 |

### 3. 방면 지정 (Side Designation)

■ 현장지휘관(IC)은 건물의 방면 체계를 설정하여 전 대원에게 통일된 지리 정보를 제공한다. 골목 입구에서 보이는 건물을 기준으로 A방면(Side A: 정면), B방면(Side B: 좌측), C방면(Side C: 후면), D방면(Side D: 우측) 지정해 무전으로 전파한다. 현장지휘관(IC)은 무전으로 "현재 B방면(좌측) 창문에서도 연기가 나온다."와 같이 방위 개념을 사용해 지시하여 대원들이 현장 위치를 혼동 없이 파악한다. 건물 내부가 복도식인 경우, "복도 끝 창문 쪽=D방향으로 간주" 등 내부 기준을 상황에 따라 병행하여 대원들의 방향 인지를 돕는다.

Table 2-2-10. 방면 지정 가이드(Side Designation Guide)

| 구분(방면) | 기준(고시원) | 예시 지시(무전) | 전술 시사점 |
|---|---|---|---|
| A방면 (정면) | 골목 입구에서 보이는 주 출입구 · 계단 진입 방향 | "현장지휘소(ICP) A방면 설치, 계단/복도확보 소방호스1선 전개." | 현장지휘소(ICP) · 대기지점(Staging Area)에 적합, 초기수평전개와 대피동선보호의 기준축이 됨 |
| B방면 (좌측) | A기준 좌측 측면(인접 점포 · 담장 인접) | "B방면 창연기 증가, 배연 대기." | 대체진입 · 배연포인트 확보, 인접호실 연소확대방지 및 휴대사다리 접근경로 설정 |
| C방면 (후면) | 후면 비상출입 · 환기구 · 설비실 인접 | "C방면 접근곤란, 외벽냉각 우선." | 후면확산 · 비산감시, 활동제한구설정, 후면 연소확대차단 경계관창 배치 |
| D방면 (우측) | A기준 우측 측면(협소통로 · 적치물 가능) | "D방면 휴대사다리전개, 창문구조준비." | 창문구조 · 수평전개에 유리, 외벽수직확산 차단과 인접구역 연소확대차단 |
| 내부 기준 | 복도 말단 · 코너 · 계단실 상 · 하행, 호실번호 체계 | "복도말단창측=D방향간주, 문 제어(Door Control) 유지." | 인명검색경로 · 문 제어(Door Control), 인원확인보고(PAR) |

## 4. 360° 상황평가 (360°Size-Up)

- 현장지휘관(IC)은 안전이 허용하는 범위에서 건물 주변을 360°로 확인해 추가 위험을 점검한다. 고시원이 다세대 밀집 지역에 있으면 후면(C) 접근이 곤란할 수 있으나, 협소 골목을 통과해서라도 후면과 측면(B/D)을 확인한다. 후면 창이 보이면 불길·연기·구조 요청 신호를 확인하고 인접 건물로의 연소 확대 징후를 점검한다. 옥상 접근이 가능하면 대원을 올려 옥상 출입문·배기 설비의 연기 유출을 확인하고, 필요 시 인접 건물 계단을 이용해 상부에서 전체 상황을 조망한다. 이러한 360° 평가는 사각지대를 최소화하고 이후 전술 결정의 정밀도를 높인다.

Table 2-2-11. 360° 상황평가 체크리스트(360° Size-Up Checklist)

| 구역 | 확인 항목 | 관측 포인트 | 즉시 조치 |
|---|---|---|---|
| 후면(C) | 창·출입부 상태,<br>연기·화염, 구조신호 | 연기 색·양·분출속도,<br>간헐적 불빛·호출,<br>베란다·환기구 | 후면차단선 및 활동제한구역설정, 대체진입 포인트지정, 인접건물 연소확대차단 준비 |
| 측면(B/D) | 외벽 온도·틈새,<br>연기 누출,<br>인접 업소 연소확대 | 경계벽 과열·균열, 차양·전선 접촉 위험, 창호 파손 | 인접구역 연소확대방지 경계관창 선배치, 측면 배연포인트 확보, 휴대사다리접근·창문구조 대비 |
| 상부(옥상) | 옥상문·배기·설비 화재 여부 | 옥상문 연기 유출, 덕트과열, 설비 함체 발열 | 상부감시·배기배치, 출입통제, 필요시 배연환기(내부팀과 타이밍조율) |
| 공통 | 수직/수평 확산 경로 | 계단실·샤프트(Shaft)·배관실·환기구 흐름 | 계단실 확보 소방호스전개, 문 제어(Door Control)시행, 통제배연(PPV) 시점 현장지휘관(IC) 승인 하에 검토 |
| 안전 | 접근 가능성·낙하물·협소 공간 | 전선·차양·적치물,<br>미끄럼·시야 제한 | 현장지휘소(ICP)기준 안전통제선 확장, 개인안전거리 유지, 인명검색팀 투입 전 위험브리핑 |

## 5. 지휘형태결정 (Command Mode Selection)

- 360° 상황평가와 방면 지정이 끝나면 현장지휘관(IC)은 고시원 현장 여건에 맞춰 지휘 형태를 선택·전환한다. 전진지휘(Forward Command)는 선착대장이 실내로 직접 진입해 지휘하는 형태로, 미로형 복도·무창 호실 환경에서 초기 판단을 빠르게 하나 시야·안전 제약이 크므로 책임구역(Accountability)·인원확인보고(PAR)주기를 강화하고 현장지휘소(ICP)와 지휘 연속성을 유지한다. 고정지휘(Fixed Command)는 A방면 안전 구역에서 통제를 극대화하고, 이동지휘(Mobile Command)는 단시간 이동으로 정보공백을 보완한다. 혼합지휘(Combined Command)는 고정지휘를 축으로 제한적 이동지휘를 병행해 변동 상황에 대응한다. 지휘 형태·위치 변경 시 전 채널에 지휘위치·채널·보고 주기를 즉시 재공지하고, 배연·방수 등 전술 타이밍 충돌을 조율한다.

Table 2-2-12. **지휘형태 전개 기준**(Command Mode Criteria)

| 지휘형태 | 적용 조건 | 지휘 포인트 |
|---|---|---|
| 전진지휘<br>(Forward Command) | 선착대장이 내부 상황·인명 신호를 즉시 확인해야 할 때 | 내부지휘+현장지휘소(ICP)연속성,<br>인원확인보고(PAR)강화,<br>문 제어(Door Control)·계단/복도확보 우선 |
| 고정지휘<br>(Fixed Command) | A방면에서 가시성·안전이 확보될 때 | 현장지휘소(ICP) A방면설치, 대기지정(Staging Area), 보고 주기설정, 연소확대차단 계획 |
| 이동지휘<br>(Mobile Command) | 후면·측면 전개 확인이 필요하거나 정보가 부족할 때 | 단시간 둘러보고 현장지휘소(ICP) 복귀, 배연/방수 타이밍 동기화, 안전점검관(ISO) 배치로 연속성유지 |
| 혼합지휘<br>(Combined Command) | 복수방면 동시 전개·변동 큰 초동 단계 | 현장지휘소(ICP)중심 통제유지+제한적 이동지휘, 인명검색우선 |

## 6. 전략 결정(공격/방어) (Strategy Selection: Offensive/Defensive)

■ 현장지휘관(IC)은 다수 거주자 밀집 특성의 고시원 화재에서 공격 전략(Offensive) 적용 가능성을 우선 고려한다. 인명 구조를 위해 초기에는 내부 과감 진입을 지시하되, 대원 안전 확보 방안을 동시에 마련한다. 복도 전체 화염 등 고위험 상황에서는 일시적 방어 전략(Defensive)으로 전환해 외부 방수로 화세를 낮춘 뒤 재진입을 병행한다. 스프링클러 미설치 · 경보 지연 등 악조건을 감안하여 시간 지연 최소화를 원칙으로 하되, 붕괴 · 폭발(LPG 등) 위험이 식별되면 즉시 방어로 전환하는 유연 전략을 유지한다.

Table 2-2-13. 전략 선택 기준(Strategy Decision Criteria)

| 전략 | 공격(Offensive) | 방어(Defensive) | 전환(Transition) |
|---|---|---|---|
| 인명 · 경로 | 생존징후를 확인하고 출입 · 계단 · 복도 가시를 확보해 구획(방) 분할 인명검색과 동시 구조 · 진입을 시행 | 출입 · 계단차단, 복도 전면연소, 낙하물 · 붕괴 위험 등으로 내부 진입이 부적절 | 방어→공격 : 장애물제거 · 가시성 확보 · 생존징후 재확인 시 공격으로 전환<br>공격→방어 : 경로상실 · 붕괴징후 등 구조위험증가 시 방어로 전환 |
| 화재 · 환경 (연기 · 열 · 배연 · 연소확대) | 방향성 배연 또는 양압이 가능하고 연기층 · 열이 저감된 상태에서 국부 화점을 직접 · 조합공격하며 천장 · 덕트 · 복도 통한 연소확대를 차단 | 고온 · 농연 지속, 플래시오버/백드래프트 징후, 샤프트(Shaft) · 천장공간을 통한 수직 · 수평 연소확대 우세 시 외부 억제 · 차단선을 우선 | 방어→공격 : 배연확보 · 열완화 · 연소확대 통제 시 공격으로 전환<br>공격→방어 : 급격한 열상승 · 연기악화 · 연소확대 가속 시 방어로 전환 |
| 자원 · 지휘 (용수 · 인력 · 안전 · 통신) | 화점 진압을 위해 두 개의 진압팀(1 · 2)을 운용, 예비팀을 확보, 하고 활동제한 구역 밖 안전을 지속 | 용수 · 인력열세 또는 안전한계(붕괴 · 감전 · 가스누출 · LPG용기 위험 등) 발생 시 외부억제 · 대기 | 방어→공격 : 추가용수 · 인력도착, 연결송수관, 옥내소화전 등 소방시설(Standpipe) · 연장확보, 안전상황 호전 시 공격으로 전환<br>공격→방어 : 용수고갈 · 인력이탈 · 안전상황 악화 시 방어로 전환 |

## 7. 전술 결정 및 구체적 임무지시(Tactics & Assignments)

- 현장지휘관(IC)은 선택된 전략에 따라 전술 목표를 설정하고 각 팀에 구체 임무를 부여한다. 고시원 화재에서는 협소 복도 · 다실(소구획) · 단일 또는 제한된 계단 · 창살 설치 등 특성으로 초기 인명 구조가 최우선이다. 초기 공격(Offensive)이 가능하면 계단 확보와 문 제어(Door Control)를 우선 시행하고, 구획(방) 분할 인명검색을 진행한다. 복도 전면연소 · 고온 · 농연 지속, 구조 손상, LPG 용기 · 가스배관 위험, 용수 · 인력 열세가 식별되면 방어(Defensive)로 전환해 외부 억제 · 연소확대방지를 우선한다. 모든 팀은 '방면-층-구역 + 현장상황 · 조치 · 필요(CAN)' 형식으로 무전 보고하고, 활동제한 구역을 준수한다. 연결송수관 · 옥내소화전 등 소방시설(Standpipe) 부재 · 미가압 가능성을 전제로 용수 · 호스 연장 · 중계 계획을 사전에 확정한다.

Table 2-2-14. **팀별 임무 · 교신 · 안전요소(Assignments · Communications · Safety)**

| 팀 | 임무 | 동선 · 수단 | 안전요소 |
|---|---|---|---|
| 진압1 | 화점 직접 · 조합공격, 계단 확보 소방호스 유지 | 현관 · 계단 통해 화점 세대 접근, 문 제어(Door Control), 초기 소방호스라인 전개(40/65 mm), 필요 시 소방시설 연계 | 단일 계단 연기 · 열 역류 차단, 플로우패스(Flow Path) 제어, 메이데이(MAYDAY) 대비 |
| 진압2 | 인접 세대 · 상 · 하층 연소확대 차단, 외벽 수직 확산 억제 | 외벽 · 샤프트(Shaft) · 배관실 감시, 차단선 형성, 외부 방수 보조 | 낙하물 · 유리비산 · 전선접촉위험, 하풍회피, 활동제한구역유지 |
| 구조1 | 고립 세대 인명검색 · 구조, 생존자 확보 | 계단확보 소방호스 1선전개 후 인명검색, 열화상카메라(TIC)활용, 방별 격리 · 표식 | 복도 가시성 · 연기층 높이 확인, 경량 칸막이 붕괴 위험 |
| 구조2 | 개구부진입인명검색 (VEIS) · 2차 | 사다리 · 창 접근, 창 개방→진입→방 격리→인명검색 순서 | 개구부진입인명검색 (VEIS)는 화점 추정 · 연기 흐름 유리 시에만 제한 적용, 추락 · 절단 위험 관리 |
| 배연팀 | 제연 · 양압 또는 방향성 배연, 연기층 저감 | 창 · 복도 개구부 통제, 배연 창 · 팬 운용, 계단 양압(가능 시) | 무분별한 개구금지, 역류 · 풍향 화재 유발 방지, 개방 · 폐쇄 일원화 |
| 전기 · 가스 차단 | 2차 위험 제거(전기 · 가스 · 보일러실) | 전기차단기 · 가스밸브 · 보일러 차단 | 감전 · 가스누출 · 폭발 위험, 가스물탱크 · 배관 위치 확인 |
| 구급 | 연기흡입 · 화상 환자 분류(Triage) · 처치 · 이송 | 건물 외 안전구역에 응급의료소 운영, 이송 동선 분리 | 교차오염 관리, 차량 동선과 소방 동선 분리, 저체온 예방 |
| 급수 · 중계 | 용수확보, 중계가압 · 호스연장 · 장비지원 | 소화전연계, 펌프중계, 골목 차량이격, 호스보호 | 동압저하 · 동결 · 누수 점검, 골목 협소로 인한 장비손상방지 |
| 지휘보조 | 현장지휘소(ICP)보조, 상황판 · 자원추적, 통신관리 | '방면–층–구역 + 간략보고(CAN)' 로그, 인원 · 소방호스라인 추적 | 무전포화관리, 전술 전환(공격↔방어) 지시 신속 반영 |
| 안전 | 위험성평가, 활동제한구역 설정 · 감시, 전환권고 | 360° 현장확인, 외벽 · 샤프트(Shaft) 수직 확산 · 낙하물 · 전기 위험 감시 | 철수 · 전환 트리거 관리, 즉시 위험 중지 권한 행사 |

CHAPTER

# 4 현장대응
(On-Scene Operations)

## 01 전반부 대응 (Primary Phase Operations)

(출처: XVR Program 고시원화재 가상환경)

Chapter 1 사고발생 › Chapter 2 현장출동 › Chapter 3 현장도착 › Chapter 4 **현장대응**

## 1. 현장통제 및 안전구역 확보(Scene Control & Establish Safety Zones)

- 현장지휘관(IC)은 도착 즉시 지휘참모(안전 · 통신 · 조사)와 경찰 · 구청 관계자와 공조하여 현장통제선(Fire Line)을 설정하고 활동제한구역을 구획한다. 고시원 화재는 협소 골목 · 단일 또는 제한된 계단 · 다실(소구획) · 창살 설치 등으로 주민 · 구경 인파의 근접 위험과 2차 위험(LPG 용기 · 가스배관)이 높으므로, 화재 건물 전 · 후 · 측면과 골목 교차부에 넓은 통제 구역을 우선 형성한다. 필요 시 단지 · 골목 차량 진입로를 봉쇄하고, 출입관리를 통해 소방 활동 차량 · 인원만 출입하도록 제한한다. 화염 분출, 열복사, 유리 파손 · 낙하물, 외부 간판 · 전선 탈락 우려 구역은 건물 높이의 1.5배 이상을 위험 구역으로 간주해 일반인 접근을 차단한다. 경찰에는 "구경 인파 · 외부 차량을 외곽으로 우회 유도"를 요청하고, 안전담당은 인근 세대에 대한 위험 알림 · 대피 안내를 실시한다.

Table 2-2-15. 현장통제 핵심 조치(Scene Control Actions)

| 항목 | 기준/내용 | 전술 시사점 |
|---|---|---|
| 통제반경 | 화재건물 외곽으로 최소건물높이 1.5배 1차 통제반경 설치, 골목하풍(풍하측)방향은 추가 확장 | 열복사 · 낙하물 · 유리비산으로부터 대피공간확보, 외곽에 현장지휘소(ICP): 임시의료소 배치 |
| 배제구역 | 창살절단 · 강제개방 · 유리낙하 가능구역, 간판 · 전선 · 가스배관하부, 외부계단하부는 배제 | 대원동선은 건물모서리회피 · 상풍측우선, 이중콘/바리케이드 · 야광테이프로 시인성 강화 |
| 열복사 구역 | 출입부 · 창부화염분출, 간판 · 외벽가연물 연소 시 전면 · 코너부 중심으로 표시하고 차량 · 인원노출 금지 | 펌프차 · 사다리차 대기위치를 코너 바깥 · 상풍 측으로 조정, 호스 보호 매트 · 차량 보호막 사용 |
| 출입관리 | 골목초입 · 교차부에 차량차단선설치, 출입스티커/목록으로 팀 · 차량출입통제 | 용수 · 장비지원 동선을 우선순위로 확보, 민간차량전면차단 · 우회유도, 대원체크인/체크아웃 운영 |
| 광역 대비/교통-활동공간 | 외곽교통 통제구역, 장비집결(Staging Area), 임시의료소 분리배치 | 진입 · 대피동선분리, 중계가압 · 호스연장차량배치, 군중흐름 관리로 현장효율성 향상 |
| 안전(현장통제선 구성 · 표식) | 현장통제선은 연속표식(콘/바리케이드/야광테이프/표지판)과 휴대조명으로 보강, 야간 시인성 확보 | 경계인력(경찰 · 자원봉사)배치, 통제 상태주기 보고 |

## 2. 관계자 확보(Stakeholder & Gather Critical Info)

- 현장지휘관(IC)은 도착 즉시 건물 관리자·야간 데스크·경비·인근 상가 대표 등 관계자를 확보해 방(세대)별 인원·대피 현황·출입 통제·설비 상태를 신속히 파악한다. 고시원화재는 협소 복도, 단일 또는 제한된 계단, 다실(소구획), 창살 설치, LPG 용기·가스배관 존재 등의 특성이 두드러진다. 활동제한구역, 연결송수관·옥내소화전 등 소방시설(Standpipe) 부재·미가압 가능성, 용수 취약을 전제로 확인한다.

Table 2-2-16. 관계자 확인사항(Stakeholder Interview Checklist)

| 항목 | 질문 예시 | 전술 시사점 |
|---|---|---|
| 인원 파악 | 현재거주인원 총인원은? 층·복도별 대피 현황은? 미확인/연락두절 방번호는? 외출자명단은? | 구조우선순위 즉시설정(미확인방우선), 인원현황반영, 분할인명검색 구역배정 |
| 취약·특이 세대 | 거동불편자·장애인·음주/수면약복용자·야간교대근무자(깊은수면가능) 거 주방은? 언어장벽(외국인)가능세대는? | 강제진입·통역지원·추가 인력 배치 판단, 문제어(Door Control)·격리 우선, 들것·보조인력 준비 |
| 방 배치·열쇠 | 층별방 배치도와 호실표기방식은? 마스터키/예비키 위치는? 공용부(주방·샤워·세탁)위치는? | 강제진입최소화, 표식계획수립, 관리열쇠확보로 인명검색속도를 높임 |
| 피난 경로 | 계단 수·폭·개방 상태는? 비상구·피난안전구역 유무는? 복도 적치물·폐쇄문 존재 여부는? | 계단확보 소방호스·장애물제거우선, 대피유도·역류통제, 계단상·하부에 통제인력 배치 |
| 창살·개구부 | 창살설치 방 범위는? 해제 방법·절단 도구는? 관리 책임자는 누구인가? | 조건 충족 시 개구부진입인명검색(VEIS) 제한적용검토, 절단·추락 위험 대비 |
| 가스·전기 | LPG용기/가스배관위치·차단밸브·책임자는? 전기메인 차단반·분전반위치는? | 가스누출/폭발·감전위험저감, 활동제한구역 확대, 즉시차단·점화원을 통제 |
| 소방설비·경보 | 감지기·경보·비상방송작동여부는? 연결송수관, 옥내소화전 등 소방시설(Standpipe)유무·가압상태는? | 경보지연 시 수동경보·방문경고병행, 용수부족 시 외부급수·중계가압·장거리 소방호스를 전개 |
| 배연·덕트 | 급·배기 덕트·배연팬 위치와 동작 상태는? 주방후드 연동은? | 덕트통한 수평·수직연소 확대감시, 배연개구는 지휘 하에 선택·단계 개방 |
| CCTV·출입기록 | 최신 평면도·CCTV 모니터 확인 가능 여부? 키 카드/출입조회 가능 여부는? | 미 확인방 역추적, 실종자추정 위치도출, 근거자료 확보. |
| 운영·대응 | 상주 관리자·야간 데스크 연락 체계는? 대피방송·문자 발송 절차는? | 즉시대피방송, 군중 통제·통역 인력 배치, 정보를 신속전파 |

### 3. 대기단계 운영 (Staging Operations)

■ 현장지휘관(IC)은 선착대를 제외한 후착 차량·인력을 대기단계(Staging Area)로 운용한다. 고시원 화재는 협소 골목·단일 또는 제한된 계단·불법 주차로 전면 혼잡이 발생하기 쉬우므로, 무분별한 전면 진입을 통제하고 차량을 외곽대기(Staging Area)로 전환한다. 대기인력은 무전 청취를 유지하고 현장지휘관(IC)이 호출 시 순차 투입한다. 전면부는 계단 접근선·계단확보 소방호스, 구급이송동선, 필요 시 고가사다리차 전개 공간을 상시 확보한다.

Table 2-2-17. 대기단계 운영 체크리스트(Staging Operations Checklist)

| 항목 | 기준/내용 | 전술 시사점 |
|---|---|---|
| 대기 위치 | 골목입구·외곽도로에 1차(장비집결) – 2차(투입대기) 대기선을 설정한다. 전면 1열은 계단접근·구급차전용 공백으로 유지 | 전면혼잡을 차단하고, 계단확보 소방호스 구축·유지에 필요한 공간을 확보 |
| 진입 통제 | 선착대외 차량은 요청 시에만 진입한다. 차량 역할(펌프/구급/장비)진입순서를 사전지정 | 협소골목에서 소방호스라인전개·용수연결방해를 예방한다. 불필요차량은 외곽대기(Staging Area)를 유지 |
| 준비 상태 | 공격라인·예비소방호스·들것·배연장비를 사전세팅 | 요청즉시 내부진입/연소확대방지/구급보강으로 전환 |
| 통신·지휘 | 대기단계 책임자(Staging Officer)를 지정해 차량배치도·인원명부·장비현황을 상황판으로 관리 | 인원파악과 순차투입하고, 공격 ↔ 방어전환시 신속 재배치 |
| 교통·회차 | 일방통행 동선을 설정하고 회차지점을 확보, 일반차량은 우회유도 | 구급차이송·재진입과 지원차량 순환을 지연 없이 운영 |

## 4. 직전대기 (On-Deck/Forward Staging)

- 현장지휘관(IC)은 고시원 화재에서 화점 인근 투입팀의 활동이 일정 수준에 이르면 직전대기(On-Deck) 지점을 지정해 즉시 투입 가능한 예비 소방력을 운용한다. 고시원은 협소 복도·단일 또는 제한된 계단·다실(소구획)·창살 설치·LPG 용기/가스배관 존재 특성으로, 연기 상승 시 진입·퇴로가 동시에 제한되므로 직전대기는 화점에 가깝되 안전이 확보된 복도 말단·계단참·한 층 아래 전실에 둔다. 직전대기 인원은 공기호흡기(SCBA), 열화상카메라(TIC), 개인보호장비(PPE)를 완전 착용하고, 현장지휘관(IC)의 지시에 따라 교대·증원·고립 방 구조·메이데이 대응에 즉시 투입한다.

Table 2-2-18. 직전대기(On-Deck) 운영 기준(Forward Staging Standards)

| 항목 | 기준/내용 | 전술 시사점 |
|---|---|---|
| 위치선정 | 화재층계단참/복도말단 또는 한층 아래 전실에 설정, 문 제어(Door Control)가 가능하고 열·연기 역류가 적은 지점확인, LPG용기·가스배관구역과는 분리 | 계단확보 소방호스 유지에 기여하고 대피경로를 확보한다.<br>소방용수시설(Standpipe) 연결·압력확인과 중계가압위치를 동시에 확인 |
| 준비사항 | 개인보호장비(PPE)전착용, 공기호흡기(SCBA)압력확인, 열화상카메라(TIC), 예비호스·분기관·노즐, 유도로프(Guideline/Search Rope), 강제진입공구(방음문·도어체인용), 들것·구급키트를 세팅한다. 팀별 임무지정·투입순서·철수 경로를 공유 | 1분 내 투입을 목표, 복도코너·문턱·출입통로에는 호스보호매트를 설치해 소방호스 라인손상과 걸림을 방지 |
| 우선임무 | (1) 교대(Relief): 화점인명검색 팀교대<br>(2) 증원(Reinforce):인접방·상하층 연소확대차단<br>(3) 구조(Rescue): 창살절단 후 제한적 개구부진입 인명검색(VEIS)보조, 고립방 구조<br>(4) 메이데이(MAYDAY)대응 및 대원보호 | 공격 ↔ 방어전환시 임무를 즉시 재조정한다. 덕트·천장공간통한 확산 시 연소확대 방지/차단선과 연동해 투입구역을 조정 |
| 대기상태 | 무전청취지속, 대기선 이탈금지, 소방호스라인·장비 정돈유지. 팀리더는 5-10분 간격으로 업데이트 사항을 보고 | 혼선·중복투입을 방지하고 인원파악)를 유지한다. 철수/운행정지 지시에 즉시 반응 |

## 5. 소방용수공급체계 확보 (Firefighting Water Supply, FWS)

- 현장지휘관(IC)은 고시원화재에서 지속·안정적 용수 확보를 최우선으로 지시한다. 초기 진압과 장기 대응을 위해 1선펌프차(First-Due Engine)와 중요물탱크차(Primary Water Tender)를 지정하고, 대유량 방수 중에도 끊김 없이 공급되도록 중계급수(Relay Supply)를 조기 구축한다. 고시원은 협소 복도·소구획 밀집으로 연기·열·화염 확산이 빠르며, 노후·미비한 소화전으로 수압 저하가 빈발한다. 따라서 외부수원(Hydrant/대체 수원)을 다중 확보하고, 예비/이원 급수(Backup/Dual Supply)로 연속 방수를 담보한다. 목표는 복도·개별 방에 지속 압력·유량을 제공해 연소 확대 조기 차단과 동시 구조를 지원하는 것이다.

Table 2-2-19. **소방용수공급체계 표준 구성**(Standard Firefighting Water Supply configuration)

| 항목 | 기준/내용 | 전술 시사점 |
|---|---|---|
| 1선펌프차 (First-Due Engine) | 화점에 최단거리로 배치하고, 공격라인·계단확보 소방호스에 안정유량공급을 담당, 흡·토출압력, 유량계, 1선펌프차와 중요물탱크차 소방호스라인을 즉시 세팅 | 초기에 지연 없는 방수, 연결송수관, 옥내소화전 등 소방시설(Standpipe) 미가압 시 장거리전개·중계계획을 즉시 연동 |
| 중요물탱크차 (Primary Water Tender) | 핵심급수원천으로 지정해 수위를 항시 50% 이상 유지, 1선펌프차에 직접급수 또는 중계라인에 투입 | 소화전불량·단수 시 공백 없이 공급, 대체수원(하천·저수조)왕복급수 시 회차 동선을 사전확보 |
| 수원 (Hydrant/ 대체 수원) | 가용소화전 2개 이상을 우선 확보하되, 저유량·결빙·폐색을 대비해 대체수원(비상급수탑, 저수조 ,수조차, 인근상수도맨홀)을 병행 조사 | 고장·저압발생시 즉시전환 가능하도록 흡·토출커플링을 사전배치, 수원 → 물탱크 → 펌프의 단계형 체계를 유지 |
| 중계급수 (Relay Supply) | 수원 ↔ 중요물탱크 ↔ 1선펌프차간 중계펌핑을 구성하고, 각 펌프차는 목표 토출압을 공유(공격라인/노즐요구압 + 마찰손실) | 복도·장거리전개에서도 압력을 유지, 협소골목·문턱에는 호스보호매트를 설치 |
| 예비/이원 급수 (Backup/ Dual Supply) | 메인 급수선과 별도예비선을 동시구축(이원공급), 메인 급수장애시 무전한마디로 즉시 절체가능하게 밸브·소방호스라인을 표식 | 연속방수를 확보해 구조지연을 방지한다. 요청 시 화세급등·재점화 시 추가소방호스라인을 곧바로 가압 |

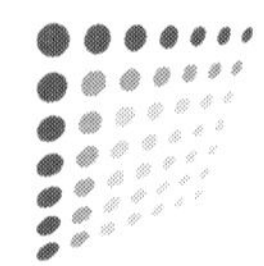



## 6. 단위지휘관 지정 (Assign Division/Group Supervisors)

- 현장에 2개 대 이상 투입되어 규모가 확장되거나 구조가 복잡해지면, 현장지휘관(IC)은 구역별(Division) 또는 기능별(Group) 단위지휘관(DGS)을 지정해 지휘 부담을 분산한다. 고시원 화재는 협소 복도 · 단일/제한 계단 · 다실(소구획) · 창살 설치 특성으로 층/복도 구획이 뚜렷하므로 층 · 방면 중심의 구역별 운용이 효과적이다. 단위지휘관은 담당 구역의 위험요소 · 화재상황을 직접 파악하고 진입 방향 · 인명검색 순서 · 투입 시기를 결정해 실질 지휘를 수행한다. 현장지휘관(IC)은 각 단위지휘관(DGS)과 현장상황 · 조치 · 필요(CAN) 형식으로 긴밀히 소통하며 자원 배치 · 전략 수정 · 안전관리에 집중한다. 필요 시 2층 · 3층 등 추가 지정하여 유연한 지휘체계를 운용한다.

Table 2-2-20. 단위지휘관 운용 매트릭스(Division/Group Assignment)

| 구분 | 지정 기준 | 전술 시사점 |
|---|---|---|
| 구역별<br>(Division) | 층 · 방면중심으로 구획 | 문 제어(Door Control)와 계단확보 소방호스를 유지한다. 인명구조순서를 화점 인접방 → 복도말단 → 공용부로 통일, LPG용기 · 가스배관구역은 활동제한구역으로 확대 · 관리 |
| 기능별<br>(Group) | 기능 · 임무중심으로 구성 | 진압–인명검색–배연–용수의 상호간섭 최소화(특히 배연개구 시점통제)와 중계급수 · 예비선확보를 단일창구에서 조정, 신속동료구조팀(RIT)은 별도Group으로 운용 |
| 복합형<br>(Hybrid) | 화재층은 구역별, 타층 · 외부는 기능별로 혼합운용 | 층내부 화점접근 · 분할 인명검색과 외부 활동제한 구역관리 · 중계급수를 동시통제, 공격 ↔ 방어전환시 자원을 신속재배치 |

## 7. 무전망 분리 (Splitting Radio Nets)

- 고시원화재에서 대응 인원이 늘고 작업이 협소 복도 · 다실(소구획) · 단일/제한 계단으로 입체 전개되면 무전망을 역할별로 분리한다. 현장지휘관(IC)은 지휘망(CMD)을 유지해 전략 결정 · 자원 배분 · 안전 지시를 총괄하고, 진압 · 인명검색 · 구조 등 전술 팀은 작전망(TAC)에서 세부 전술 · 위치 · 진척을 교신한다. 급수 · 보급 · 외부 지원 연락은 지원망(LOG)으로 분리한다. 고시원 특성상 두꺼운 방음문 · 창살 · 금속 덕트와 지하/반지하 · 긴 복도 코너가 전파 감쇠 · 음영(Dead Zone)을 유발한다. 통신담당을 지정해 중계 지점(계단참 · 전실 · 옥외 상풍측)을 운영하고, 신호 저하 시 수신호 · 러너(Runner)를 보조 수단으로 병행한다. 긴급대피 · 메이데이(MAYDAY) 등 전 대원이 즉시 알아야 할 사항은 공용 공지(일시 단일망 전환) 후 원 채널로 복귀한다. 현장지휘관(IC)은 지휘망(CMD) · 작전망(TAC) · 지원망(LOG)을 동시 모니터 또는 보조 지휘요원 이중 청취로 커버한다.

Table 2-2-21. 무전망 분리 의사결정 기준(When to Split TAC/CMD)

| 항목 | 기준/내용 | 전술 시사점 |
|---|---|---|
| 인원/트래픽 (Personnel/ Traffic) | 동시 투입팀 3팀 이상 또는 화재층진압+인명구조+외부용수(FDC)병행상황 | 지휘망(CMD) · 작전망(TAC) · 지원망(LOG)분리로 혼선 · 중첩교신을 차단, 각 망에 단위지휘관(DGS)을 채널관리자 겸임으로 지정 |
| 음영 · 간섭 (Coverage/ Interference) | 방음문 · 창살 · 금속덕트로 감쇠/난반사, 지하/반지하 · 코너 다수복도에서 음영빈발 | 중계지점을 계단참 · 전실 · 옥외상풍측에 설치하고 안테나위치/출력을 조정, 신호 저하시 수신호 · 러너(Runner)를 즉시 가동 |
| 임무 복잡도 (Mission Complexity) | 문 제어(Door Control)통제 하 인명검색, 창살절단 · 강제개방다발, 조건 충족시 개구부진입인명검색(VEIS)병행, 신속동료구조팀(RIT)대기 | 배연 · 신속동료구조팀(RIT) · 소방차연결구(FDC)를 별도망(지원망 또는 전술망)으로 분리해 배연타이밍 · 안전요소를 지휘 통제 하에 조정 |
| 안전사고 (Safety Events) | 메이데이(MAYDAY),긴급탈출, 가스누출(LPG배관/용기), 전기위험(분전반), 덕트역류 화염발생 | 전채널 동시공지(일시 단일망) → 확인 → 원채널 복귀 순으로 시행, 현장안전점검관(ISO)이 확인 · 기록 |
| 현장규모 (Scene Size/ Span) | 다층동시전개(화재층+상 · 하층), 복도2방면 또는 외부지원 동시운용 | 층별Division+기능별Group로 무전망을 분리하고 지휘망(CMD)은 전술에 간섭없는 중요사항만 수신 |

## 02 후반부 대응 (Late-Phase Operations)

(출처: XVR Program 고시원화재 가상환경)

Chapter 1 사고발생 〉 Chapter 2 현장출동 〉 Chapter 3 현장도착 〉 Chapter 4 현장대응

## 1. 초진(Initial Knockdown) – 7면 포위(Seven-Side Containdent, SSC)

- 고시원화재는 협소 복도 · 소구획 다실 · 단일/제한 계단, 일부 창살(방범창), LPG 용기/가스배관 등으로 열 · 연기 확산과 대피 혼잡 위험이 크다. 현장지휘관(IC)은 발화지점 기준으로 상 · 하 · 좌 · 우 · 전 · 후 · 화점의 7면 포위(SSC)를 적용해 수평 · 수직 확산을 차단한다. 내부 진압팀은 방 내부와 복도에서 화점 집중 방수로 초진을 확보한다. 외부 대원은 창(창살 절단 후 접근), 외벽/파사드(Façade) 방면에서 외곽 차단 방수로 내부 접근이 어려운 구역을 제어한다. 고시원은 벽체가 얇거나 관통부가 많아 문 틈 · 덕트 · 천장 빈 공간을 통한 간접 확산이 높다. 따라서 인접 방 사전 차단, 상 · 하층 연소확대방지, LPG/가스 설비 격리를 병행한다. 초진 후에는 잔불 정리(Overhaul), 열화상카메라(TIC) 재확인, 통제된 배연을 순차적으로 수행한다.

Table 2-2-22. 7면 포위 운용 체크리스트(Seven-Side Containment Checklist)

| 면 | 점검/조치 | 전술 시사점 |
|---|---|---|
| 상<br>(천장) | 천장마감재 상부 빈공간 · 덕트 · 배관관통부를 열화상카메라(TIC)로 스캔, 필요시 개구 후 미세분무/안개방수로 냉각 | 은폐연소 · 상층전이를 조기에 차단, 상층 인명구조와 연소확대를 차단 |
| 하<br>(바닥) | 바닥하부 빈공간 · 문턱 · 배선구역 · 케이블트레이(Cable Tray: 전선지지받침대/덕트) 인접부를 확인하고 잔불 · 적열부를 국소냉각, 감전 · 누수위험을 병행점검 | 하층 · 인접구역으로의 열 · 연기침투를 억제, 대피 · 인명구조안전을 확보 |
| 좌/우<br>(측벽) | 경계벽 · 콘센트 박스 · 배관 박스 등 관통부 틈을 열화상카메라(TIC)로 확인, 노즐 스윕(원형 또는 좌↔우로 천천히 흔들어 표면을 고르게 적시는 동작)으로 냉각 | 인접방으로 측면확산을 차단하고 인명구조 동선을 안전하게 유지 |
| 전/후<br>(출입 · 복도/<br>발코니) | 출입문 · 복도 · 외벽방향은 문 제어(Door Control): 필요시에만 제한적으로 개방 하에 방수한다. 개구부 · 대피동선에는 차열포(방열담요/커튼)로 복사열 · 불티를 차단, 복도확보 소방호스와 대피동선을 분리 | 플로우패스(Flow Path) 형성을 억제하고 계단확보 소방호스를 유지, 창살절단 · 유리비산구역은 활동제한구역으로 관리 |
| 화점 | 직접분사(Direct Stream)로 연료에 맞춰 열을 빠르게 낮춘 뒤, 펄스 방수(Pulse: 0.5-1초 짧은 간헐 분사)로 증기팽창 · 가시성 변화를 관리, 가연물 제거 · 연소확대 부분 냉각을 병행 | 초진달성속도를 높이고, 전체에 7면포위에 필요한 압력 · 유량부담을 줄이고 재점화 위험을 낮춤 |

## 2. 초진구역 배연 (Post-Knockdown Ventilation)

■ 주요 화점 진압이 완료되면 즉시 배연을 실시한다. 고시원은 협소 복도·소구획 다실·단일/제한 계단과 방음/흡음 마감, 일부 창살(방범창) 특성으로 연기와 열기가 구획별 고립·정체되기 쉽다. 진압팀은 창(창살 절단 후 접근)·외벽 개방부·덕트/골조 빈틈을 배출구(Exhaust)로 선 확보하여 자연 배출을 유도하고, 필요 시 양압 송풍기(PPV)와 배연 장비로 강제 배연을 한다. 지하/반지하 또는 상층부가 있는 경우 계단실·엘리베이터 샤프트(Elevator Shaft)·배기 덕트를 배연 루트로 활용한다. 배연 구역에는 연소가스 잔류와 산소 유입에 따른 재발화 위험이 있으므로 구획별 순차 배연을 원칙으로 하고, 배연 후 열화상카메라(TIC)로 열원 잔존을 점검한다. 표준 절차는 배출구 선 확보 → 상층 가스 냉각(미세 분무/안개) → 유입구 제한(문 제어: Door Control) 순서를 준수한다.

Table 2-2-23. **배연 전술 선택 매트릭스**(Ventilation Tactics Matrix)

| 적용사항 | 핵심절차 | 전술 시사점 |
|---|---|---|
| 기본 자연 배연 (Natural Venting) | 하풍측·상층에 배출구를 먼저 연다→ 상층가스를 짧게 냉각(미세분무/안개)→ 유입구 최소화(문 제어:Door Control) | 장비의존도 낮음·신속성 높음. 급격한 배연으로 플로우패스(Flow Path)가 과도하게 형성되지 않도록 개구범위를 단계적으로 확대, 복도·계단하부는 활동제한구역으로 관리 |
| 양압 배연 (PPV) | 배출구 선 확보 후 유입구(출입문/전실)에 통제배연(PPV)팬 설치(틈새차폐로 밀폐강화)→ 압력형성 확인→ 문 제어(Door Control)유지. 가스측정병행 | 잔불정리 선행이전제다. 가스누출(LPG용기/배관)·분진위험구역에서는 사용을 금지한다. 공격라인·신속동료구조팀(RIT)과 가동시점을 사전 조율 |
| 계단실·샤프트 활용(Stair/Shaft Vent) | 계단실/엘리베이터 샤프트 상부를 배출구로 지정→하부유입구제한→필요 시 통제배연(PPV)보조 | 굴뚝효과로 상층위험이 증가한다. 상층 연소확대방지 경계관창을 병행하고, 상층구역에 경보·대피공지를 시행 |
| 창살·파사드 방면 배연(Grille/Facade Side) | 창살절단후창·외벽개구를 배출구로활용→ 내부문 제어(Door Control)유지→낙하·비산대비 차열포로 동선보호 | 유리비산·절단불꽃·낙하물위험이 높음. 외부차단선을 이중설정하고, 급·배수 동선을 우회 |
| 구획 순차 배연 (Zonal/Staged Ventilation) | 방/복도 구획을 하나씩 운영: 배출구개방→ 상층냉각→문 제어(Door Control)→열화상카메라(TIC)확인 후 다음구획으로 이동 | 연기역류·재순환을 방지, 개구·폐쇄담당을 지정, 무전통제로 동작을 동기화. 재발화가능성 줄임 |
| 지하·밀폐 구역 (Basement/Confined) | 배출루트 선 확보(계단실/샤프트상단)→가스측정→제한적 통제배연(PAV) 또는 배기팬(Exhauster)운용→열화상카메라(TIC)재확인. 장비: 방폭형 배기팬, 가스측정기, 유도로프 | 폭발성 혼합기·전기아크 위험, 방폭장비를 사용하고 측정-배연-재측정 사이클을 준수, 인원파악을 엄격히 유지 |

### 3. 상황판단회의 후 완진선언

(Situation Assessment → Final Extinguishment Declaration, FED)

- 현장지휘관(IC)은 연기가 걷힌 후 2차 인명검색(Secondary Search)을 실시해 잔류 인원 유무를 확인한다. 겉보기로 진압이 완료된 것처럼 보여도 즉시 완진을 선언하지 않고, 단위지휘관들과 함께 현장을 직접 순회하며 최종 상태를 점검한다. 고시원은 협소 복도·밀집 소구획 특성으로 숨은 불씨·잔열 가능성이 높다. 현장지휘관(IC)은 각 방·복도를 일일이 확인하고, 필요 시 문·천장 개방으로 내부까지 세밀 점검한다. 탄화 잔해 하부 불씨가 발견되거나 잔불 정리 미흡이 확인되면 예비 소방호스라인을 배치해 추가 냉각·방수를 한다. 또한 열화상카메라(TIC)로 벽체·천장·관통부의 잔열을 확인하고, 열원 발견 시 즉시 국소 냉각 주수를 지시한다. 복도 천장 틈·벽 내부까지 잔불 제거가 완료되고 "온도 정상"이 확인되면, IC는 단위지휘관들과 상황판단회의를 열어 구역별 보고를 종합 검토한다. 위험 요소와 인명 피해가 모두 해소되었다고 판단되면 현장지휘관(IC)은 무전으로 "○○고시원 화재는 현 시간부로 완진(Final Extinguishment)"이라고 공식 선언한다.

Table 2-2-24. 완진 전 점검 리스트(Pre-FED Checklist)

| 항목 | 점검 기준/내용 | 전술 시사점 |
|---|---|---|
| 2차 인명검색 (Secondary Search) | 방·복도·공용부(샤워실·주방) 전수확인, 잠금·창살(방범창) 해제구역 재확인 | 인명검색완료(ALL CLEAR) 확인전 완진금지, 우선순위구역(화점인접·무창방)부터역순점검 |
| 열화상카메라 잔열 확인(TIC Survey) | 열화상카메라(TIC)로 벽체·천장·관통부(콘센트·배관 박스)·문틀 상부스캔 | 고온지점 표식 후 즉시국소냉각, 재측정으로 온도정상화 확인 |
| 잔불 정리 (Overhaul) | 탄화·그을림 집중구역 개방·파쇄 후 내부 화점제거 | 은폐연소제거가우선. 미세분무/안개방수로 증기·연기를 최소화 |
| 가스·전기 안전 (Isolation) | LPG용기·배관밸브차단, 분전반 전원차단상태 확인 | 재 점화·감전방지. 가스누설·전기 재 통전금지 조치 |
| 배연·연기 잔류 (Ventilation) | 구획별 순차배연완료, 복도·계단 플로우패스(Flow Path) 통제유지 | 급격한 배연금지. 배연 후 열화상카메라(TIC) 재확인이 필수 |
| 구조 안정성 (Structural Hazards) | 천장처짐·벽체박리·유리비산·창살 절단부 낙하위험 점검 | 위험구역 활동제한구역 지정 후 해제기준 기록 |
| 오염·위해요소 (Contamination) | 유해가스(HCN/CO) 측정, 그을음 정리 계획 수립 | 재 출동예방. 필요시 개인보호장비(PPE) 수준유지·배연 강화 |
| 자원·기록 (Resources/Docs) | 소방호스라인·장비 회수 계획, 사진·열화상카메라(TIC) 캡처·무전 로그 정리 | 사후 조사·보고 근거 확보. 잔여 대기전력 지정 |
| 구역별 종합보고 (Brief-back) | 단위지휘관의 현재상황·조치·필요사항(CAN)보고취합·누락/중복제거, 완진선언(FED)조건 확인 | 완진선언 여부를 객관적으로 판단 |

# PART 2-3

# 공사장화재 현장지휘

(출처: 세종시 아파트공사장화재, 2018-07-13, 안전일보 보도기사 사진)

## 01 실제사례

**1. 세종시 주상복합아파트 신축 공사장 화재(2018)는 세종시 새롬동의 한 주상복합아파트신축 공사장 지하 2층에서 바닥 포장 작업 중 발생했다.**

- 작업 중 튄 불꽃이 우레탄폼 등 인화성 자재에 옮겨 붙으면서 화재가 급속히 확산됐고, 밀폐된 공간에 유독가스가 퍼지면서 3명이 숨지고 최소 37명이 부상했다. 당시 임시 소방시설과 비상경보장치 등이 제대로 갖춰지지 않아 초기 진압과 신속한 대피가 어려웠다. 이 화재 이후 공사장 내 화기 작업 시 화재감시자 배치, 임시 소방시설 설치 의무화 등 안전대책이 강화되는 계기가 되었다.

**2. 경기 이천시 모가면 물류창고 신축 공사장(2020)에서 대규모 화재가 발생했다.**

- 당시 현장에서는 지하층에서 용접 작업 중이었는데, 용접 불꽃이 주변의 우레탄폼 등 인화성 자재에 착화되면서 폭발과 함께 순식간에 불길이 건물 전체로 번졌다. 특히 지하의 밀폐된 구조로 인해 유독가스가 빠르게 확산되어 작업자들이 대피할 시간을 확보하지 못했다. 사고 당시 78명의 근로자가 작업 중이었으며, 이 가운데 미처 대피하지 못한 38명이 사망하고 10명이 부상당하는 참사가 발생했다. 사고이후 조사에서 현장은 임시 소방시설이 제대로 설치되지 않았고, 화재감시자가 배치되지 않은 상태로 무방비하게 작업이 이뤄진 것으로 드러났다. 또한 지하 공간에 다량의 가연성 자재가 방치되어 있어 화재 확산을 더욱 가속화한 것으로 밝혀졌다. 이 참사를 계기로 공사장 내 용접 작업 시 화재감시자 배치 의무화, 임시 소방시설설치 강화, 안전 관리 책임자 지정 등 건설 현장 안전 관리 제도가 대폭 강화되었다.

### 3. 용인시 물류센터 공사장에서도 화재(2020)로 5명이 사망하는 사고가 발생했다.

- 당시 현장에서는 건설 자재와 인화성 물질이 다량 보관되어 있어 불길이 빠르게 확산됐고, 근로자들이 미처 대피하지 못한 채 인명 피해로 이어졌다. 또한 2022년 1월에는 평택시의 냉동 창고 신축 공사장에서 화재가 발생하여 진압에 나섰던 소방관 3명이 내부 진입 중 급격한 화재 확대와 폭발성 가스 발생으로 인해 순직하는 안타까운 사고가 있었다. 이와 같이 건설현장 화재 참사가 반복되는 공통 원인은 현장 내에 산소통, LPG가스통 등 폭발 위험 물질과 우레탄폼, 페인트, 보온재 등 인화성가연물이 다량으로 존재하여 화염과 폭발이 급격히 확대되고, 밀폐된 공간에서 발생한 유독가스로 인해 신속한 대피가 어렵다는 점이다. 지휘관은 공사장 화재의 이러한 위험 특성을 고려하여 초기부터 추가 소방력을 대거 동원하고, 대규모 피해예방을 위한 총력 대응을 적극적으로 지휘한다.

CHAPTER

# 사고발생
(Incident Occurrence)

(출처: XVR Program 공사장화재 가상환경)

Chapter 1 사고발생 › Chapter 2 현장출동 › Chapter 3 현장도착 › Chapter 4 현장대응

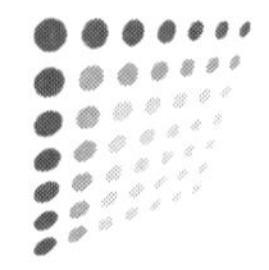



## 1. 정확한 위치 및 규모 확인 (Accurate Location & Scale Confirmation)

■ 출동 중 현장지휘관(IC)은 소방활동정보카드, 현장 배치도, 출동지령서, 무전을 교차 확인해 공사장의 정확한 주소 · 출입 게이트 위치 · 층위(지상/지하/경사)를 파악한다. 공사장은 코어(Core) · 샤프트(Shaft) 개구, 비계(Scaffold) · 가림막(Wrap) · 외장재(Cladding), 경사(Ramp) · 호이스트(Hoist)/양중 갑판 등으로 연기 이동 · 접근 동선 · 배연 루트가 크게 달라지므로 도착 전 확인이 필수다. 타워크레인(Tower Crane) 회전 반경 · 양중 동선 · 펜스 게이트 폭과 같은 접근 제약, 임시 전력/분전반 · 가스 · 연료(디젤 물탱크/발전기) 위치 및 차단 가능 여부, 임시 소방설비(임시 스탠드파이프 · 가압 펌프 · 소방차연결구 유사 접속부)의 설치 · 가압 상태를 사전에 파악한다. 화기작업(Hot Work) 허가구역, 가연성 자재(폼재 · 방수재 · 목재 거푸집) 적치 구역, 공정 단계(스프링클러/제연 미가동 여부)를 확인하여 초기 전략 · 전술에 반영한다. 필요 시 현장 소장/안전관리자에게 작업인원 규모 · 실종 가능 인원 · 비상집결지를 문의하고, 풍향(상풍/하풍)을 확인해 활동제한구역 설정과 차량 전개 지점을 결정한다.

Table 2-3-1. 위치 · 규모 사전 확인 체크리스트(Pre-Arrival Checks)

| 항목 기준 | 내용 | 전술 시사점 |
|---|---|---|
| 주소 · 랜드마크 | 정확 주소, 공사장 명칭, 인근 랜드마크(사거리 · 빌딩명), 주 출입구 · 현장사무소 위치 재확인(상황실/신고자 교차확인) | 오인출동방지, 현장지휘소(ICP) 진입집결지 선정용이 |
| 구축 범위 · 신고 층 | 현재구축 최고층, 신고 층/구역(코어: · 층판 · 외벽 작업면) | 수직 접근(계단/호이스트) 결정, 호스전개 길이 · 중계 · 릴레이(Relay Pumping) 판단 |
| 임시 승강 설비 | 인원용/자재용 호이스트(Hoist) 위치 · 운영 여부, 승강로 안전상태 | 인명구조 · 장비반입동선 확보, 안전담당관배치계획 |
| 비상계단 · 출입 경로 | 비상계단 개방 · 연결 상태, 임시 난간 · 개구부, 코어 접근성 | 계단확보 소방호스전계, 낙하물 · 추락위험구간표시 |
| 소방설비 공정 | 소방시설(건식/습식 · 충수 여부) · 펌프실 공정, 소화전 위치 · 압력 | 릴레이/중계급수(Relay Pumping)준비, 충수 시 연결 어댑터 · 압력계획 |
| 전력 · 가스 | 임시 전력반 · 분전반, 용접/LPG 사용 여부, 가스 케이지 위치 | 한전 · 가스차단 요청준비, 위험구역설정 |
| 가연물 · 작업 공정 | 폼 · 우레탄 · 합판적치, 용접 · 용단 작업, 스캐폴딩(Scaffolding) · 시트(천막) | 외벽수직확산 · 비산위험평가, 외부방수/냉각대비 |
| 풍향 · 기상 | 고층부 풍속 · 풍향, 비 · 한랭 여부, 가시성 | 배연 · 통제배연(PPV)시점 조정, 상층인원 보호조치 |
| 외부 접근 · 회차 | 주변 도로 폭 · 회차 가능, 타워크레인 회전 반경, 자재 반입로 | 대형차 진입 가부, 통제선 설정, 경찰 협조 · 견인 요청 판단 |
| 대피 · 인원 정보 | 작업자 수 · 작업면, 마지막 목격 위치, 야간/교대 정보 | 구조우선구역지정, 신속동료구조팀(RIT)대기, 인원확인보고(PAR) 강화계획 |

## 2. 출동대 및 경로 파악(Responding Units & Routing Selection)

- 현장지휘관(IC)은 출동 중 투입 소방력(진압 5개 팀, 구조 2개 팀, 구급 2개 팀)과 차량 편성(펌프차, 물탱크차, 구조공작차, 고가사다리차 등)을 모두 파악한다. 공사 중인 고층 건축물 주변은 주간에 공사용 차량·장비로 혼잡하고 야간에는 조명 미비로 식별성이 떨어질 수 있으므로, 교통 상황·진입로 폭·노면 상태(진흙·침하·자갈)를 고려해 선두 차량에 속도 조절·안전 운행을 지시한다. 접근 시 타워크레인 회전 반경, 자재 반입 동선, 임시 펜스·게이트 폭을 확인하고, 필요하면 상황실을 통해 경찰 교통 지원을 요청한다. 대형차는 현장 외곽에 대기구역(Staging Area)을 설정해 고립과 회차 지연을 방지한다.

Table 2-3-2. 출동 경로 · 사이징 의사결정(En-route Routing & Sizing Decisions)

| 조건 | 판단 | 조치 |
|---|---|---|
| 자재차량 대기열로 현장전면혼잡 | 정문접근지연 · 차량 고립위험 | 부출입구/후문경유검토, 경찰에 일시통제요청, 대형차외곽 대기구역(Staging Area)설정 |
| 임시 게이트 폭 협소 · 코너 회전 반경 부족 | 고가사다리차 · 물탱크차 진입곤란 | 펌프차만 근접, 대형차외곽대기(Staging Area)배치 및 호스연장/중계급수(Relay Pumping)준비 |
| 노면 불량(진흙 · 침하 · 강우) | 미끄럼 · 침하에 따른 전개 지연 | 속도제한, 체인 · 매트확보, 안전요원배치, 안전지점에 정차 · 장비도보전개 |
| 타워크레인 회전 · 리프트 상하역 동시 진행 | 충돌 · 낙하물 위험 | 크레인 스탠드다운 요청, 상하역 일시중지, 낙하물 위험구역 배제설정 |
| 야간조명 미비 · 표지 불량 | 출입구 식별 · 정차 위치 혼선 | 이동식라이트 · 헤드램프(Spot light) 사용, 정차지점 사전지정 · 콘설치, 표지판 확인 후 진입 |
| 소화전 위치 · 압력 불확실 | 연속급수불확실 | 인근소화전 시험개방, 릴레이/중계급수(Relay Pumping) 즉시계획, 물탱크차 순환대기 |
| 외벽 비계 · 방진시트로 외부 접근 제한 | 외부전개 효율저하 | 스탠드파이프/소방차연결구(FDC) 활용 전제로 경로선정, 절단장비대기, 외부방수는 연소확대방지 중심 |
| 보행자 · 작업자 혼재(교대 · 점심시간) | 인명사고 위험 | 경비 · 현장소장과 보행동선분리, 안전요원 교차로 배치, 저속운행지시 |
| 협소회차 공간 | 철수지연 · 차량 고립 | 회차지점 사전지정, 불필요 차량외곽대기(Staging Area), 일방동선운영 |
| 지하경사로(Lamp) · 낮은 천장 | 대형차 진입불가 | 경사로(Lamp) 상단정차, 호스연장 및 인원 · 장비도보전개, 배연 · 가스 측정팀 선 배치 |

CHAPTER

# 현장출동
(En route to the scene)

(출처: XVR Program 공사장화재 가상환경)

| Chapter 1<br>사고발생 | 〉 | Chapter 2<br>**현장출동** | 〉 | Chapter 3<br>현장도착 | 〉 | Chapter 4<br>현장대응 |
|---|---|---|---|---|---|---|

## 1. 선착대장 초기 보고 청취(Initial Report from First-Arriving Officer)

- 현장지휘관(IC)은 선착대장으로부터 무전으로 현장 초기 정보를 수신한다. "지상 약 8층 골조 시공, 6~7층 화염 및 검은 연기 다량, 인근 건물로 불티 비산"이라는 보고를 받으면 현장지휘팀장(IC)은 이를 통해 화재 층수·규모와 연소확대 위험을 가늠한다. 선착대장은 작업자 대피 상황(총 인원·미확인 인원·옥상 대피 여부·타워크레인 운전자 탈출 여부), 접근·안전 요소(호이스트/리프트 가동 여부, 비계·방진시트 상태, 개구부·코어 샤프트 통한 수직 확산), 소방설비 공정(스탠드파이프 건식/습식·충수 여부) 및 급수 가용성(소화전 위치·압력)을 함께 보고한다. 현장지휘관(IC)은 이 정보를 바탕으로 인명 구조－연소확대방지－화재진압의 우선순위를 출동 중 미리 설정하고, 배제구역(낙하물 위험)·접근 동선·급수 방식(릴레이/중계 포함)을 초기 구상한다.

Table 2-3-3. 선착대장 표준 보고 항목(Initial Radio Report)

| 항목 | 예시 보고(내용) | 전술 시사점 |
|---|---|---|
| 위치·방면·접근 | "A방면 정문도착, 자재차량 대기열로 전면 혼잡." | 현장지휘소(ICP)·대기구역(Staging Area) 배치, 외곽배치, 부출입구 경유 검토 |
| 구축 범위·화재 층 | "지상 8층 골조진행, 6-7층 화점/연소확대." | 수직접근(계단/호이스트:Hoist) 결정, 소방호스전개 거리 산정 |
| 연기·불티·확산 | "방진시트를 타고 수직 확산, 불티비산 인근 외벽 연소확대." | 외벽냉각·연소확대방지우선, 외부차단선 구축 |
| 인명·대피 | "작업자 46명 중 미확인 5명, 옥상대피 3명, 크레인운전자 탈출완료." | 구조우선구역 지정, 신속동료구조팀(RIT) 대기, 인원확인보고(PAR) 즉시가동 |
| 접근·안전 위험 | "비계·개구부다수, 낙하물위험, 호이스트(Hoist) 가동 중." | 가동 중지요청, 위험구역설정, 안전요원 배치 |
| 소방설비·급수 | "소방시설(Standpipe) 건식, 충수불가. 동측 소화전 압력 미확인." | 릴레이/중계(Relay Pumping) 급수 가동, 소화전 개방·압력 확인 |
| 바람·기상 | "상층 강풍, 풍하 측으로 연기이동." | 풍상측 진입회피, 방면 전개 재조정, 통제배연(PPV) 지양 |

## 2. 특수차량 진입 확인 및 추가 장비요청
(Access for Specialized Apparatus & Additional Resource Requests)

- 현장지휘관(IC)은 출동 중 선착대장에게 고가사다리차, 굴절사다리차, 구조공작차 등 특수차량의 공사장 출입구·임시 게이트·내부 동선을 통한 진입 가능 여부를 우선 파

악하도록 지시한다. 공사 중인 고층 건축물은 임시 펜스·자재 적치·타워크레인 회전·호이스트(Hoist) 상하역·비계와 방진시트로 외부 전개가 제한되므로, 게이트 폭·코너 회전 반경·아웃리거 전개 면·상부 간섭물(전선·붐·데크)을 종합해 직접 전개 가능성을 판단한다. 전개가 곤란하거나 수직 확산·불티 비산·인접 외벽 연소 확대가 확인되면 즉시 상황실을 통해 추가 고가사다리차·굴절사다리차·물탱크차를 요청하고, 대형차는 외곽 대기구역(Staging Area)에 배치한 뒤 연결송수관, 옥내소화전 등 소방시설(Standpipe) 기반 내부 공격과 외벽 냉각·연소확대차단으로 내·외부 동시 전개로 전환한다. 크레인·호이스트(Crane·Hoist) 운전자 고립 또는 상층 작업자 대피가 확인되면 크레인·호이스트(Crane·Hoist) 일시 정지, 접근로 확보, 수직 구조팀 배치 순으로 진행한다. 소화전 부족·압력 저하 또는 장시간 방수가 예상되면 중계/릴레이(Relay Pumping) 급수와 대형 물탱크차 순환 대기를 병행하고, 현장 혼잡 시 경찰 통제·견인을 요청해 진입·회차 동선을 확보한다.

Table 2-3-4. **특수차 진입 가능 판단 기준**(Apparatus Access Criteria)

| 항목 | 기준/내용 | 전술 시사점 |
|---|---|---|
| 임시 게이트 · 동선 폭 | 펜스 · 게이트 폭 미달, 자재 적치로 차폭 제한 | 굴절사다리차 · 고가사다리차 외곽대기(Staging Area)전환, 펌프차 근접 배치 후 호스연장/중계급수(Relay Pumping) |
| 회전 · 회차 반경 | 코너 협소 · 경사로 급각, 지하 경사로(Ramp) 낮은 천장 | 선두차량 정차지점 사전지정, 회차지점 확보, 불필요차량 외곽대기(Staging Area) |
| 아웃리거 전개 면 | 주차 · 콘크리트 펌프 · 자재로 전개 면 부족 | 대체방면 전개, 외부는 연소확대방지 · 냉각위주 |
| 상부 간섭물 | 타워크레인 붐 · 전선 · 캐노피 · 스카이워크 간섭 | 전개금지구역지정, 크레인 정지요청, 안전요원배치 |
| 외벽 · 수직 확산 | 방진시트 따라 수직연소, 불티 비산으로 인접 연소확대 | 외벽냉각소방호스라인우선, 내 · 외부동시전개로 확산차단 |
| 인명구조 | 호이스트(Hoist) · 크레인 운전자 · 상층작업자 고립 | 기계정지 → 동결, 수직구조팀투입, 계단확보 소방호스 · 문 제어(Door Control)연동 |
| 급수 가용성 | 건식 스탠드파이프 · 충수 불가, 소화전 압력 불확실 | 소화전시험개방, 중계/릴레이(Relay Pumping) 급수계획, 물탱크차순환 |
| 노면 · 기상 | 진흙 · 침하 · 강풍으로 전개 불안 | 저속 · 안전 정차 · 도보 전개, 풍상측 전개 회피 · 방면 재조정 |
| 교통 · 혼잡 | 자재차량 대기열 · 게이트 병목 | 경찰일시통제요청, 부출입구경유, 인원동선분리 |

## 3. 유관기관 요청(Requests to Cooperating Agencies)

■ 공사장 화재는 임시 펜스·협소 게이트·자재 적치·타워크레인/호이스트(Hoist) 가동·비계(Scaffold)·방진시트 등으로 통제가 복잡하므로, 현장지휘관은 출동 중 상황실을 통해 경찰·한전·가스사업자·지자체 등을 즉시 연계한다. 특히 크레인/호이스트(Hoist) 일시정지, 현장 전면 대피 및 인원 점검, 층별 평면·자재 배치도·임시 전력/가스 배선도 제공 등은 현장소장과 즉시 조치한다. 작업자 다수의 연기흡입·추락·절단 손상 가능성을 고려해 구급대 증강과 인근병원 응급실 사전대기, 필요 시 재난의료지원팀(DMAT) 출동 및 임시의료소 운영을 요청한다. 급수는 연결송수관, 옥내소화전 등 소방시설(Standpipe)·소화전 압력저하로 취약할 수 있으므로 수도사업소와 연계해 유량·압력을 보강하고, 교통 병목은 도로·교통부서와 협조해 우회 동선·일시 통제를 한다.

Table 2-3-5. 유관기관별 즉시요청사항(Cooperating-Agency Immediate Requests)

| 유관기관 | 요청사항(예) | 전술시사점 |
|---|---|---|
| 경찰 | 공사장게이트·교차로일시통제, 불법주정차 견인, 외곽통제선 설정 | 진입·회차동선 확보로 대형차전개면 확보, 군중·작업자혼재해소 |
| 한전 | 구역·라인전원차단, 임시분전반격리, 감전 위험구역표지 | 절단·펌핑·조명장비운용 안전확보, 2차 전기사고예방 |
| 가스 | 공급차단, 집합계량기/임시배관누설점검, 가스농도측정 | 폭발·재 발화 위험저감, 가스인접구간 접근안전확보 |
| 현장소장 | 크레인·호이스트 즉시중지, 전면대피·평면도·배선도·자재배치도·CCTV제공, 위험구역봉쇄 | 낙하물·충돌 2차 재난차단, 인명검색·연결송수관, 옥내소화전 등 소방시설(Standpipe)접근동선 단축 |
| 크레인/호이스트(Crane/Hoist) 운영 | 운전실인원 구조지원, 붐·리프트고정, 전원차단, 접근금지선 유지 | 상부고립자 수직구조신속화, 외벽냉각·연소확대방지와 충돌방지 |
| 구급/의료 | 구급대 보강, 인근응급실 사전대기, 재난의료지원팀(DMAT)출동·현장연락관지정, 임시의료소설치·이송계획 공유 | 다수사상자 체계가동으로 대량환자분류/분산이송, 중증(추락·쇄상)우선처치 |
| 지자체 | 임시대피소·식수·방한/폭염 물자, 통역·안내 인력배치, 주민 알림망 가동 | 대피자관리 안정화로 소방력은 진압·구조에 집중가능 |
| 수도사업소 | 소화전유량·압력증강, 밸브조정, 급수장애 긴급대응 | 중계/릴레이(Relay Pumping)급수·다선방수운용안정화, 장시간화재 대응력확보 |
| 도로·교통부서 | 우회 동선 지정, 통제 표지·바리케이드 설치, 대형차 회차공간 확보 | 외곽대기(Staging Area)운영원활, 굴절사다리차·고가사다리차 전개지연최소화 |

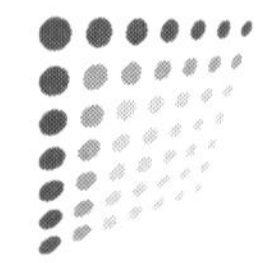



## 4. 선착대원 현장활동 통제(Control of First-Arriving Crews)

- 출동 중 모든 대원에게 현장도착 후 현장지휘관(IC)의 임무 지시 전까지 개별 행동 금지를 반복 공지한다. 고층 공사장화재는 구조물이 미완성이고 개구부가 많아 추락·낙하물 위험이 상존한다. 이런 환경에서 대원이 임의로 내부에 무질서하게 진입하면 중대 인명사고로 이어질 수 있으므로, 초기 지휘체계 확립 전에는 선착대장의 판단·지시를 최우선으로 따른다. 지휘체계가 완전히 확립되기 전까지 현장지휘관(IC) 는 진입 위치·개인보호장비(PPE/SCBA) 착용 상태·접근 경로를 엄격 통제하여 작전 혼선과 안전사고를 사전에 차단한다.

Table 2-3-6. 선착대원 통제 체크리스트(Arrival Control Checklist)

| 항목 | 기준/내용 | 조치 |
|---|---|---|
| 개별 행동 금지 | 현장지휘관(IC) 지시 전 임의 진입·소방호스라인 전개금지, 미완성 구조·개구부 다수로 추락·낙하물 위험 상존 | 현장지휘관(IC)이 무전으로 반복 알림 |
| 투입 인원·출입로 관리 | 과잉 진입·동선 겹침 시 혼잡·사고 위험 증가 | 선착대 최소인원만 투입, 후착대는 대기(Staging Area);방면·층별 출입로를 지정해 교차진입을 금지 |
| 개인보호장비(PPE/SCBA) 및 안전구역 | 개인보호장비(PPE·SCBA) 착용, 난간·개구부 미 보호 구간존재 | 투입 전 개인보호장비(PPE·SCBA)착용점검, Hot/Warm/Cold Zone설정·표지, 가장자리 접근금지선을 설치 |
| 상부 위험·기계 설비 | 크레인·호이스트·상하역 작업이 전개 동선과 충돌 가능 | 현장소장과협의해 일시정지, 낙하물 위험구역설정·감시원 배치 |
| 인원확인보고(PAR) | 위치 불명·연속 작업 충돌로 사고 우려 | 현장지휘소(ICP)설치, CAN보고표준화(상황·조치·요구), 투입 전/교대 전/철수 후 인원확인보고(PAR)로 인원·위치 확인 |

## 5. 연기 및 화염 상태 파악(Reading Smoke & Flame Conditions)

- 현장에 접근하면서 원거리에서 보이는 연기 기둥과 불길의 색상 · 양 · 상승 높이 · 이동 방향을 관찰한다. 공사장은 개구부 · 코어 샤프트 · 비계(Scaffold) · 방진시트에 의해 수직연기기둥이 크게 발달하거나 풍향에 따라 수평 확산이 급격히 일어날 수 있다. 짙은 검은 연기는 폼워크 · 방수재 · 합성 수지류 등 고발열 가연성 자재 연소를 시사하며, 불꽃의 외부 분출과 유리 · 시트 파손 동반은 내부 연소가 고온 · 고압 단계임을 의미한다. 타워크레인 · 호이스트(Crane · Hoist) 쪽으로 불티 비산이 보이면 대형 재난으로 비화할 가능성이 있으므로 전 대원에 연소확대방지 · 접근금지강화를 지시하고, 상황실에 주변 동 · 인접 건물 대피 준비를 선조치한다. 필요 시 열화상카메라(TIC)로 상층 가스층 · 외벽 핫스팟을 확인해 외벽 냉각선 · 내부 스탠드파이프(Standpipe)/소방차연결구(FDC) 공격의 우선순위를 조정한다.

Table 2-3-7. 연기 · 화염 판독 매트릭스(Smoke/Flame Reading Matrix)

| 관측 | 내용 | 전술 시사점 |
|---|---|---|
| 짙은 검은 연기가 고속상승(두꺼운 연기기둥) | 폼워크 · 방수재 · 합성수지류 등 고발열 자재연소, 독성 · 그을음 | 외벽냉각 우선전개, 상층 연소확대 방지 강화, 인명대피 방송요청 |
| 방진시트/비계(Scaffold)내부로 연기 충만 후 상 · 하누출 | 방진시트/비계(Scaffold)가 굴뚝 효과를 형성, 수직 · 수평 동시 확산 | 시트절개 · 제거여부검토(안전확보 후), 시트외측냉각 및 낙하물 위험 표지 |
| 코어샤프트(Shaft) · 호이스트(Hoist)구역에서연기급상승 | 샤프트(Shaft)를 통한 수직확산 · 상층가스축적 | 상층 연소확대방지선 전개, 스탠드파이프/소방차연결구(FDC)이용 내부공격, 상층대피우선 |
| 불티/불꽃비산이 타워크레인 · 인접외벽방향 | 착화 · 대형 연소확대위험, 풍향 영향 큼 | 크레인/호이스트(Hoist) 운행정지 요청, 인접면 연소확대방지, 감시인원배치 |
| 갈색 · 회색연기 저속 연소확대(화염 미노출) | 저 배연 연소 · 열 축적, 백드래프트 가능 | 무분별개구금지, 문 제어(Door Control)유지, 전환공격검토 |
| 유리 · 시트파손과 화염분출, 펄싱(Pulsing: 분출↔흡입) | 내부 과압 · 연소 가속, 플래시오버 임박 | 진입지연 · 외부냉각우선, 진입 시 2선 확보 · 고열보호장비 강화 |
| 풍하측 수평연기 이동으로 인접현장 · 도로가시성 저하 | 풍향주도확산, 교통 · 대피 동선 저해 | 풍상측 진입회피, 도로통제 · 우회동선설정, 작업자 대피유도 |
| 열화상카메라(TIC)에외 벽 · 코너 핫스팟 다발 | 외벽 뒤/보이지 않는 공간 연소 | 해당면 집중냉각, 코너사다리전개, 절단 · 개방 시 낙하물주의 |

CHAPTER

# 3 현장도착 (On-Scene Arrival)

(출처: XVR Program 공사장화재 가상환경)

Chapter 1 사고발생 〉 Chapter 2 현장출동 〉 **Chapter 3 현장도착** 〉 Chapter 4 현장대응

## 1. 지휘권 인수 및 선언(Assume and Announce Command)

- 공사장 화재는 임시 펜스·협소 게이트·비계(Scaffold)·방진시트 및 타워크레인·호이스트 등으로 동선과 위험요소가 복잡하므로, 현장지휘관(IC)은 현장도착 즉시 선착대장 으로부터 대면보고로 지휘권을 인계받고, 무전으로 지휘권 확립 선언을 실시한다. 선언에는 현장지휘소(ICP) 위치, 운용 채널, 초기 우선순위(크레인·호이스트 일시 정지, 활동제한구역 설정, 연결송수관(Standpipe) 가용성 확인, 외벽·연소확대방지, 접근게이트 통제)를 포함한다. 지휘권선언 이후 모든 명령과 보고는 지휘관을 중심으로 일원화하고, 지휘체계를 즉시 가동하고 현장상황·조치·필요(CAN)와 현장지휘계획(IAP) 초안을 수립한다.

Table 2-3-8. 지휘권 인수·선언 절차(Procedure & Standard Elements)

| 단계 | 핵심내용 | 지휘내용 |
|---|---|---|
| 도착 보고 | 선착대가 현장도착·가시 위험(낙하물·개구부)·연기/화염 양상을 무전 보고한다. | 현장지휘관(IC)이 요약재송신 하고 안전사항을 전달한다. |
| 대면보고 | 화점층/구역, 코어샤프트(Core Shaft)·비계·시트상태, 인명대피현황, 급수(소화전·연결송수관)·접근동선을 현장상황·조치·필요(CAN)위주로 요약한다. | 현장지휘관(IC)이 연결송수관 가능성, 상부작업가동여부, 연소확대(인접동/외벽)을 확인한다. |
| 지휘권 인수 | 현장지휘관(IC)이 공식 인수를 표명하고 현장지휘계획(IAP) 수립으로 우선순위(구조, 외벽/연소확대방지, 내부 공격 경로)를 고려한다. | 현장지휘소(ICP)·대기구역(Staging Area)· 활동제한구역설정, 크레인/호이스트(Hoist) 정지요청, 접근·회차동선지정 한다. |
| 지휘권 선언 | 전 채널에 지휘권 확립과 현장지휘소(ICP) 위치·운용 채널을 공지한다. | 표준용어로 선언하고 임무 배분 원칙, 보고주기, 안전담당(ISO) 지정을 알린다. |
| 일원화 전환 | 모든 보고·지시를 현장지휘관(IC)이 단일 라인으로 통합한다. | 방면-층-구역을 중심으로 현장상황·조치·필요(CAN) 위주로 간략하게 보고를 통일, 임의지휘라인금지, 연결송수관 옥내소화전등 소방시설 작동여부, 외벽냉각 등 전술충돌방지 조율을 지시한다. |

## 2. 최초 상황평가(Initial Size-Up)

- 현장지휘관(IC)은 안전거리를 확보한 지점에서 화재 건물의 현재 상황을 신속히 평가한다. 건물 층수와 화점층, 용도, 구조 대상자 여부, 현장 위험요소를 먼저 확인하고, 연기·화염의 수직·수평 확산 양상을 관찰해 "10층 발화 → 11~12층 확산"인지, 자재 낙화로 하부층에 다중 화점이 형성되는지 판단한다. 구조적 위험도 점검하며, 슬래브 일부 붕괴, 타워 크레인·거푸집(폼워크) 열영향에 따른 변형·진동 징후가 보이면 활동제한구역을 설정하고 운행정지를 지시한다. 대피한 작업자가 있으면 미탈출자 유무, 최초 발화 위치, 마지막 목격 지점을 파악해 초기 상황과 현장 인원 정보를 수집한다. 소방시설(Standpipe)·소화전의 위치와 충수 가능성, 유량·압력을 함께 확인해 현장지휘계획(IAP) 초안과 '방면-층-구역 + 현장상황·조치·필요(CAN)' 보고 주기를 설정한다.

Table 2-3-9. **최초 상황평가 체크리스트**(Initial Size-Up Checklist)

| 항목 | 확인 포인트 | 전술 시사점 |
|---|---|---|
| 외부 관찰 | 연기 색·양·상승 높이, 불꽃 분출, 불티 비산 방향, 방진시트·비계 내부 연기 충만 | 상층 연소확대방지·외벽냉각우선, 풍상측 진입 회피, 표적배연 여부 사전 검토 |
| 접근 안전 | 게이트 폭·자재 적치·회차 가능, 낙하물·개구부, 크레인·호이스트(Crane·Hoist) 가동 여부 | 활동제한구역 설정, 크레인/호이스트(Crane·Hoist) 운행정지, 안전요원 배치·접근 동선 지정 |
| 인명 상황 | 작업자 총원·미확인 인원, 옥상/상층 대피, 크레인 운전자 고립 여부 | 구조 우선구역 지정, 수직 구조팀 편성, 구급·이송 동선 분리 및 재난의료지원팀(DMAT) 연계 검토 |
| 내부 정보 수집 | 최초 발화 위치, 코어샤프트(Core Shaft)·계단실 연기 이동, 문 상태, 가시성·열 상태 | 계단/코어 확보 소방호스 전개, 문 제어(Door Control) 우선, 진입 팀 개인보호장비(PPE/SCBA) 강화 |
| 연소 확대 | 파사드(Façade) 수직확산, 시트·비계 내 연기 굴뚝효과, 인접 동·외벽 착화 징후 | 상층차단선 전개, 내·외부 동시 전개로 확산 차단 |
| 용수 압력 | 소화전 위치·유량·압력, 소방시설(Standpipe) 건식/습식·충수 가능 여부 | 중계/릴레이(Relay Pumping) 급수 즉시 검토, 스탠드파이프 충수 우선, 다수 소방호스 방수대비 펌프압관리 |
| 우선순위·보고 | 초기임무(구조·연소확대방지·내부 공격) 고려, 보고주기 설정 | 현장지휘소(ICP)·대기지점 지정, 현장상황·조치·필요(CAN), 현장지휘계획(IAP) 초안확정 |

### 3. 방면 지정(Side Designation)

- 현장지휘관(IC)은 광범위한 공사 현장에서 대원들과 공통방향 체계를 사용하기 위해 건물 방면을 지정한다. 일반적으로 도로 쪽 면=A방면(정면), 시계방향으로 B(좌측)－C(후면)－D(우측) 방면을 지정한다. 무전으로 "A방면에서 바라본 우측이 D방면, 주 크레인 위치는 B방면"과 같이 공지해 대원들이 동일한 방위 개념을 공유한다. 공사장이 크거나 동(棟)·코어가 여러 개인 경우 구역 블록화("남측동－북측동 구분")를 병행한다. 명확한 방면 구분은 이후 대원 배치·보고 체계를 수월하게 만든다.

Table 2-3-10. 방면 지정 가이드(Side Designation Guide)

| 구분(방면) | 기준 | 예시 지시(무전) | 전술 시사점 |
|---|---|---|---|
| A방면(정면) | 도로 접면·주 게이트·현장 사무소 인접 | "현장지휘소(ICP) A방면설치, 게이트통제·활동제한구역설정." | 현장지휘소(ICP)· 대기지점(Staging Area)에 유리하며 접근·회차 동선의 기준이 된다. 초동 인명검색·구급 동선 분리가 용이 |
| B방면(좌측) | A기준 좌측 측면(타워크레인·자재 적치 구역 빈번) | "B방면 운행정지, 크레인(Crane)하부 활동제한구역 확대." | 크레인·상하역과 충돌위험이 높아 활동제한구역·감시원운용이 필수다. 외벽냉각·연소확대차단 여유수관 전개에 적합 |
| C방면(후면) | 후면 비계(Scaffold)·방진시트·호이스트 인접 | "C방면 비계뒤 연기충만, 시트절개지연, 외측냉각방수우선." | 굴뚝효과로 수직확산 위험이 크다. 외측냉각·감시조 배치 및 후면차단선 운용이 유리하다. 회차공간활용 중계/릴레이(Relay Pumping)급수에 적합 |
| D방면(우측) | A기준 우측 측면(보행로·자재 통로·협소 구간) | "D방면사다리전개,코너핫스팟냉각,연결송수관, 옥내소화전 등 소방시설(Standpipe) 충수확인." | 창·코너 표적 냉각과 내부 공격(스탠드파이프 연계) 전개에 유리하다. 수평전개·배연 보조 지점으로 활용 |
| 내부 기준 | 코어(계단·승강기) 방향, 층·구역 코드(예: Core-6F－호이스트(Hoist) | "A-6-코어" | 고온층형성, 계단확보 소방호스전개, 65mm 1선 추가필요." |

## 4. 360° 상황평가 (360°Size-Up)

■ 360° 상황평가와 방면 지정이 끝나면 현장지휘관(IC)은 안전이 확보된 상황에서 가능하면 현장을 한 바퀴 돈다. 공사장 특성상 담·펜스로 내부 접근이 제한될 수 있으므로, 현장지휘관(IC) 또는 임무 지정받은 대원을 보내 외곽 둘레를 최대한 정찰한다. 특히 건물 반대편(C방면)에 화재가 번지거나 상대적으로 덜 번진 구역이 있는지 확인하며, 해당 방면에서 대체 진입로를 확보할 수 있을지를 탐색한다. 주간에는 작업 차량·자재 더미, 야간에는 조도 부족·폐쇄 게이트가 주요 장애물이 될 수 있음을 고려한다. 정찰 중 인접 건물이나 임시 가건물(현장 사무소, 자재 창고) 노출물의 착화 징후를 함께 평가하고, 위험이 확인되면 해당 방면에 경계 관창을 설치해 선제적으로 방어한다.

Table 2-3-11. 360° 상황평가 체크리스트(360° Size-Up Checklist)

| 구역 | 확인 항목 | 관측 포인트 | 즉시 조치 |
|---|---|---|---|
| 후면(C) | 창·출입부, 연기/화염, 구조 신호 | 방진시트 뒤 난류 연기, 간헐 불빛·호출, 호이스트(Hoist) 샤프트(Shaft) 연기상승 | 후면방어선·활동제한구역설정, 대체진입로지정, 경계관창 으로 방어선 구축 |
| 측면(B/D) | 외벽 온도·틈새, 연기 누출, 비계·시트 상태 | 경계벽 과열·균열, 시트 팽창·누출, 전선·자재 적치 위험 | 인접면 경계관창 선배치, 측면배연 포인트 확보, 휴대사다리접근·코너 표적 냉각 |
| 상부(옥상/코어 상단) | 옥상문·배기·설비 화재 | 옥상문 연기유출, 덕트 과열, 설비함체 발열 | 상부 감시·배기 배치, 출입 통제, 배연은 내부팀과 타이밍 조율 |
| 공통 | 수직/수평 확산경로 | 코어(Core)·계단·호이스트(Hoist)홀 연기 흐름, 파사드(Façade) 수직 확산 | 계단확보 소방호스전개, 문 제어(Door Control)우선, 통제배연(PPV) 시점 지휘승인 하 검토 |
| 안전 | 접근 가능성·낙하물·조도 | 크레인 회전·상하역, 낙하물 위험, 야간 조도·게이트 폐쇄 | 현장지휘소(ICP)기준 안전통제선 확장, 운행정지요청, 개인안전거리·개인안전장비(PPE, SCBA)준수 |

## 5. 지휘형태결정 (Command Mode Selection)

- 현장지휘관(IC)은 360° 상황평가(360° Size-Up)와 방면 지정(Side Designation)을 마친 뒤, A방면 등 안전구역 중에서 크레인 회전 반경 외부, 낙하·비산물 활동제한구역 밖, 상풍(바람 상류)·연기 하풍 영향 최소 지점을 선택해 현장지휘소(ICP)를 설치하고 고정 지휘(Fixed Command)를 시작한다. 공사장 특성상 가설 펜스·경사로(Lamp)·코어(Core) 접근 제한과 야간 조도 부족이 빈번하므로, 현장지휘관(IC)은 필요 시 이동 지휘(Mobile Command)로 전환해 가시 확보 지점(고도 전망, 반대편 C방면, 코어 인접 외부 등)에서 직접 확인한다. 현장지휘관(IC)은 무전으로 "현 시간부로 ㅇㅇ방면 현장지휘소(ICP)에서 고정지휘 하겠다(또는 B방면 이동 지휘로 전환한다)"라고 지휘 위치와 지휘형태를 명확히 공지한다. 전 대원은 현장지휘관(IC) 위치를 숙지하고 대면보고가 필요할 경우 즉시 접근한다. 이를 통해 지휘체계 일원화와 현장 대응 속도를 확보한다.

Table 2-3-12. 지휘형태 전개 기준(Command Mode Criteria)

| 지휘형태 | 적용 조건(요지) | 지휘 포인트(간략) |
|---|---|---|
| 전진지휘<br>(Forward Command) | 선착대장이 실내에 직접 진입해 초기판단·지휘가 필요한 단계 | 내부지휘+현장지휘소(ICP)연속성, 인원확인보고(PAR)강화, 문 제어(Door Control)·계단/복도방어선우선, 용수·펌프압·배연타이밍 상시조율 |
| 고정지휘<br>(Fixed Command) | A방면에서 가시성·안전 확보, 전개·대피 동선이 A방면에 집중 | 현장지휘소(ICP) A방면설치, 대기지정(Staging Area), 채널·보고주기공지, 연소확대차단 계획 |
| 이동지휘<br>(Mobile Command) | 고정위치 시야제한 또는 후면/측면전개 확인필요 | 단시간 둘러보고 현장지휘소(ICP) 복귀, 배연/방수 타이밍 동기화, 안전담당(ISO)으로 지휘연속성유지 |
| 혼합지휘<br>(Combined Command) | 복수방면 동시전개·상층 확산 우려 등 변동이 큰 초동 대응 시 | 현장지휘소(ICP)중심 통제유지+제한적 이동지휘 병행, 인명검색→차단→진압 우선순위 재확인 |

## 6. 전략 결정(공격/방어) (Strategy Selection: Offensive/Defensive)

- 현장지휘관(IC)은 공사장 화재의 구조적 개방성(미완성 구획 · 개구부), 수직 샤프트(Shaft) · 코어(Core) · 가설 승강기(Hoist) · 비계(Scaffold) · 외벽 가림막 등 특성을 고려해 공격(Offensive) 적용 가능성을 우선 검토한다. 초기 인명 구조 및 연소확대방지를 위해 내부 진입을 명령하되, 낙하 · 비산물, 크레인 회전반경, 가설전력(Temporary Power) · 가스, 연소성 자재 적치 등 위험요인에 대한 활동제한구역 설정과 배연 · 용수 · 인력 배치를 동시에 마련한다. 코어 · 복도 전면연소, 구조손상(처짐 · 균열), 외장재 · 가림막 화재의 급격 확산, 용수 · 인력 열세, 연료물탱크(디젤) · 가스 설비 위험 식별 시 방어(Defensive)로 전환해 외부 억제 · 연소확대 차단을 우선하고, 열 · 연기 저감과 안전 한계 해소 후 재 진입한다.

Table 2-3-13. 전략 선택 기준(Strategy Decision Criteria)

| 전략 | 공격(Offensive) | 방어(Defensive) | 전환(Transition) |
|---|---|---|---|
| 인명 · 경로 | 생존징후 확인, 코어 · 샤프트 주변 안전 경로 확보 후 동시 구조 · 진입 | 출입 · 계단 · 경사로(Lamp) 차단 또는 낙하 · 비산물 · 크레인 위험으로 내부 진입이 부적절 | 방어→공격 : 장애물제거 · 경로 가시성확보 · 생존징후 재확인 시 공격으로 전환<br>공격→방어 : 경로상실 · 변형 · 붕괴징후 발생 시 방어로 전환 |
| 화재 · 환경(연기 · 열 · 배연 · 연소확대) | 배연가능, 연기층 · 열 저감 상태에서 국부 화점을 억제하고 비계 · 가림막 · 덕트 · 코어 수직 확산을 차단 | 고온 · 농연 지속, 플래시오버/백드래프트 징후 또는 외장재 · 가림막 · 샤프트를 통한 연소확대 우세 시 외부 억제 · 연소확대방지를 우선 | 방어→공격 : 배연확보 · 열 완화 · 연소확대 차단 시 공격으로 전환<br>공격→방어 : 열 상승 · 연기악화 · 수직 확산 가속 시 방어로 전환 |
| 자원 · 지휘(용수 · 인력 · 안전 · 통신) | 화점 진압을 위해 두 개의 진압팀(1 · 2)을 운용, 예비팀을 확보, 활동제한구역 외 안전유지, 현장상황 · 조치 · 필요(CAN)보고를 지속. | 연결송수관, 옥내소화전 등 소방시설(Standpipe) · 인력 열세, 가설전력 · 가스누출, 연료물탱크 인접등 안전한계 발생 시 외부억제 · 대기 | 방어→공격 : 추가용수 · 인력도착, 연결송수관, 옥내소화전 등 소방시설(Standpipe) 가압 · 연장확보, 안전지표 개선 시 전시공격으로 전환<br>공격→방어 : 용수고갈 · 인력이탈 · 전도 · 감전위험 증대 시 방어로 전환 |

## 7. 전술 결정 및 구체적 임무지시 (Tactics & Assignments)

- 현장지휘관(IC)은 선택된 전략에 따라 전술 목표를 설정하고 각 팀에 구체 임무를 부여한다. 공사장 화재에서는 미완성 구획·개구부, 코어(Core)·샤프트(Shaft)·가설 승강기(Hoist)·비계(Scaffold)·외벽 가림막·경사로(Lamp)·가설 펜스, 크레인 회전 반경, 가설 전력(Temporary Power)·가스·연료 저장 등 특성을 고려한다. 초기 공격(Offensive)이 가능하면 코어 주변 안전 동선 확보, 문 제어(Door Control) 대체 조치(차열 포대 등), 소방호스라인 전개와 동시에 낙하·비산물 차단을 한다. 구조 손상·수직 확산 우세·용수 열세 등 안전 한계가 식별되면 방어(Defensive)로 전환해 외부 억제·연소확대방지를 우선한다. 모든 팀은 '방면-층-구역 + 현장상황·조치·필요(CAN)' 형식으로 무전 보고하고, 활동제한구역을 준수한다. 연결송수관·옥내소화전 등 소방시설(Standpipe)은 미설치/미가압 가능성을 전제로 현장 확인한다. 용수 확보는 출동 중 경로에서 확정한다.

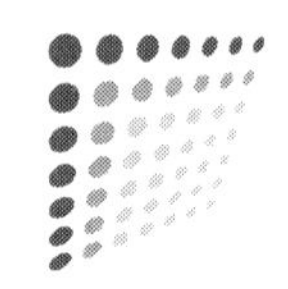



Table 2-3-14. 팀별 임무 · 교신 · 안전요소(Assignments · Communications · Safety)

| 팀 | 임무 | 동선 · 수단 (Routes/Means) | 안전요소 (Safety Factors) |
|---|---|---|---|
| 진압1 | 화점 직접 · 조합공격, 코어 인접 확산 차단 | 코어(Core)/경사로(Lamp) 통해 접근, 임시 방화막 · 차열포로 개구부 임시 차폐, 초기 소방호스라인 전개(40/65 mm) | 개구부 하강류 · 낙하물, 바람 영향, 플로우패스(Flow Path) 통제, 메이데이(MAYDAY) 대비 |
| 진압2 | 외벽 · 비계 · 가림막 · 샤프트 통한 연소확대 차단 | 외벽 라인 · 수직 차단선 형성, 외부 방수 보조, 고가사다리차 지원 | 유리 · 자재비산, 크레인간섭, 활동제한구역유지 |
| 구조1 | 고립 작업자 인명검색 · 구조, 인원 파악 | 코어(Core)/ · 층별표식, 열화상카메라(TIC)사용, 위험구획우회 | 개구부 추락 · 미설치 난간, 가설 바닥 강도, 독성 연기 흡입 |
| 구조2 | 작업반 인원 확인, 집결지 유도 | 출입관리대장 · 작업반장 확인, 집결운영 | 과밀 · 패닉 관리, 통행로 확보, 간략보고로 인원현황 공유 |
| 배연팀 | 연기 배출 · 열 저감(가능범위 내) | 외벽 개구부 선택 개방, 팬 배치, 바람 방향 고려 | 무분별 개구 금지, 역류 · 풍향화재 방지, 개구부 통합 지휘 |
| 전기 · 가스 차단 | 2차 위험 제거(전력 · 가스 · 연료) | 전기실 · 가스 집합관 · 연료물탱크 접근, 차단기 · 밸브 조작 | 감전 · 가스누출 · 폭발 위험, 정전 후 엘리베이터 · 호이스트(Hoist) 정지 |
| 구급 | 연기흡입 · 화상 분류(Triage) · 처치 · 이송 | 활동제한구역외 안전구역에 응급의료소소운영, 이송동선분리 | 낙하 · 충돌 2차 사고 예방, 오염 · 교차오염 관리 |
| 급수 · 중계 | 용수확보, 중계가압 · 호스연장 · 장비지원 | 소화전연계, 펌프 중계, 급수연결 고가사다리차 급수 대체, 장비 운반 | 소방시설부재/미가압 대비, 동압저하 · 누수점검, 골조손상 접촉주의 |
| 크레인 · 중장비연락 | 중장비 정지 · 위치 고정 · 회전 제한 | 타워크레인 운전원 · 현장소장 연계, 회전 반경 외 안전통로 설정 | 붐 · 와이어 파열 · 낙하 위험, 인접 가설물 붕괴 연동 위험 |
| 지휘보조 | 현장지휘소(ICP) 보조, 상황판 · 자원추적, 통신관리 | '방면-층-구역+간략보고' 로그, 인원 · 소방호스라인 추적 | 무전 포화 관리, 전술 전환(공격↔방어) 지시 신속 반영 |
| 안전 | 위험성 평가, 활동제한구역) 설정 · 감시, 전환권고 | 360° 현장확인, 구조 변형 · 처짐 · 균열 · 낙하 · 감전 · 가스 감시 | 철수전환 요소 관리, 즉시 위험중지권한행사 |

CHAPTER

# 현장대응
(On-Scene Operations)

## 01 전반부 대응(Primary Phase Operations)

(출처: XVR Program 공사장화재 가상환경)

Chapter 1 사고발생 › Chapter 2 현장출동 › Chapter 3 현장도착 › Chapter 4 **현장대응**

## 1. 현장통제 및 안전구역 확보 (Scene Control & Establish Safety Zones)

■ 현장지휘관(IC)은 도착 즉시 지휘참모(안전 · 통신 · 조사)와 현장소장 · 경찰과 공조해 현장통제선(Fire Line)을 설정하고 활동제한구역을 구획한다. 공사장 화재는 미완성 구획 · 개구부, 코어(Core) · 샤프트(Shaft) · 가설 승강기(Hoist) · 비계(Scaffold) · 외벽 가림막, 타워크레인 회전 반경, 가설 전력 · 가스 · 연료 저장 등으로 2차 위험이 높다. 화재 건물의 전 · 후 · 측면과 경사로(Lamp) · 출입 동선에 넓은 통제 구역을 우선 형성하고, 필요 시 출입로 · 경사로(Lamp) · 자재 반입로를 봉쇄한다. 크레인 상부 하중 · 비산물 · 낙하물, 열복사, 가설 구조물 붕괴 위험 구역은 작업 반경 외부로 배제하며, 통제선 내부에는 소방 활동 차량 · 인원만 출입하도록 출입관리를 한다. 모든 상황 보고는 '방면-층-구역 + 현장상황 · 조치 · 필요(CAN)' 형식을 적용한다.

Table 2-3-15. 현장통제 핵심 조치(Scene Control Actions)

| 항목 | 기준/내용 | 전술 시사점 |
|---|---|---|
| 통제반경 | 타워크레인(Crane) 회전반경 외부에 1차 통제선 설정, 풍하측 · 가림막 화염방면은 추가 확장, 코어샤프트(Core Shaft) 상부개구부 하방은 별도완충구역으로 지정 | 열복사 · 낙하물 · 비산물로 부터 안전여유거리확보, 현장지휘소(ICP) · 임시의료소는 상풍측 외곽에 배치 |
| 배제구역 | 크레인하중경로 · 후크 · 와이어하부, 비계 · 가림막 외측, 호이스트(Hoist)탑재 · 양중구역, 코어(Core)상부 개구부하방, 가설전력반 · 가스집합부 · 연료물탱크주변은 완전배제 | 대원동선은 크레인스윙경로 · 양중구역을 교차금지, 이중바리케이드/야광테이프 · 표지판으로 시인성을 강화 |
| 열복사 구역 | 외장재/가림막 · 비계연소, 분출화염 시 전면 · 코너부를 열복사구역으로 지정해 차량 · 인원노출 금지 | 펌프 · 고가사다리차(적용 시)은 열복사 구역 밖 상풍측 배치, 호스 보호 매트 · 차량 보호막 사용, 외벽 근접 작업 최소화 |
| 출입관리 | 공사용 경사로(Lamp) · 자재 반입로 · 출입구에 차량차단선 설치, 팀 · 차량출입목록으로 통제. 관리소 · 경찰과 우회동선 지정 | 용수 · 장비지원 · 중계가압 차량동선을 우선확보, 일반차량 · 자재반입 일시정지요청, 대원체크인/체크아웃을 운영 |
| 광역 대비/교통-활동공간 | 외곽교통 통제구역, 장비집결(Staging Area) · 임시의료소를 분리배치. 크레인회전반경과 교차하지 않도록 작업공간을 재구성 | 공격동선과 대피동선분리, 중계가압 · 호스연장차량 위치조기확정, 군중 · 작업자흐름과 소방동선충돌을 방지 |
| 안전 | 콘/바리케이드/야광테이프/조명/표지판으로 연속표식,<br>야간가시성 · 경계인력(경찰 · 현장요원)배치 | 현장통제선으로 시인성확보,<br>통제 · 배제변경사항을 간략한 형식으로 주기적인 보고 |

## 2. 관계자 확보 (Stakeholder & Gather Critical Info)

- 현장지휘관(IC)은 도착 즉시 현장소장 · 안전관리자 · 크레인/호이스트 운전원 · 전기 · 가스 담당 등 관계자를 확보해 작업자 인원 · 구역, 임시 설비 상태, 위험물/가연물 보관, 출입 · 경사로(Lamp) · 코어(Core) · 샤프트(Shaft) 접근성을 신속히 파악한다. 공사장 화재는 미완성 구획 · 개구부, 가설 전력(Temporary Power) · 가스, 타워크레인/가설 승강기(Hoist), 비계(Scaffold) · 외벽 가림막, 자재 적치 등으로 위험이 빠르게 변하므로, 연결송수관 · 옥내소화전 등 소방시설(Standpipe) 미설치 · 미가압 가능성과 용수 취약을 전제로 질문한다.

Table 2-3-16. 관계자 확인사항(Stakeholder Interview Checklist)

| 항목 | 질문 예시 | 전술 시사점 |
|---|---|---|
| 인원 파악 | 현재 작업중인 인원 · 업체별 인원은? 출근부 · 퇴근부 최신 기록은? 미확인 · 실종인원은 누구? 위치가 어디인가? | 구조우선순위와 인명검색 구역설정, 집결지운영, 인원변동 상시 반영 |
| 작업 구역 · 고립 위험 | 위험작업(용접 · 용단 · 도장 · 방수) 위치는? 코어 · 샤프트 · 비계 등 작업반은? 고립우려 구역은? | 수직 · 수평 인명검색동선 우선배정, 코어 · 샤프트측 차단선과 감시배치, 높은 위험구역을 표식 |
| 피난 · 진입 동선 | 경사로(Lamp) · 임시 계단 · 코어 내부 계단 상태는? 막힘 · 잠금 · 절취 구간은? 야간 조명은? | 공격동선과 대피동선을 분리, 문 제어(Door Control)대체수단준비, 유도조명 · 표식 보강 |
| 가설 전력 · 가스 | 메인 분전반 · 임시 분전반 위치/차단 절차는? 가스 집합관 · 연결 호스 위치 · 밸브 권한은? | 감전/가스누출/폭발위험저감, 활동제한구역확대, 전원 · 가스 즉시차단 지시 |
| 연료 · 위험물 | 디젤 물탱크 · 발전기 · 용제 · 도료 · 실런트 · 에어로졸 보관 위치/수량은? 배연 상태는? | 냉각 · 격리 · 거품(조건부) 적용, 유증기 하풍 확산차단, 연소확대방지와 배출구 감시를 강화 |
| 소방설비 · 용수 | 소방시설(Standpipe) 설치 · 가압여부? 옥내소화전 · 임시급수소방호스라인상태? | 용수 부족 시 외부급수 · 중계가압 · 호스연장계획 즉시가동, 고층전개거리산정 · 압력 확인 |
| 크레인 · 호이스트(Crane · Hoist) | 타워크레인(Crane) 운전원 위치 · 무전채널? 현재 하중 · 후크 위치? 호이스트(Hoist) 운행 상태 · 정지 절차는? | 크레인 · 호이스트(Crane · Hoist)운행정지 지시, 회전반경 배제구역설정, 낙하 · 와이어파열 위험통제 |
| 비계 · 가림막 · 외장재(Scaffold/Wrap/Cladding) | 비계 결속 · 접지 상태? 가림막(방염) 규격과 파손 여부? 외장재 가연성 여부? | 수직확산 · 비산물 위험구간표시, 외벽근접활동제한, 외부차단선과 방수각도 조정 |
| 코어 · 샤프트(Core/Shafts) | 코어(Core) 개구부 덮개 · 난간 · 추락 방지 상태? 설비 샤프트 덕트 · 케이블 트레이 연소상황은? | 코어상부 · 하방완충구역 지정, 덕트역류 · 수직확산차단, 진입각도 · 대원안전계획을 조정 |
| 현장 평면 · 자재 적치 | 최신 평면도 · 층별 배치 · 자재 적치도는? 가연물 적치 밀집 구역 · 통로 점유 구역은? | 소방호스라인전개 병목제거, 장비집결(Staging Area) · 현장지휘소(ICP) · 응급의료소 상풍배치, 호스보호매트를 설치 |
| 교통 · 우회 동선 | 대형차량 우회 동선 · 차단 지점은? 야간 경비 · 차단 인력 배치 가능 여부는? | 출입관리강화, 소방차전용 동선 확보, 일반차량 · 자재반입 중지를 요청 |
| 허가 · 감시 | 당일용접 · 절단작업 여부? 가연물이격 · 방염포 · 감시자배치기록은? | 발화원인 · 재점화 위험평가, 잔불 감시 연장, 절단 불티 경로 차단을 지시 |

### 3. 대기단계 운영 (Staging Operations)

■ 현장지휘관(IC)은 선착대를 제외한 후착 차량·인력을 대기단계(Staging)로 운용한다. 공사장 화재는 경사로(Ramp)·자재 반입로, 코어(Core)·샤프트(Shaft), 타워크레인(Crane)·가설 승강기(Hoist), 비계(Scaffold)·가림막(Wrap) 등으로 동선이 협소하고 위험이 변동하므로, 전면 무질서 진입을 통제하고 외곽 단계형 대기선을 운용한다. 대기인력은 무전 청취를 유지하고 현장지휘관(IC)이 호출 시 순차 투입 원칙을 따른다.

Table 2-3-17. 대기단계 운영 체크리스트(Staging Operations Checklist)

| 항목 | 기준/내용 | 전술 시사점 |
|---|---|---|
| 대기 위치 | 현장외곽도로·부지에 1차(장비집결)-2차(투입대기)대기선을 설정, 현장지휘소(ICP) 는 상풍측 외곽 | 전면부는 코어/경사로(Lamp) 접근선, 고가사다리차(적용 시) 전개공간, 회차동선을 상시 확보 |
| 진입 통제 | 선착대외차량은 현장지휘관(IC) 호출 시에만 진입 역할별(펌프/고가사다리/구급/장비)진입순서를 사전지정, 자재 반입차량은 운행정지를 요청 | 혼잡·충돌·양중간섭을 방지하고 소방호스라인을 전개하고 용수를 연결 |
| 준비 상태 | 무전청취, 공격라인·예비호스·들것·배연장비 사전세팅, 소방시설(Standpipe) 미설치/미 가압을 전제로 외부급수·중계가압을 즉시 가동할 준비 | 연소확대방지/내부진입/구급대요청 으로 전환 |
| 통신·지휘 | 대기단계 책임자(Staging Officer)를 지정해 차량 배치도·인원명부·장비현황을 상황판으로 관리 | 인원파악과 순차투입하고, 공격↔방어전환시 신속재배치 |
| 교통·회차 | 출입로에 일방동선을 설정하고 회차지점(원형/T자)을 확보, 일반차량·자재반입은 우회 또는 일시정지 | 구급차이송·재진입, 고가사다리차(적용 시)회차, 자원지원순환을 지연없이 운영 |

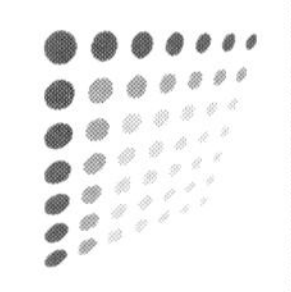



## 4. 직전대기 (On-Deck/Forward Staging)

■ 현장지휘관(IC)은 공사장 화재에서 화점 인근에 투입 중인 진압 · 인명검색팀 활동이 일정 수준에 이르면 직전대기(On-Deck) 지점을 지정해 즉시 투입 가능한 예비 전력을 운용한다. 직전대기는 코어(Core) · 샤프트(Shaft) 인접 계단참/슬래브, 경사로(Lamp) 상부 안전 지점, 가설 승강기(Hoist) 하역장과 분리된 공용 공간 등 화점에 가깝되 안전이 확보된 위치에 둔다. 타워크레인(Crane) 회전 반경 · 양중 동선, 비계(Scaffold) · 가림막(Wrap) 열확산, 가설 전력 · 가스 · 연료 저장 등 변동 위험을 상시 감시한다. 직전대기 인원은 공기호흡기(SCBA), 열화상카메라(TIC), 개인보호장비(PPE)를 완전 착용하고, 현장지휘관(IC)의 지시에 따라 교대, 증원, 고립 작업자 구조, 메이데이 대응 등에 즉시 투입한다.

Table 2-3-18. **직전대기 운용 체크리스트(On-Deck Checklist)**

| 항목 | 기준/내용 | 전술 시사점 |
|---|---|---|
| 위치선정 | 코어/샤프트 인접계단참 · 한층 아래 슬래브에 설정, 크레인(Crane)회전반경 · 호이스트(Hoist)하역장 · 경사로(Lamp)과 분리하고, 낙하 · 비산물 · 열복사위험이 낮으며 문 제어(Door Control) 또는 호스보호매트가 가능한 지점을 선택 | 플로우패스(Flow Path) · 굴뚝효과를 억제하고 공격동선보호에 기여, 소방시설(Standpipe)연결 · 압력확인 및 중계가압위치를 동시에 확정 |
| 준비사항 | 개인보호장비(PPE)전착용, 공기호흡기(SCBA)압력확인, 열화상카메라(TIC),예비호스 · 분기관 · 노즐, 유도로프(Guideline/Search Rope),강제진입 · 절단장비, 추락방지대, 들것 · 구급키트를 세팅, 팀별임무지정 · 투입순서 · 철수경로를 공유 | 1분내 투입을 목표로한다. 경사로(Lamp) · 모서리에는 호스보호매트를 설치해 소방호스라인손상과 걸림을 방지 |
| 우선임무 | (1) 교대(Relief): 화점/인명검색팀 교대.<br>(2) 증원(Reinforce): 코어 · 샤프트 · 비계/가림막수직 · 수평확산차단.<br>(3) 구조(Rescue): 고립작업자 · Hoist정지구역 접근구조<br>(4) 설비보조(Utilities):전력 · 가스 · 연료즉시차단지원.<br>(5) 메이데이(MAYDAY)대응. | 공격↔방어전환시 임무를 즉시 재조정한다. 외벽연소 · 가림막 연소우세시 외부차단선과 연동하여 투입구역을 변경 |
| 대기상태 | 무전청취지속, 대기선이탈금지, 소방호스라인 · 장비 정돈유지, 팀리더는 5-10분 간격으로 업데이트 사항을 보고 | 혼선 · 중복투입을 방지하고 인원파악)를 유지, 철수/운행정지 지시에 즉시 반응 |

## 5. 소방용수공급체계 확보 (Firefighting Water Supply, FWS)

- 현장지휘관(IC)은 공사장 화재에서 지속·안정적 용수 확보를 최우선으로 지시한다. 초기 진압과 장기 대응을 위해 1선펌프차(First-Due Engine)와 중요물탱크차(Primary Water Tender)를 지정하고, 대유량 방수 상황에서도 끊김이 없도록 중계급수(Relay Supply)를 조기 구축한다. 공사장은 가연성 건축자재(폼재·방수재 등) 적재와 미완성 구조로 수직·수평 연소확대 위험이 크며, 내부는 소화전 미설치·임시설비 비중이 높다. 따라서 외부 수원(Hydrant/대체 수원)을 다중 확보해 중요물탱크차 수위를 지속 유지하고, 예비/이원 급수(Backup/Dual Supply)를 마련해 수압 저하·단수에 즉시 대응한다. 목표는 고층부·작업층에 연속 압력·유량을 제공해 연소확대 조기 차단과 고립 작업자 구조를 신속히 지원하는 것이다.

Table 2-3-19. 소방용수공급체계 표준 구성(Standard Firefighting Water Supply Configuration)

| 항목 | 기준/내용 | 전술 시사점 |
|---|---|---|
| 1선펌프차 (First-Due Engine) | 화점에 최단거리로 배치해 공격라인·코어/경사로(Lamp) 접근선에 안정유량을 공급, 흡·토출압력, 유량계, 물탱크와 펌프차를 즉시 연결 | 초기에 지연없는 방수, 연결송수관, 옥내소화전 등 소방시설(Standpipe) 미설치·미가압시 장거리전개·중계가압계획을 즉시 연동 |
| 중요물탱크차 (Primary Water Tender) | 핵심급수원으로 지정하고 수위 50% 이상을 유지, 1선펌프차 직결 또는 중계라인에 편성 | 소화전불량·단수시 공백제로를 확보, 중요물탱크 주기적인 급수로 회차 동선을 사전에 확보해 병목을 방지 |
| 수원 (Hydrant/대체 수원) | 가용소화전 2개 이상을 확보하고, 저유량·폐색·동결에 대비해 대체수원(저수조·수조차·비상급수탑·인근상수도맨홀)을 병행 조사 | 수원전환이 즉시 가능하도록 흡·토출커플링·밸브를 사전배치, 하풍측·낙하물 위험 구역은 급·배수동선을 우회 |
| 중계급수 (Relay Supply) | 수원↔중요물탱크↔1선펌프차 간 중계펌핑을 구성, 각 펌프차는 목표 토출압(노즐요구압+마찰손실+고저차)을 공유 | 고층·장거리 전개에서도 압력을 유지, 경사로(Lamp)· 문턱·골목에는 호스보호매트를 설치해 소방호스라인 손상을 방지 |
| 예비/이원 급수 (Backup/Dual Supply) | 메인급수선과 별도예비선을 동시 구축(이원공급), 밸브·소방호스라인을 표식해 무전한마디로 즉시 절체 | 연속방수를 확보해 구조지연을 방지, 화세급등· 용수장애 시 즉시 절체·증설이 가능 |

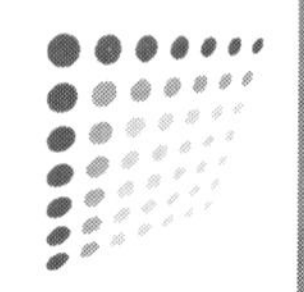



## 6. 단위지휘관 지정 (Assign Division/Group Supervisors)

- 현장에 2개 대 이상 투입되어 규모가 확장되거나 구조가 복잡해지면, 현장지휘관(IC)은 구역별(Division) 또는 기능별(Group) 단위지휘관(DGS)을 지정해 지휘 부담을 분산한다. 공사장 화재는 코어(Core) · 샤프트(Shaft), 경사로(Ramp), 타워크레인/가설승강기(Crane/ Hoist), 비계 · 가림막(Scaffold/Wrap), 가설 전력 · 가스 · 연료 저장(Utilities/Fuels) 등 수직 · 수평 동선과 위험원이 동시 존재하므로 구역 + 기능 복합 운용이 효과적이다. 단위지휘관은 담당 구역의 위험요소 · 화재상황을 직접 파악하고 진입 방향 · 인명검색 순서 · 투입 시기를 결정해 실질 지휘를 수행한다. 현장지휘관(IC)는 각 단위지휘관(DGS)과 현장상황 · 조치 · 필요(CAN) 형식으로 긴밀히 소통하며 자원배치 · 전략 수정 · 안전관리에 집중한다. 필요 시 층 · 구역 확대에 따라 추가 지정해 유연한 지휘체계를 운용한다.

Table 2-3-20. 단위지휘관 편성 · 보고 체계(Organization & Reporting)

| 구분 | 지정 기준 | 전술 시사점 |
|---|---|---|
| 구역별 (Division) | 층 · 코어/샤프트 · 경사로(Lamp)등 물리구획 기준으로 설정 | 문 제어(Door Control)/임시차폐로 굴뚝효과 · 플로우패스(Flow Path)를 억제하고, 낙하 · 비산물 위험을 고려해 활동제한구역을 확대, 계단 · 경사로(Lamp)동선 충돌을 분리하고 인명검색 · 진압순서를 통일 |
| 기능별 (Group) | 임무 · 설비기준으로 설정 | 배연개구시점을 단일창구로 통제하고, 중계급수(Relay) · 예비/이원급수(Backup/Dual)를 일원화, 크레인/호이스트(Crane/Hoist)운행정지 · 전원차단확인과 회전반경배 제구역유지에 전담 |
| 복합형 (Hybrid) | 화재층 · 코어 · 샤프트는 구역별, 외부지원(용수 · 배연)은 기능별로 혼합 운용 | 층내부전술(화점접근 · 분할인명검색)과외부지원(중계급수 · 양중안전 · 활동제한구역관리)을 병행통제한다. 공격↔방어전환시자원 · 동선을 신속 재배치 |

## 7. 무전망 분리 (Splitting Radio Nets)

- 공사장 화재에서 대응 인원이 많고 작업이 입체적으로 전개되면 무전망을 역할별로 분리한다. 지휘관(IC)은 지휘망(CMD)을 유지해 전략 결정·자원 배분·안전 지시를 총괄하고, 화재진압·인명검색·구조 등 전술 팀은 작전망(TAC)에서 세부 전술·위치·진척을 교신한다. 급수·보급·외부 지원 연락은 지원망(LOG)으로 분리한다. 공사장 특성상 크레인 운용 소음, 비계·철골 구조에 의한 전파 난반사, 코어(Core)·샤프트(Shaft) 음영(Dead Zone)이 빈발하므로, 통신담당자를 지정해 중계 지점(경사로(Lamp) 상단·코어 외측 플랫폼)을 운영하고, 신호 저하 시 수신호·메신저 릴레이를 보조 수단으로 병행한다. 긴급대피(Evacuation)·메이데이(MAYDAY) 등 전 대원이 즉시 알아야 할 사항은 공용 공지(일시 단일망 전환) 후 기존 채널로 복귀한다. 현장지휘관(IC)은 지휘망(CMD)·작전망(TAC)·지원망(LOG)을 동시 모니터하거나 보조 지휘요원 이중 청취로 커버한다.

Table 2-3-21. 무전망 분리 의사결정 기준(When to Split TAC/CMD)

| 항목 | 기준/내용 | 전술 시사점 |
|---|---|---|
| 인원/트래픽 (Personnel/Traffic) | 동시 투입팀이 3팀 이상이거나, 내부(코어·층)+외부(고가사다리차/외벽)+용수를 병행 | 지휘망(CMD)·작전망(TAC)·지원망(LOG) 분리로 혼선·중첩교신을 차단, 각 망에 단위지휘관(DGS)을 채널관리자 겸임으로 지정 |
| 음영·간섭 (Coverage/Interference) | 코어·샤프트음영, 비계·철골로 난반사, 크레인·호이스트(Hoist)소음 으로 수신불량이 발생 | 중계지점(경사로(Lamp)상단·코어외측) 운영, 출력/안테나위치조정, 수신호·러너(Runner)보조를 병행 |
| 임무 복잡도 (Mission Complexity) | 배연시점을 조절, 개구부진입인명검색(VEIS)·신속동료구조팀(RIT)을 병행 | 배연·신속동료구조팀(RIT)·소방차연결구(FDC)는 별도망(지원망/전술망-B)로 분리해 개구 타이밍과 안전이벤트를 지휘통제 하에 조정 |
| 안전 이벤트 (Safety Events) | 메이데이(MAYDAY),긴급탈출, 구조대원 부상/고립, 가스누출·전기위험이 발생 | 전 채널 동시공지(일시단일망)→확인→원채널 복귀순으로 시행. 안전점검관(ISO)이 확인·기록 |
| 현장 규모 (Scene Size/Span) | 다층동시화점 또는 코어/경사로(Lamp)/외벽3축 활동, 복수사업장 경계포함 | 층별Division + 기능별Group로 무전망을 분리하고 지휘망(CMD)은 전술에 간섭없는 중요사항만 수신 |

## 02 후반부 대응 (Late-Phase Operations)

(출처: XVR Program 공사장화재 가상환경)

Chapter 1 — 사고발생 〉 Chapter 2 — 현장출동 〉 Chapter 3 — 현장도착 〉 Chapter 4 — **현장대응**

## 1. 초진(Initial Knockdown) - 7면 포위(Seven-Side Containment, SSC)

■ 공사장화재는 미완성 구획 · 코어(Core) · 샤프트(Shaft) 개방부 · 경사로(Ramp)와 비계(Scaffold) · 가림막(Wrap) · 외장재(Cladding)로 인해 수직 · 수평 확산이 빠르게 일어난다. 현장지휘관(IC)은 발화지점 기준으로 상 · 하 · 좌 · 우 · 전 · 후 · 화점의 7면 포위(SSC)를 적용해 확산을 차단한다. 내부/근접 진압팀은 화점 집중 방수로 초진을 확보하고, 외부 대원은 파사드(Façade) · 비계 · 경사로(Lamp) 방향에서 외곽 차단 방수로 접근이 어려운 공간을 제어한다. 공사장은 가연성 자재(폼재 · 방수재 등) 적재, 가설전력 · 가스 · 연료, 양중장비(Crane/Hoist) 등으로 간접 확산 · 낙하물 위험이 크다. 따라서 인접 구획 사전 차단, 코어/샤프트 상 · 하층 연소확대방지, 가설 설비 격리를 병행한다. 초진 후에는 잔불 정리(Overhaul), 열화상카메라(TIC) 재확인, 통제된 배연을 순차적으로 수행한다.

Table 2-3-22. 7면 포위 운용 체크리스트(Seven-Side Containment)

| 면 | 점검/조치 | 전술 시사점 |
|---|---|---|
| 상<br>(천장) | 슬래브하부 · 가설천장 · 케이블덕트 관통부를 열화상카메라(TIC)로 스캔한다. 필요시 개구 후 미세분무/안개방수로 냉각 | 은폐연소 · 상층전이를 조기에 차단한다. 상층인명구조와 연소확대차단 |
| 하<br>(바닥) | 데크판하부 · 폼타설구간 · 문턱 · 배선구역 · 케이블트레이(CableTray: 전선지지받침대/덕트)인접부를 확인하고 잔불 · 적열부를 국소냉각, 감전 · 누수 위험을 병행점검 | 하층 · 인접구역으로의 열 · 연기침투를 억제한다. 작업자대피 · 인명구조 안전확보 |
| 좌/우<br>(측벽) | 코어 벽 · 가설 칸막이 · 경계벽 관통부(콘센트 · 배관 박스) 틈을 열화상카메라(TIC)로 확인,<br>노즐 스윕(원형 또는 좌↔우로 천천히 흔들어 표면을 고르게 적시는 동작)으로 냉각 | 인접구획으로의 측면확산을 차단하고 인명구조동선을 안전하게 유지 |
| 전/후<br>(출입 · 복도<br>/발코니) | 경사로(Lamp) · 호이스트(Hoist) 하역장 · 출입구 · 복도는 문 제어(Door Control: 필요시에만 제한개방)하에 방수,<br>개구부 · 동선에는 차열포(방열담요/커튼)로 복사열 · 불티를 차단한다. 작업동선과 대피동선을 분리 | 플로우패스(Flow Path) 형성을 억제하고, 계단확보 소방호스 및 공격동선을 유지, 경사로(Lamp) · 하역장 낙하물구역은 활동제한구역으로 관리 |
| 화점 | 직접분사(Direct Stream)로 연료에 맞춰 열을 빠르게 낮춘 뒤, 펄스 방수(Pulse: 0.5-1초 짧은 간헐분사)로 실내 증기팽창 · 가시성 변화를 관리한다. 가연물 제거 · 연소확대방지를 병행 | 초진달성속도를 높이고, 전체에 7면포위에 필요한 압력 · 유량부담을 줄임, 재 점화 위험을 낮춤 |

## 2. 초진구역 배연 (Post-Knockdown Ventilation)

- 주요 화점 진압이 완료되면 즉시 배연(ventilation)을 실시한다. 공사장 내부는 임시 칸막이 · 거푸집(Formwork) · 비계(Scaffold) · 가림막(Wrap)과 코어(Core) · 샤프트(Shaft) 개방부로 인해 연기와 열기가 구획별로 고립 · 정체되기 쉽다. 진압팀은 창 · 외벽 개방부 · 골조 빈틈을 배출구(Exhaust)로 선 확보 자연 배출을 유도하고, 필요 시 양압 송풍기(PPV)와 배연 장비로 강제 배연을 한다. 고층 공사장에서는 옥상 환기구 · 엘리베이터 샤프트(Elevator Shaft) · 비상통로를 배연 루트로 적극 활용한다. 배연 구역에는 연소가스 잔류와 산소 유입에 따른 재발화 위험이 존재하므로 구획별 순차 배연을 원칙으로 하고, 배연 후 열화상카메라(TIC)로 열원 잔존을 점검한다. 표준 절차는 배출구 선 확보 → 상층 가스 냉각(미세 분무/안개) → 유입구 제한(문 제어: Door Control) 순서를 준수한다.

Table 2-3-23. **공사장 배연 전술 매트릭스**(Ventilation Tactics Matrix)

| 적용사항 | 핵심절차 | 전술 시사점 |
|---|---|---|
| 기본 자연 배연 (Natural Venting) | 상층 · 하풍측 배출구부터 연다 → 상층 가스를 짧게냉각(미세분무/안개) → 유입구 최소화(문 제어:Door Control) | 장비의존도가 낮고 신속함, 급격배연으로 재발화 · 플로우패스(Flow Path)가 형성되지 않도록 개구범위를 단계 확대하고, 외벽 · 유리하부는 활동제한구역으로 관리 |
| 안압 배연 (PAV: Positive Pressure Ventilation) | 배출구 선 확보 후 유입구에 양압 배연(PPV)팬 설치(틈새 차폐로 밀폐강화) → 압력형성확인 → 문 제어(Door Control)유지 | 잔불정리 선행이 전제, 가스 · 분진 폭발우려 구역에서는 사용금지, 공격라인 · 신속동료구조팀(RIT)과 가동시점을 사전조율 |
| 코어/샤프트 활용 (Core/Shaft Vent) | 코어 · 엘리베이터샤프트 상부를 배출구로 지정 → 하부유입구 제한 → 필요시 통제배연(PPV) 보조 | 굴뚝효과로 상층위험이 큼, 상층 연소확대 방지 경계관창을 병행배치하고, 낙하물 통로를 통제, 상층구역에 경보 · 대피공지를 시행 |
| 경사로 · 하역장 배연 (Ramp/Hoist Deck) | 경사로(Lamp)상단 배출구지정 → 하단 유입구제한 → 경사로(Lamp) 동선 확보 | 양중 · 차량 운행을 전면 정지하고, 풍압변화 · 낙하물 감시를 유지, 저층 연기 배출에 효과적이며, 소방호스라인 손상 방지를 상시확인 |
| 구획 순차 배연 (Zonal/Staged Ventilation) | 구획을 하나씩 운영: 배출구개방 → 상층냉각 → 문 제어(Door Control) → 열화상카메라(TIC) 확인 후 다음구획으로 이동 | 연기역류 · 재순환을 방지, 개구 · 폐쇄담당을 지정하고 무전통제로 동작을 동기화해 재발화가능성을 낮춤 |
| 지하 · 밀폐 구역 (Basement/Confined) | 배출루트 선 확보(샤프트/경사로(Lamp)상단) → 가스측정 → 제한적 통제배연(PPV) 또는 배기팬(Exhauster) 운용 → 열화상카메라(TIC) 재확인 | 폭발성 혼합기 · 전기아크 위험이 커 방폭장비를 사용, 측정-배연-재측정 사이클을 준수하고, 구조대원의(인원파악)를 엄격히 유지 |

### 3. 상황판단회의 후 완진선언

(Situation Assessment → Final Extinguishment Declaration, FED)

- 현장지휘관(IC)은 연기가 걷힌 뒤 2차 인명검색(Secondary Search)을 실시해 잔류 인원을 확인한다. 겉보기 진압이 완료되어도 즉시 완진을 선언하지 않고, 단위지휘관(DGS)들과 코어(Core)·샤프트(Shaft)·경사로(Lamp)·비계(Scaffold)·하역장·가설 창고를 직접 순회 점검한다. 공사장은 미완성 구획·개방 샤프트·가연 자재 적재·가설 전력/가스 등으로 숨은 불씨·잔열 가능성이 높다. 현장지휘관(IC)은 의심 구역을 열화상카메라(TIC)로 스캔하고, 필요 시 문·천장·가설 칸막이 개방으로 내부를 세밀 점검한다. 탄화 잔해 하부 불씨나 잔불 정리 미흡이 확인되면 예비 소방호스라인을 배치해 추가 냉각·방수를 한다. 코어·엘리베이터 샤프트·비계 뒤편·외장재(Cladding) 속까지 잔불 제거와 "온도 정상" 확인을 마치면, 현장지휘관(IC)은 단위지휘관들과 상황판단회의를 열어 구역별 보고를 종합한다. 낙하·전도·전기·가스 위험과 인명 문제가 모두 해소되었다고 판단되면 현장지휘관(IC)은 무전으로 "○○공사장 화재는 현 시간부로 완진(Final Extinguishment)"이라고 공식 선언한다.

Table 2-3-24. 완진 전 점검 리스트(Pre-FED Checklist)

| 항목 | 점검 기준/내용 | 전술 시사점 |
|---|---|---|
| 2차 인명검색<br>(Secondary Search) | 코어 · 샤프트주변, 비계후면, 컨테이너 사무실 · 가설휴게실, 경사로(Lamp)/하역장, 지하 작업면 전수확인 | 인명검색완료(ALL CLEAR) 확인 전 완진금지, 고립가능구역(승강로 · 양중데크) 우선점검 |
| 열화상카메라 잔열 확인<br>(TIC Survey) | 열화상카메라(TIC)로 코어 · 천장슬래브 하부 · 관통부(배관/전선박스) · 외장재 속 · 비계접점 스캔 | 고온지점 표식 후 국소냉각-재측정, 상 · 하층수직 전이 차단을 확인 |
| 잔불 정리(Overhaul) | 가설칸막이 · 폼재 · 방수재 · 포장재 · 덮개류개방/제거, 탄화잔해하부 확인 | 은폐연소 제거가 핵심. 미세분무/안개방수로증기 · 연기영향 최소화한다. |
| 전기 · 가스 · 연료 격리<br>(Isolation) | 가설 분전반 차단 · 잠금 표식, 용접가스/LPG 용기 밸브 차단 · 회수, 디젤 발전기 · 연료 물탱크 밸브 차단 | 재점화 · 감전방지, 재통전 · 재가압 금지 상태를 기록 · 표식 |
| 외피 · 비계 · 양중 설비<br>(Hoist/Crane/Scaffold) | 비계 · 가림막 잔열/손상확인, 호이스트(Hoist)/크레인(Crane) 운전정지 상태 | 낙하 · 전도위험구역을 활동제한구역으로 유지 후 해제기준 기록 |
| 샤프트 · 계단 · 배연<br>(Ventilation) | 샤프트 · 계단실순차배연완료, 문 제어(Door Control)로 플로우패스(Flow Path)통제, 배연 후 열화상카메마(TIC) 재확인 | 급격한 배연금지. 상층 연소확대방지 경계관창유지로 역류 · 재 가열을 예방 |
| 지하 · 밀폐 공간<br>(Confined/Below Grade) | 배연 루트 확보, 가스 측정(CO/HCN/$O_2$/LEL), 방폭 팬 사용, 유도로프 · 백업라인 | 폭발성 혼합기 · 산소결핍대비. 측정-배연-재측정 사이클을 준수 |
| 오염 · 유해요인<br>(Contamination) | 연소 잔류물 · 오염수 관리 계획, 유해가스 재측정, 개인보호장비(PPE) 유지수준 결정 | 재발화 · 재출동 예방. 배수/수거 · 배연 계획을 인계 문서에 포함 |
| 자원 · 기록<br>(Resources/Docs) | 소방호스 · 장비회수 · 복구계획, 사진/무전로그정리, 포장 · 인계 | 사후 조사 · 보고 근거 확보. 잔여 대기전력 지정 |
| 구역별 종합보고<br>(Brief-back) | 단위지휘관의 현재상황 · 조치 · 필요사항(CAN)보고취합 · 누락/중복제거, 완진선언(FED)조건확인 | 완진선언 여부를 객관적으로 판단 |

# PART 2-4

# 빌라화재 현장지휘

(출처: 경기도 부천 빌라화재, 2024-01-11 연합뉴스 보도기사 사진)

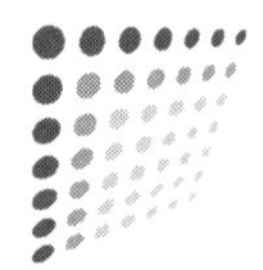



## 01 실제사례

**1. 부산의 한 4층 빌라 주택화재(2025)에서 발생한 주택 화재는 저층 다가구 주택 화재 위험성을 보여준 사건이었다.**

- 당시 불은 4층 가정집에서 시작되었고, 불길과 연기가 빠르게 번지자 집 안에 있던 거주자 A씨(40대 남성)는 긴급히 창밖으로 뛰어내렸지만 추락으로 인해 중상을 입고 병원으로 이송되었으나 결국 사망하고 말았다. 화재 당시 빌라 내에 거주하던주민 20여 명은 갑작스러운 화재로 급히 대피했으며, 현장에는 소방공무원 73명과 장비 22대가 긴급히 투입되어 약 30분 만에 진화되었다. 이처럼 빌라나 다세대 주택 등 저층 주거시설은 주로 4~5층 내외의 비교적 낮은 건물이지만, 자체 소방시설이 제대로 갖춰지지 않은 경우가 많고 비상구도 단일 계단뿐이라 화재 시 신속한 대피가 어렵다는 문제가 있다. 특히 단일 출입구와 계단으로 이루어진 구조는 화재발생 시 빠르게 연기와 화염이 차올라 피난을 더욱 어렵게 만들어 인명피해로 이어질 위험이 높다. 따라서 지휘관은 이러한 빌라 화재의 구조적 특성을 고려하여 현장도착 즉시 거주자들의 신속한 대피를 최우선 목표로 삼고, 초기 화점 제압과 연소 확대 방지를 철저히 지휘하여 추가 피해를 최소화한다.

**2. 경기 부천시 원미구 빌라 주차장 화재(2025) 는 필로티 구조에서 발생한 차량 화재가 단시간에 중대 인명피해로 이어진 사건이다.**

- 2025년 3월 23일 01 : 46, 원미구의 한 빌라 1층 필로티 주차장에 주차된 차량에서 화재가 발생했다. 불은 16분 만에 진화됐지만, 차량 내부에 있던 40대 1명 사망, 주차장 천장과 차량 2대가 소실되는 등 소방서 추산 약 7,100만 원의 재산피해가 발생했다. 입주민 18명은 자력 대피했으며 추가 인명피해는 없었다. 사건은 야간 시간대 + 밀폐형 필로티 주차장에서의 급격한 연기 확산과 열 축적이 질식/의식 소실 위험을 단시간에 높일 수 있음을 보여준다. 본 건은 필로티형 빌라에서 차량 화재가 곧바로 상층 세대의 연소확대 · 연기 침투로 전이될 수 있음을 시사하며, 야간 경보 · 대피 방송 절차, 속공 라인 전개와 인원점검 및 대피 동선 확보가 핵심 대응 요소로 재확인되었다.

CHAPTER

# 1 사고발생
(Incident Occurrence)

(출처: XVR Program 빌라화재 가상환경)

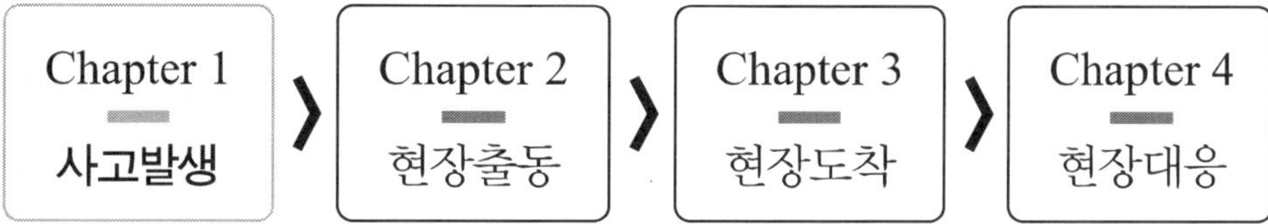

## 1. 정확한 위치 및 규모 확인(Accurate Location & Scale Confirmation)

- 출동 중 현장지휘관(IC)은 소방활동정보카드, 소방안전지도, 출동지령서, 무전을 교차 확인해 빌라의 정확한 주소·층위(지상/반지하/지하)를 파악한다. 빌라는 저층 다세대·단일 계단·협소 복도 특성으로 연기 이동·진입 동선·배연 루트가 현저히 달라지므로 도착 전에 반드시 확인한다. 동일 단지·동 내 유사 동호·동일 상호로 혼동될 수 있으므로 동·라인·호수, 주출입구·비상구 위치, 계단실/전실 구조, 발코니/파사드(Façade) 상태를 특정한다. 가스계량기 집합부·분전반 위치, 옥내소화전·수원(소화전/저수조)·압력 정보를 확보해 정확한 접근과 신속 전개를 준비한다. 반지하 세대·지하 주차장 존재 여부와 접근로 폭·불법 주정차도 사전 확인해 전개 지점·대기단계(Staging Area)에 반영한다.

Table 2-4-1. 위치 · 규모 사전 확인 체크리스트(Pre-Arrival Checks)

| 항목 기준 | 내용 | 전술 시사점 |
|---|---|---|
| 주소, 접근 | 정확주소, 골목명, 랜드마크, 주출입구 방향 | 오인출동 방지, 최단접근 · 부서위치 선정 |
| 동/규모 | 동 개수, 층수(지상/지하), 세대 수 · 분포 | 인명구조 우선층(화점층 · 상부층) 지정 |
| 수직동선 | 계단실 수 · 위치, 엘리베이터 유무 | 계단실확보 · 문 제어(Door Control)도 계획 수립 |
| 수평동선 | 복도형식(중복도/편복도), 비상구 · 피난사다리 | 인명검색 경로 · 구조 우회동선확정 |
| 차량 접근 | 골목 폭, 불법 주정차, 전개 공간 | 대기단계(Staging Area) · 사다리전개 구역 확보 |
| 급수자원 | 소화전위치/가용성, 중계급수 필요성 | 연속 방수 · 예비 급수선 계획 |
| 점유/거주 | 야간점유밀도, 고령 · 거동불편 세대위치 | 신속동료구조팀(RIT)/구조장비 우선 배치, 우선인명검색 대상지정 |

## 2. 출동대 및 경로 파악(Responding Units & Routing Selection)

- 현장지휘관(IC)은 출동 중인 소방력(진압 5개 팀, 구조 2개 팀, 구급 2개 팀)과 차량 종류(펌프차, 물탱크차, 구조공작차, 고가사다리차 등)를 확인한다. 골목 폭, 불법 주정차, 진입 각도, 노면 상태를 종합 고려해 접근 가능 차량의 진입 순서를 조정한다. 빌라 지역은 비좁은 골목과 불법 주차로 진입 지연이 잦으므로, 사전에 우회로를 확보하고 후착대는 중앙도로 대기 또는 도보 진입 대기를 지시한다. 현장에 접근 가능한 소형 펌프차는 화점과 최단 전개 지점으로 배치하고, 대형 차량(사다리차·물탱크차)은 인근 교차로·주차 공간에 배치해 급수·배연·외부 방수 작전에 즉시 전환할 수 있도록 준비한다.

Table 2-4-2. 출동 경로 · 사이징 의사결정(En-route Routing & Sizing Decisions)

| 조건 | 판단 | 조치 |
|---|---|---|
| 골목 협소 · 불법 주정차 다수 | 대형차접근 · 회차 곤란 | 소형펌프차 우선진입, 대형차 외곽대기(Staging Area), 소방호스연장 전개준비 |
| 진입 각도 급협 · 차양 · 간판 장애 | 정면근접 전개지연 | 인원 · 장비 도보 전개전환, 차양하부 안전요원 배치, 대체방면선택 |
| 야간 조도 부족 · 동/호 식별 곤란 | 소방차 오인정차 · 지연 위험 | 조명(Spot Light)활용, 확인지점 일시정지, 상황실로 동 · 호 재확인 |
| 이중주차로 병목 · 회차 공간 부족 | 철수지연 · 차량 고립 | 견인 · 일시통제요청, 회차지점 사전지정, 불필요차량 외곽대기(Staging Area) |
| 소화전 위치 · 압력 불확실 | 급수연속성 불명 | 소화전 시험개방, 필요시 중계/릴레이(Relay Pumping)급수, 물탱크차순환대기 |
| 외벽 접근 가능(발코니 · 창) | 외부 전개로 초기 제압 · 구조 가능 | 사다리차 전개 공간 선점, A/B 방면 우선 접근, 내부 팀과 동시 전개 |
| 보행자 · 주민 밀집 | 구급 · 구조 동선 간섭 | 구급 · 구조 전용동선 분리, 콘 · 바리케이드배치, 현장접근 인원통제 |
| 노면 불량(결빙 · 파손) | 차량 미끄럼 · 장비 낙하 위험 | 속도제한, 안전지점 정차 · 수동 운반, 미끄럼방지 자재사용 |

CHAPTER

# 2 현장출동

(En route to the scene)

(출처: XVR Program 빌라화재 가상환경)

| Chapter 1 | Chapter 2 | Chapter 3 | Chapter 4 |
| --- | --- | --- | --- |
| 사고발생 | **현장출동** | 현장도착 | 현장대응 |

## 1. 선착대장 초기 보고 청취(Initial Size-Up from First-Arriving Officer)

- 현장지휘관(IC)은 선착대장으로부터 "빌라 3층 거실 창에서 화염 관찰, 4층 세대로 연기 유입, 복도 출입문 닫힘, 대피 미확인 세대 다수"와 같은 초기 상황보고를 무전으로 즉시 청취한다. 이 보고를 통해 화재 발생 층수와 정확한 세대 위치, 계단실·출입문의 개방·폐쇄 상태, 인접 세대로의 연기·열 확산 여부, 현재 수행 중인 조치, 추가로 필요한 자원(구조·구급·급수 등)에 대한 핵심 정보를 파악한다.
  빌라는 단일 계단실에 다수 세대가 밀집된 구조이므로, 연기가 확산될 경우 여러 세대가 동시에 고립될 위험이 크다. 현장지휘관(IC)은 초기 보고 내용을 바탕으로 인명 구조를 최우선으로 하면서 연소 확대 차단을 병행하는 전략을 수립하고, 후착대에는 방면별 초기 투입 구역과 대기구역(Staging Area) 위치를 미리 지정하여 효율적인 전개를 준비하도록 지시한다.

Table 2-4-3. 선착대장 표준 보고 항목(Initial Radio Report)

| 항목 | 예시 보고(내용) | 전술 시사점 |
|---|---|---|
| 위치 · 방면 · 층 | "A방면 정면도착, 3층 302호 화점 추정." | 현장지휘소(ICP) · 대기구역 배치, '방면–층–호' 포맷 통일 |
| 연기 · 화염 상태 | "3→4층 연기유입, 창호틈 양압분출, 외벽 소규모 화염." | 계단확보 소방호스 우선전개, 통제 배연 시점 · 경로 설정 |
| 인명 · 대피 현황 | "대피 미완료세대 다수, 마지막목격 302 · 303호." | 구조 우선구역 지정, 신속동료구조팀(RIT) 대기, 인원확인보고(PAR) 즉시 가동 |
| 계단실 · 문 상태 | "계단실 연기상승, 출입문 닫힘 유지." | 문 제어(Door Control) 담당 지정, 계단 보호 강화 |
| 연소확대 (인접 세대/동) | "B방면 인접세대 창그을음 증가." | 연소확대방지 소방호스전개, 외벽냉각 병행 |
| 접근 · 장애물 | "골목 이중주차, D방면 사다리전개 공간 제한." | 대형차 외곽대기(Staging Area), 호스 연장 · 도보 전개 전환 |
| 급수 · 설비 | "동측 소화전 1기 압력 보통, 가스 · 전력차단 미확인." | 급 · 배수계획 확정, 가스 · 전력 차단요청준비 |

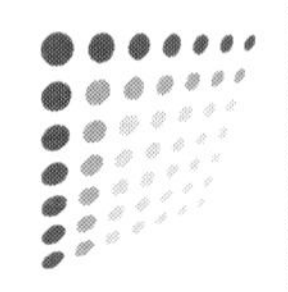



## 2. 특수차량 진입 확인 및 추가 장비요청
(Access for Specialized Apparatus & Additional Resource Requests)

■ 현장지휘관(IC)은 선착대장에게 무전으로 빌라 주변 도로 폭과 차량 진입 가능 여부를 즉시 확인하게 한다. 빌라 밀집 지역은 고가사다리차, 굴절사다리차 등 특수차량의 진입이 어려운 골목이 많으므로, 특수장비의 진입 가능성을 선제적으로 파악한다. 진입이 곤란하면 차량을 진입로 외부에 대기(Staging Area)시키거나, 접근 가능한 도로나 교차로를 활용해 지상 구조 작업이 가능하도록 지시한다. 필요 시 휴대용 사다리, 연장 호스, 통제배연(PPV) 등 대체 장비를 즉시 활용할 수 있도록 준비시키고, 골목 구조에 따라 소형펌프차 전환 배치를 지시할 수 있다.

Table 2-4-4. 특수차 진입 가능 판단 기준(Apparatus Access Criteria)

| 항목 | 기준/내용 | 전술 시사점 |
|---|---|---|
| 골목 폭 · 회전 반경 | 최소통행 폭 · 회전 반경미달, 불법 주정차로 차폭제한 | 굴절사다리차 · 고가사다리차 대기구역(Staging Area)전환, 소형펌프차 우선진입 · 연장호스준비 |
| 상부 · 측면 장애물 | 전선, 차양 · 간판, 돌출 발코니로 버킷 전개 간섭 | 휴대용사다리 · 내부구조 동선전환, 장애물 구역 활동제한구역 설정 |
| 접근 각도 · 지면 상태 | 급협코너, 경사 · 결빙 · 파손 노면으로 전개불안 | 도보전개 전환, 안전지점정차, 필요시경찰 통제 · 견인요청 |
| 전개 · 회차 공간 | 전개면 · 아웃리거 공간부족, 회차 지연 위험 | 대형차교차로 · 주차장 외곽배치(Staging Area), 내 · 외부 동시전개 계획수립 |
| 인명구조 필요 | 발코니 대피자 · 창가 구조 대상자 확인 | 사다리전개 방면 우선지정, 내부팀과 문 제어(Door Control) · 계단확보 소방호스 연동 |
| 외벽 · 연소확대위험 | 외벽 수직확산 · 인접동 그을음 증가 | 외벽냉각 · 연소확대방지 우선, 외부방수와 내부공격분담 |
| 급수 가용성 | 소화전 부족 · 압력 저하 · 장시간 진압 예상 | 중계/릴레이(Relay Pumping)급수가동, 물탱크차 증원 요청 |
| 대체 수단 전환 | 특수차량 진입 불가 또는 지연 | 통제배연(PPV) · 휴대사다리, 내부진입 진압으로 전환 |

## 3. 유관기관 요청(Requests to Cooperating Agencies)

- 빌라 화재는 협소 골목과 주택 밀집 특성으로 교통 통제·대피 지원에 대한 유관기관의 신속 협조가 중요하다. 현장지휘관(IC)은 출동 중 상황실을 통해 경찰에 골목 통제·불법 주정차 견인·주민 접근 차단을 요청하고, 한전에는 동·라인 단위 전원 차단, 가스에는 가스 밸브 폐쇄와 누설 점검을 즉시 지시한다. 빌라는 노약자·어린이·장애인 등 취약계층 비율이 높을 수 있으므로 구급대를 증강 출동시키고 인근 병원 응급실의 사전 대기 체계를 가동한다. 필요 시 지자체에는 임시 대피소·생활지원 인력 배치를, 수도사업소에는 소화전 유량·압력 지원을 요청해 연속 급수를 확보한다.

Table 2-4-5. 유관기관별 즉시요청사항(Cooperating-Agency Immediate Requests)

| 유관기관 | 요청사항(예) | 전술시사점 |
|---|---|---|
| 경찰 | 골목통제, 불법주정차 견인,<br>주민 · 차량접근 차단, 교차로 교통 통제 | 진입 · 회차 동선 확보로 사다리차 · 구급동선분리 및 병목해소 |
| 한전 | 동/라인 전원 차단, 고압 위험구역 표지,<br>누전 · 감전위험 확인 | 외부전개 · 내부진입 안전확보,<br>2차 전기위험차단 |
| 가스 | 가스공급 차단, 집합계량기 · 배관 누설 점검, 가스농도 측정 | 폭발 · 재발화 위험 저감,<br>가스인접구간접근 안전확보 |
| 구급/의료 | 구급대 보강, 인근 응급실 대기 통보,<br>환자분류 · 이송계획 공유 | 연기흡입 · 화상환자 우선이송 · 병원분산으로 초기 과밀 완화 |
| 지자체 | 임시대피소 개소, 취약계층 보호 인력 · 통역 · 안내 인력 배치 | 대피자 집결 · 관리원활,<br>현장소방력은 진압 · 구조에 집중가능 |
| 수도사업소 | 소화전 유량 · 압력 증강, 밸브조정,<br>급수장애 긴급대응 | 동시방수운용 안정화,<br>중계/릴레이(Relay Pumping)급수계획보완 |
| 도로 · 교통 부서 | 우회동선 설정, 일시통제 표지,<br>중대형차량 회차공간확보 | 특수차 전개 공간확보,<br>외곽대기(Staging Area)운영 안정화 |

## 4. 선착대원 현장활동 통제(Control of First-Arriving Crews)

- 빌라는 단일 계단실·협소 복도를 여러 세대가 공유하므로 다수 대원의 동시 진입은 혼잡·추락·질식 등 사고 위험이 크다. 현장지휘관(IC)은 출동 중 무전으로 "현장도착 전까지 개별 행동 금지"를 반복 고지하고, 후착대는 외곽 대기지점(Staging Area)에서 안전거리를 확보해 대기한다. 초기 지휘체계 확립 전에는 선착대장의 판단·지시를 최우선으로 따른다. 계단실 보호(도어컨트롤·양압보조)를 우선해 피난·진입 동선을 확보하고, 병목 최소화를 위해 단계 투입(2인 1조) 원칙을 적용한다.

Table 2-4-6. 선착대원 통제 체크리스트(Arrival Control Checklist)

| 항목 | 기준/내용 | 조치 |
|---|---|---|
| 개별행동 금지 | 도착·지시 전 임의 진입·라인 전개금지 | 현장지휘관(IC)이 무전으로 반복적으로 알림 |
| 투입 인원·출입로 관리 | 단일 계단·협소 복도로 과잉 진입 시 병목·충돌 위험 | 선착대 최소인원만 투입, 후착대는 (Staging Area)대기, 2인 1조 단계적으로 투입 |
| 계단실 보호·문 제어(Door Control) | 연기 역류·가시성 저하 시 피난·진입 동선 상실 | 문 제어(Door Control)전담지정, 계단확보를 위한 소방호스 1선 우선전개, 필요시 통제배연(PPV)을 승인·운용 |
| 개인보호장비(PPE/SCBA) 및 안전구역 | 투입인원·위치 추적이 안전의 전제 | 투입 전/교대 전/철수 후 인원확인보고(PAR)를 시행 |
| 안전·개인보호장비(PPE/SCBA) | 개인보호장비(PPE/SCBA)착용, 공기·무전 사전점검 | 투입 전 팀호출(Call-out) 후 진입, 공기량 공유 |

## 5. 연기 및 화염 상태 파악(Reading Smoke & Flame Conditions)

- 현장 접근 중 현장지휘관(IC)과 대원은 창문, 베란다, 외벽 등에서 분출되는 연기와 불꽃을 관찰하여 화점층, 연소속도, 확산방향을 추정한다. 빌라는 세대 간 이격이 좁아 연소확대 위험이 크므로, 관찰 결과를 즉시 무전으로 전파한다. 검은 연기와 불티·불꽃 비산이 동반되면 가연성 내장재 연소로 인한 급격한 화재 확대가 우려되므로, "상층·인접동 연소 확대 주의"를 즉시 전파하고 위층 피난 여부 확인과 연소확대 차단을 초기배치 전략에 반영한다.

Table 2-4-7. 연기 · 화염 판독 매트릭스(Smoke/Flame Reading Matrix)

| 관측 | 내용 | 전술 시사점 |
|---|---|---|
| 짙은 검은 연기(고온 · 난류) | 석유계/내장재 연소가능,<br>고열 · 독성 증가 | 상층대피우선, 전환공격검토, 계단실확보<br>소방호스+문 제어(Door Control) 즉시시행 |
| 회색/갈색 연기(간헐 분출) | 환기제한연소,<br>플래시오버 · 백드래프트 전조 가능 | 개구부 무분별 개방금지, 통제배연(PPV)시점 현장지휘관(IC) 승인하 조정 |
| 창호 틈 양압 분출(분출→흡입 전환) | 화점층 과압 · 연소 가속, 층간 확산징후 | 화점층 A방면 진입 어려움,<br>외벽냉각 · 연소확대방지 경계관창배치 |
| 수직으로 빠른 연기상승(코너 · 배면) | 외벽 · 샤프트 따라 수직확산 | 상층 · 인접 세대 연소확대방지 경계관창 전개, 방면(C/D) 감시 · 차단선 배치 |
| 불티 · 불꽃 비산(spotting) | 인접세대 · 외벽 착화 위험 | 연소확대방지 우선, 발코니 · 처마냉각방수 |
| 불꽃 창 너머 관찰 · 유리 파손 | 내부가연물 고온연소,<br>열방출률(RHR) 증가 | 내부진입팀 개인보호장비 재확인,<br>소방호스라인 준비 |
| 연기 색 밝아짐+양 증가 | 급격연소로 산소흡입, 환기 전환징후 | 배연 · 진입동시 충돌금지,<br>팀 간 타이밍 무전조율 |
| 무창부에서 연기만 다량(화염 미노출) | 무염연소/열축적(RHR), 시야 제로 | 열화상카메라(TIC)활용 인명검색,<br>표식테이프 운용 |

CHAPTER

# 현장도착
(On-Scene Arrival)

(출처: XVR Program 빌라화재 가상환경)

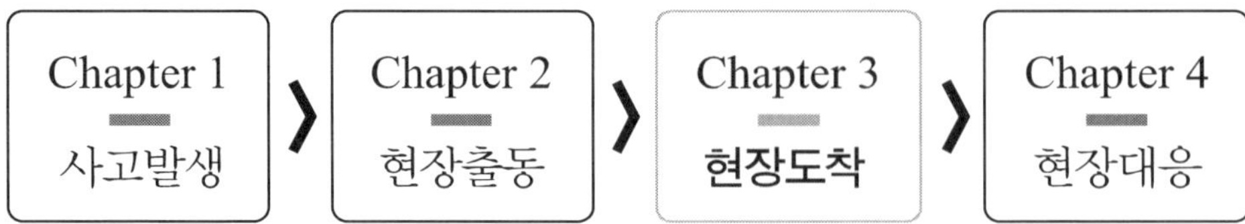

## 1. 지휘권 인수 및 선언 (Assume and Announce Command)

- 빌라 화재는 단일 계단식 구조와 협소 골목, 높은 주거 밀도를 특징으로 하므로, 현장지휘관(IC)은 현장도착 즉시 선착대장 으로부터 대면보고로 지휘권을 인계받고, 무전으로 지휘권 선언을 실시한다. 선언에는 현장지휘소(ICP) 위치, 운영 채널, 초기 우선순위(단일 계단 보호, 상층·인접 세대 연소확대방지, 협소 접근로 통제)를 포함한다. 선언 이후 모든 보고와 지시는 지휘관으로 일원화하고 지휘체계를 즉시 가동하고 현장상황·조치·필요(CAN) 사항을 중심으로 보고한다.

Table 2-4-8. 지휘권 인수·선언 절차(Procedure & Standard Elements)

| 단계 | 핵심내용 | 지휘내용 |
|---|---|---|
| 도착 보고 | 선착대가 현장도착·초기 위험요소·대략 화점 정보를 무전 보고 | 현장지휘관(IC)이 수신 사항을 요약 재송신하고 안전사항을 전달 |
| 대면보고 | 선착대장이 화점층, 계단실·문상태, 인명·대피, 급수·접근로를 현재상황·조치·필요사항(CAN)을 간결하게 보고 | 현장지휘관(IC)이 화점층·계단 보호 필요성·연소확대방지·연결송수관, 옥내소화전 등 소방시설(Standpipe) 상태를 확인 |
| 지휘권 인수 | 현장지휘관(IC)이 공식적으로 지휘권 인수를 표명하고 현장지휘계획(IAP) 초안을 구상 | 현장지휘소(ICP)·대기구역(Staging Area) 위치를 지정하고, 초기임무(구조·계단보호·연소확대방지)를 배정 |
| 지휘권 선언 | 전 채널로 지휘권 확립을 선언하고 현장지휘소(ICP) 위치·운영 채널을 알림 | "지금부터 ○○빌라 화재 현장지휘는 ○○지휘관이 지휘한다." 등 표준 용어로 일괄 통보 |
| 일원화 전환 | 모든 보고·지시를 현장지휘관(IC) 중심 단일 체계로 통합 | 방면–층–구역을 중심으로 현장상황·조치·필요(CAN) 사항 위주로 간략하게 보고를 통일, 임의지휘라인 금지 |

## 2. 최초 상황평가(Initial Size-Up)

- 현장지휘관(IC)은 주변 안전을 확보한 뒤 건물 외부에서 화재 규모와 진행 상황을 신속히 파악한다. 건물 층수, 화점 위치, 구조 대상자 존재 여부, 옥상 대피 가능성, 인접 건물로의 연소확대 위험을 종합 관찰한다. 창문·출입구에서 분출되는 연기의 색·양과 불꽃 유무를 확인하고, 대피 주민·이웃으로부터 내부 상황과 고립자 여부를 청취한다. 단일 계단 구조의 빌라는 인명 대피가 어려우므로 대피자·미확인 인원 파악에 주력하고, 인접 건물로의 화염 확산 가능성을 고려해 방어선을 선별한다. 무전 보고는 '방면-층-구역 + 현장상황·조치·필요(CAN)' 사항으로 표준화된 보고를 한다.

Table 2-4-9. **최초 상황평가 체크리스트**(Initial Size-Up Checklist)

| 항목 | 확인 포인트 | 전술 시사점 |
|---|---|---|
| 외부 관찰 | 연기 색·양·속도, 불꽃 분출, 불티 비산 방향, 창·베란다 손상 | 상층·인접세대 현소확대 방지 우선, 외벽냉각방수검토, 풍상측 진입회피 |
| 접근 안전 | 골목 폭·이중주차·상부 장애물(전선·차양), 전개·회차 공간 | 현장지휘소(ICP)·대기지점지정, 활동제한구역설정, 사다리차 대체 방면검토 |
| 인명 상황 | 대피 현황, 미확인 인원, 마지막 목격 세대·위치 | 구조우선구역지정, 계단/복도확보 소방호스 1선전개, 신속동료구조팀(RIT)대기 |
| 내부 정보 수집 | 계단실·복도 연기이동, 출입문 상태(닫힘/개방), 가시성·열, 방범창·적치물 | 문 제어(Door Control)우선, 열화상카메라(TIC) 활용 인명검색, 도어·창개방시점 통제 |
| 연소 확대 | 외벽·샤프트 수직 확산, 복도 창 수평 확산, 인접 동 그을음 | 연소확대 차단을 위한 소방호스 선 배치, 내·외부동시 전개로 확산차단, 배연환기시점 조율 |
| 용수·압력 우선순위·보고 | 소화전위치·유량·압력, 연결송수관, 옥내소화전 등 소방시설(Standpipe)가용 | 중계/릴레이(Relay Pumping)급수검토, 펌프압 관리, 현장상황·조치·필요(CAN)보고 |

## 3. 방면 지정 (Side Designation)

■ 현장지휘 혼선을 방지하기 위해 화재 대상 빌라의 방면(을 주 출입구 기준으로 지정한다. A방면(Side A: 정면), B방면(Side B: 좌측), C방면(Side C: 후면), D방면(Side D: 우측) 순으로 통일하여 무전으로 전파한다. “A방면은 진입 계단 방향, B방면은 인접 빌라 담장 방향”처럼 참조 지점을 함께 명시해 위치 공유를 표준화한다. 방면 지정은 구조팀, 진압팀, 배연팀의 방면별 투입과 자원 배치를 체계화한다.

Table 2-4-10. 방면 지정 가이드(Side Designation Guide)

| 구분 | 기준 | 예시 지시(무전) | 전술 시사점 |
|---|---|---|---|
| A방면 | 주 출입구 · 단일 계단이 있는 정면 | “현장지휘소(ICP) A방면 설치, 계단 확보 소방호스 1선 전개.” | 현장지휘소(ICP) · 대기지점(Staging Area) 위치로 사용, 대피 동선 보호와 초기 수평 전개의 기준이 됨 |
| B방면 | A 기준 좌측 측면(인접 빌라 담장 · 골목) | “B방면 창 연기 증가, 배연대기.” | 대체진입 · 배연 포인트로 활용, 인접세대 연소확대방지와 사다리 접근 경로를 확보 |
| C방면 | 건물 후면(발코니 · 가스계량기 · 배관 밀집 가능) | “C방면 접근곤란, 외벽 냉각 우선.” | 연소확대방지 · 감시를 배치, 활동제한구역을 설정하고 후면 확산 · 비산 감시를 강화 |
| D방면 | A 기준 우측 측면(주차 밀집 · 협소 골목) | “D방면 사다리 전개, 창문구조.” | 창문구조 및 수평전개를 담당, 외벽수직 확산 차단과 인접동 연소확대방지 |
| 내부 기준 | 복도 말단 · 코너 · 계단실 상 · 하행, 세대 번호 체계 | “복도 말단 창측=D방향 간주, 문 제어(Door Control)유지.” | 인명검색경로와 문 제어(Door Control) |

## 4. 360° 상황평가 (360°Size-Up)

- 현장지휘관(IC) 또는 보조 지휘요원은 현장도착 후 안전이 확보되는 범위에서 빌라 외주를 따라 360° 탐색을 실시한다. 빌라 특성상 측면·후면이 인접 주택과 근접하므로 양측·후면으로의 연소확대 여부와 연기 배출 장애 여부를 우선 확인한다. 외벽 균열, 창호 파손, 가스 배관 노출 등 2차 피해 위험 요소를 점검하고, 후면·측면 대체 진입 경로 확보 가능성을 탐색한다. 옥상 출입문 잠금, 방범창 등으로 구조 접근이 곤란할 수 있으므로 상층 발코니·옥상 인근 고립자 존재를 육안으로 확인해 구조 우선순위를 결정한다.

Table 2-4-11. 360° 상황평가 체크리스트(360° Size-Up)

| 구역 | 확인 항목 | 관측 포인트 | 즉시 조치 |
|---|---|---|---|
| 후면 (C) | 창·출입부 상태, 연기·화염, 구조 신호 | 연기 색·양·분출속도 간헐적 불빛·호출, 베란다·환기구 | 후면차단선 및 활동제한구역 설정, 대체진입 포인트지정, 인접건물 연소확대차단 준비 |
| 측면 (B/D) | 외벽 온도·틈새, 연기 누출, 인접 업소 연소확대 | 경계벽 과열·균열, 차양·전선 접촉 위험, 창호파손 | 인접구역 연소확대차단 선배치, 측면배연 포인트확보, 휴대사다리접근·창문구조 대비 |
| 상부 (옥상) | 옥상문·배기·설비 화재 여부 | 옥상문 연기유출, 덕트 과열, 설비함체 발열 | 상부감시·배기배치, 출입통제, 필요시 배연환기(내부팀과 타이밍조율) |
| 공통 | 수직/수평 확산 경로 | 계단실·샤프트(Shaft)·배관실·환기구 흐름 | 계단실확보 소방호스전개, 문 제어(Door Control)시행, 통제배연(PPV) 시점 현장지휘관(IC) 승인하 검토 |
| 안전 | 접근 가능성·낙하물·협소 공간 | 전선·차양·적치물, 미끄럼·시야제한 | 현장지휘소(ICP) 기준안전통제선 확장, 개인안전거리유지, 인명검색팀 투입전 위험브리핑 |

## 5. 지휘형태 결정(Selection of Command Mode)

■ 360° 상황평가와 방면 지정이 끝나면 현장지휘관(IC)은 빌라 현장 여건에 맞춰 지휘형태를 선택 · 전환한다. 전진지휘(Forward Command)는 선착대장 중심으로 현장 내부에 직접 진입하여 지휘하는 형태로 초기 신속 판단에 유리하나 가시성 · 안전 여건이 제한되므로 책임구역(Accountability) · 인원확인보고(PAR) 주기를 강화하고 현장지휘소(ICP)와 지휘 연속성을 유지한다. 고정지휘(Fixed Command)는 A방면 안전구역에서 통제를 극대화하고, 이동지휘(Mobile Command)는 단시간 순시로 정보 격차를 보완한다. 혼합지휘(Combined Command)는 고정지휘를 축으로 제한적 이동지휘를 병행해 변동 상황에 대응한다. 지휘 형태 · 위치 변경 시마다 전 채널에 지휘위치 · 채널 · 보고주기를 재공지하고, 배연 · 방수 등 전술 타이밍 충돌을 조율한다.

Table 2-4-12. 지휘형태 전개 기준(Command Mode Criteria)

| 지휘형태 | 적용 조건(요지) | 지휘 포인트 |
|---|---|---|
| 전진지휘 (Forward Command) | 선착대장이 내부 상황을 즉시 확인 · 지휘해야 할 때 | 내부지휘+현장지휘소(ICP) 연속성, 인원확인보고(PAR)강화, 문 제어(Door Control) · 계단/복도방어 선우선 |
| 고정지휘 (Fixed Command) | A방면에서 가시성 · 안전이 확보될 때 | 현장지휘소(ICP) A방면 설치, 대기지정(Staging Area),보고주기설정, 연소확대 차단계획 |
| 이동지휘 (Mobile Command) | 고정위치에서 정보가 부족하거나 후면 · 측면 확인이 필요할 때 | 단시간 이동지휘 후 현장지휘소(ICP)복귀, 배연/방수 타이밍 동기화, 안전담당(ISO)으로 연속성유지 |
| 혼합지휘 (Combined Command) | 복수 방면 동시 전개 · 변동 큰 초동 단계 | 현장지휘소(ICP) 중심통제유지+제한적 이동지휘, 인명검색우선→차단→진압재확인 |

## 6. 전략 결정(공격/방어) (Strategy Selection: Offensive/Defensive)

- 현장지휘관(IC)은 수집된 상황 정보를 종합하여 공격 전략(Offensive) 또는 방어 전략(Defensive) 결정한다. 빌라 화재는 단일 계단 구조·협소 골목·인접 세대/인접동 연소 확대 위험이 커서, 원칙적으로 공격 전략을 우선 검토한다. 다만 화점 구역의 전면 확산, 구조 접근 불가, 용수·인력 부족, 외벽 수직 확산 및 인접 연소확대가 우세한 경우에는 방어 전략으로 전환해 외부에서 연소 확대를 차단한다.

Table 2-4-13. 전략 선택 기준(Strategy Decision Criteria)

| 전략 | 공격(Offensive) | 방어(Defensive) | 전환(Transition) |
|---|---|---|---|
| 인명 · 경로 | 생존징후 확인, 단일 계단과 복도 가시 확보 후 동시 구조 · 진입 | 계단 · 복도 차단, 전면연소 · 낙하물로 내부 접근 부적절 | 방어→공격: 장애물제거 · 가시확보 · 생존징후 재확인시 공격으로 전환<br>공격→방어: 경로상실 · 붕괴징후 등 구조위험 증가시 방어로 전환 |
| 화재 · 환경 (연기 · 열 · 배연 · 연소확대) | 제연 · 양압가능, 연기층 · 열 저감 상태에서 국부 화점 억제 및 연소확대 방지 | 고온 · 농연 지속, 플래시오버/백드래프트 징후, 외벽 · 샤프트(Shaft)를 통한 수직 · 수평 연소확대 우세 시 외부 억제 · 차단선을 우선 | 방어→공격: 환기확보 · 열완화 · 연소확대통제 시 공격으로 전환<br>공격→방어: 열상승 · 연기악화 · 연소확대시 방어로 전환 |
| 자원 · 지휘 (용수 · 인력 · 안전 · 통신) | 공격1-2 소방호스라인과 백업확보, 활동제한구역 밖 안전을 유지 | 용수 · 인력열세 또는 안전한계(붕괴 · 감전 · 가스누출 등) 발생 시 외부억제 · 대기 | 방어→공격: 추가용수 · 인력도착, 연결송수관, 옥내소화전 등 소방시설(Standpipe) · 연장확보, 안전상황이 호전시 공격으로 전환<br>공격→방어: 용수고갈 · 인력이탈 · 안전상황 악화시 방어로 전환 |

## 7. 전술 결정 및 구체적 임무지시 (Tactics & Assignments)

- 현장지휘관(IC)은 선택된 전략에 따라 전술 목표를 설정하고 각 팀에 구체 임무를 부여한다. 빌라 화재에서는 단일 계단 · 협소 복도 · 인접 세대 밀집 · 외벽 수직 확산 가능성을 고려한다. 초기 공격(Offensive)이 가능하면 계단 확보 소방호스(Stair Protection Line)과 문 제어(Door Control)를 우선 시행하고, 필요한 경우 개구부진입인명검색(VEIS)을 제한적으로 적용한다. 단일 계단이 차단되거나 외벽 · 샤프트로 연소확대가 우세하면 방어(Defensive)로 전환해 외부 억제 · 연소확대 차단선을 먼저 구축한다. 모든 팀은 '방면-층-구역 + 현장상황 · 조치 · 필요(CAN)' 형식으로 무전 보고하며, 활동 제한구역을 준수한다. 연결송수관 · 옥내소화전 등 소방시설(Standpipe) 유무 · 가압 상태는 현장별로 다르므로 사전 확인한다. 용수 확보와 골목 진입 동선은 출동 중에 확정한다.

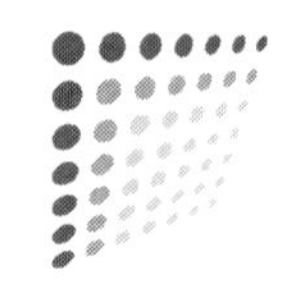



Table 2-4-14. 팀별 임무 · 교신 · 안전요소(Assignments · Communications · Safety)

| 팀 | 임무 | 동선 · 수단 | 안전요소 |
|---|---|---|---|
| 진압1 | 화점 직접 · 조합공격, 계단 확보 소방호스 유지 | 현관 · 계단 통해 화점 세대 접근, 문 제어(Door Control), 초기 소방호스라인 전개(40/65 mm), 필요 시 소방시설 연계 | 단일 계단 연기 · 열 역류 차단, 플로우패스(Flow Path) 제어, 메이데이(MAYDAY) 대비 |
| 진압2 | 인접 세대 · 상 · 하층 연소확대 차단, 외벽 수직 확산 억제 | 외벽 · 샤프트 · 배관실 감시, 차단선 형성, 외부 방수 보조 | 낙하물 · 유리비산 · 전선접촉위험, 하풍회피, 활동제한구역유지 |
| 구조1 | 고립 세대 인명검색 · 구조, 생존자 확보 | 계단확보된 소방호스뒤 인명검색, 열화상카메라(TIC)활용, 방별격리 · 표식 | 복도 가시성 · 연기층 높이 확인, 경량 칸막이 붕괴 위험 |
| 구조2 | 개구부진입인명검색(VEIS) · 2차 인명검색(조건부) | 사다리 · 창 접근, 창 개방→진입→방 격리→인명검색 순서 | 개구부진입인명검색(VEIS)은 화점 추정 · 연기흐름이 원활할 때만 제한적용, 추락 · 절단 위험관리 |
| 배연팀 | 제연 · 양압 또는 방향성 배연, 연기층 저감 | 창 · 복도 개구부 통제, 배연창 · 팬 운용, 계단 양압(가능 시) | 무분별한 개구 금지, 역류 · 풍향 화재 유발 방지, 개방 · 폐쇄 일원화 |
| 전기 · 가스 차단 | 2차 위험 제거(전기 · 가스 · 보일러실) | 전기차단기 · 가스밸브 · 보일러 차단 | 감전 · 가스누출 · 폭발 위험, 가스물탱크 · 배관 위치 확인 |
| 구급 | 연기흡입 · 화상 환자 분류(Triage) · 처치 · 이송 | 건물 외 안전구역에 응급의료소 운영, 이송 동선 분리 | 교차오염 관리, 차량 동선과 소방동선 분리, 저체온 예방 |
| 급수 · 중계 | 용수확보, 중계가압 · 소방호스연장 · 장비보급 | 소화전 연계, 펌프 중계, 골목 차량 이격, 소방호스 보호 | 동압 저하 · 동결 · 누수 점검, 골목 협소로 인한 장비 손상 방지 |
| 지휘보조 | 현장지휘소(ICP)보조, 상황판 · 자원추적, 통신관리 | '방면-층-구역 + 간략보고(CAN)' 로그, 인원 · 소방호스라인 추적 | 무전 포화 관리, 전술 전환(공격↔방어) 지시 신속 반영 |
| 안전 | 위험성평가, 활동제한구역설정 · 감시, 전환권고 | 360° 현장확인, 외벽 · 샤프트(Shaft) 수직 확산 · 낙하물 · 전기 위험 감시 | 철수 · 전환관리, 즉시 위험 중지 권한 행사 |

CHAPTER

# 4 현장대응
(On-Scene Operations)

## 01 전반부 대응 (Primary Phase Operations)

(출처: XVR Program 빌라화재 가상환경)

Chapter 1 사고발생 › Chapter 2 현장출동 › Chapter 3 현장도착 › **Chapter 4 현장대응**

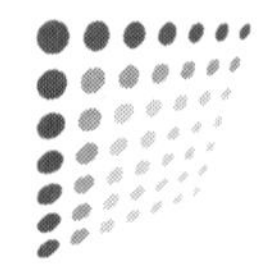



## 1. 현장통제 및 안전구역 확보(Scene Control & Establish Safety Zones)

- 현장지휘관(IC)은 도착 즉시 지휘참모(안전 · 통신 · 조사)와 경찰과 공조하여 현장통제선(Fire Line)을 설정하고 활동제한구역을 구획한다. 빌라 화재는 단일 계단 · 협소 복도 · 인접 세대 밀집 · 골목 주차와 외벽/발코니 수직 확산 위험이 높다. 화재 건물 전 · 후 · 측면과 골목 교차부에 넓은 통제 구역을 우선 형성하고, 필요 시 단지 · 골목 출입로 · 주차장 진입로를 봉쇄한다. 화염 분출, 열복사, 유리 파손 · 낙하물, 가스 계량기 집합부(외벽 배관) 등 2차 위험 구역은 건물 높이의 1.5배 이상을 위험 구역으로 간주해 일반인 접근을 차단한다. 안전담당은 인접 세대 주민에게 위험 알림 · 대피 안내를 실시한다.

Table 2-4-15. 현장통제 핵심 조치(Scene Control Actions)

| 항목 | 기준/내용 | 전술 시사점 |
|---|---|---|
| 통제반경 | 건물외곽으로 최소건물 높이 1.5배 1차통제 반경 설정, 풍하측은 추가 확장 | 열복사 · 유리비산 · 발코니낙하대비, 외곽에 현장지휘소(ICP) · 임시의료소를 배치 |
| 배제구역 | 외벽/발코니붕괴 우려방면,<br>가스계량기 집합부 · 프로판보관,<br>전선트레이 하부는 완전배제 | 대원동선은 상풍측 · 코너회피로 설정,<br>이중바리케이드/야광테이프로 시인성 확보 |
| 열복사 구역 | 외벽분출화염 · 발코니/외장재연소시 전면 · 코너부 중심표시, 차량 · 인원 노출금지 | 펌프 · 고가사다리차(적용 시) 차량은 열복사 구역 밖 상풍측 배치, 호스 보호 매트 사용 |
| 출입관리 | 골목초입 · 주차장진입부에 차량차단선 설치, 팀 · 차량출입 목록관리 | 용수 · 장비지원동선 우선 확보, 불법주정차 강제이격, 대원체크인/체크아웃 운영 |
| 광역 대비 /교통-활동공간 | 외곽교통통제구역,<br>장비집결(Staging Area) · 임시의료소 분리 배치 | 단일계단확보 소방호스 유지,<br>공격동선과 대피동선분리,<br>중계가압 · 호스연장차량위치 조기확정 |
| 안전(현장통제선 구성 · 표식) | 콘/바리케이드/야광테이프/표지판으로 연속 표식, 야간조명 · 확성기로 고지 | 경계인력(경찰 · 관리인)배치,<br>통제상태 주기보고 |

## 2. 관계자 확보 (Stakeholder & Gather Critical Info)

- 현장지휘관(IC)은 도착 즉시 관리사무소·경비·입주자 대표 등 관계자를 확보하여 세대별 상황·대피 현황·설비 상태를 신속히 파악한다. 빌라 화재는 단일 계단·협소 복도·골목 주차·외벽/발코니 수직 확산과 가스 계량기 집합부 등 특성이 두드러지므로, 다음 항목을 중점 확인한다. 또한 연결송수관·옥내소화전 등 소방시설(Standpipe) 부재·미가압 가능성을 전제로 용수 확보·호스 연장계획을 병행한다.

Table 2-4-16. 관계자 확인사항(Stakeholder Interview Checklist)

| 항목 | 질문 예시 | 전술 시사점 |
|---|---|---|
| 인원 파악 | 현재 각 세대 대피 현황은?<br>미확인/연락 두절 세대는? 노약자·거동불편·영유아·산소치료자 세대는? | 구조우선순위설정(단일계단차단위험고려),<br>구조팀 투입순서와 구역지정,<br>인원현황을 반영 |
| 구조 특이점 | 고립 우려 세대(예: 302호 노약자)·외국인 세대·반려동물·임시 칸막이 등 내부 구조 특이점은? | 강제진입·추가인력배치,<br>문 제어(Door Control)·개구부진입인명검색(VEIS) 적용여부판단, 분할인명검색을 계획 |
| 피난 경로 | 단일계단접근성·가시성은?<br>계단/복도방화문상태는?<br>옥상·발코니대피가능성은? | 계단보호 소방호스라인·문 제어(Door Control) 우선, 대피유도순서 확정, 계단상·하부혼잡·주민재진입을 통제 |
| 소방설비 상태 | 연결송수관, 옥내소화전 등<br>소방시설(Standpipe) 유무·가압상태?<br>감지기·경보작동여부는? | 용수계획(외부급수·중계가압)확정,<br>경보지연시 수동경보·대피방송 |
| 전기·가스 | 전기메인차단반·가스계량기집합부위치는?<br>차단권한·절차는? | 감전/가스누출/폭발위험저감,<br>활동제한구역 확대,<br>점화원통제·외벽방수각도를 조정 |
| 외벽·발코니 | 외벽 마감재·발코니 창호·차양물 상태?<br>최근 보수·가연물 적치 여부? | 수직확산 가능성평가,<br>외부차단선·연소확대방지,<br>낙하물 위험방면을 이중차단 |
| 평면·출입·골목 | 동·호수 배치·계단 위치·지하주차/창고 유무?<br>골목 폭·불법 주차현황? | 소방차진입·배치동선확정,<br>호스보호매트·우회동선설정,<br>초기 소방호스라인 전개거리를 산정 |
| 엘리베이터·옥상 | 소형 엘리베이터 유무·정지 여부?<br>옥상문 잠금·키 위치? | 엘리베이터사용금지 재확인,<br>옥상배연·대피보조가능성을 검토 |
| 특별 위험 | 산소통·리튬이온 배터리·보일러실·창고 가연물 집중 구역은? | 폭발·재점화 위험구역표시,<br>냉각·격리·연소확대방지 강화,<br>위험사항을 공유 |

### 3. 대기단계 운영(Staging Operations)

■ 현장지휘관(IC)은 선착대를 제외한 후착 소방차량·인력을 대기단계(Staging)로 운용한다. 빌라 화재는 단일 계단·협소 골목·불법 주차로 전면 혼잡이 발생하기 쉬우므로, 무분별한 전면 진입을 통제하고 차량을 외곽대기(Staging Area)로 전환한다. 대기 차량·대원은 무전 청취 유지, 지시에 따라 순차 투입하며, 전면부는 계단 접근선 보호, 사다리차(적용 시) 전개 공간, 구급 차량 회차 동선을 상시 확보한다. 대기인력은 무전 청취를 유지하고 현장지휘관(IC)이 호출 시 순차 투입 원칙을 따른다.

Table 2-4-17. 대기단계 운영 체크리스트(Staging Operations Checklist)

| 항목 | 기준/내용 | 전술 시사점 |
|---|---|---|
| 대기 위치 | 단지입구 · 외곽도로 · 부지에 1차(장비집결)-2차(투입대기) 대기선을 설정,<br>현장지휘소(ICP)는 상풍측 외곽에 위치 | 좁은골목 병목을 피하고, 필요시 우회 · 역방향진입을 경찰과 즉시 조정 |
| 진입 통제 | 선착대외차량은 허가호출시에만 진입,<br>역할별(펌프/고가사다리/구급/장비) 진입순서를 사전지정 | 소방호스라인전개 · 용수연결 방해를 예방,<br>불필요차량은 외곽대기(Staging Area)를 유지 |
| 준비 상태 | 무전청취, 공격라인 · 예비호스 · 들것 · 배연장비 사전세팅,<br>연결송수관, 옥내소화전 등 소방시설(Standpipe) 미설치/미가압을 전제로 외부급수 · 중계가압을 즉시 가동할 준비 | 요청즉시 연소확대방지/내부진입/구급보강으로 전환 |
| 통신 · 지휘 | 대기단계 책임자(Staging Officer)를 지정해 차량배치도 · 인원명부 · 장비현황을 상황판으로 관리 | 인원파악과 순차투입하고, 공격↔방어전환시 신속재배치 |
| 교통 · 회차 | 출입로에 일방동선을 설정하고 회차지점(원형/T자)을 확보,<br>일반차량 · 자재반입은 우회 또는 일시정지 | 구급차이송 · 재진입, 고가사다리차(적용시) 회차, 물류지원순환 |

## 4. 직전대기 운영(On-Deck Operations)

- 현장지휘관(IC)은 빌라 화재에서 화점 인근에 투입 중인 진압·구조팀의 활동이 일정 수준에 이르면 직전대기(On-Deck) 지점을 지정해 즉시 투입 가능한 예비 전력을 운용한다. 빌라는 단일 계단·협소 복도 특성으로 연기가 계단을 타고 상승하면 진입·퇴로가 동시에 제한되므로, 직전대기는 화점에 가깝되 안전이 확보된 복도 끝·계단참·한 층 아래 전실에 둔다. 직전전대기 인원은 공기호흡기(SCBA), 열화상카메라(TIC), 개인보호장비(PPE)를 완전 착용하고, 현장지휘관(IC)의 지시에 따라 교대·증원·고립세대 구조·메이데이(MAYDAY) 대응에 즉시 투입한다.

Table 2-4-18. 직전대기 운용 체크리스트(On-Deck Checklist)

| 항목 | 기준/내용 | 전술 시사점 |
|---|---|---|
| 위치 선정 | 화재층 계단참/복도말단 또는 한층 아래전실에 설정,<br>문 제어(Door Control)가 가능하고 열·연기·낙하물위험이 낮은 지점을 선택,<br>단일계단건물은 계단확보 소방호스와 인접배치 | 플로우패스(Flow Path)를 억제하고 대피경로를 유지,<br>연결송수관·옥내소화전 등 소방시설(Standpipe) 부재·미가압가능성을 고려해 중계가압위치 와 동선을 동시에 확정 |
| 준비 사항 | 개인보호장비(PPE) 전착용,<br>공기호흡기(SCBA) 압력확인,<br>열화상카메라(TIC), 예비호스·분기관·노즐, 유도로프(Guideline/Search Rope), 강제진입공구(방화문·도어체인용), 들것·구급키트를 세팅,<br>팀별 임무지정·투입순서·철수 경로를 공유 | 1분내 투입,<br>복도코너·문턱·출입통로에는 호스보호매트를 설치해 소방호스라인손상과 걸림을 방지 |
| 우선 임무 | (1)교대(Relief): 화점·인명검색팀 교대<br>(2)증원(Reinforce): 인접세대·상·하층 연소확대차단<br>(3)구조(Rescue): 단일계단 차단시 계구부진입인면 구조(VEIS)보조<br>(4)메이데이(MAYDAY) | 공격↔방어전환시 즉시 역할을 전환,<br>외벽/발코니 수직확산 징후가 우세하면 연소확대방지/차단선과 연동해 투입구역을 재조정 |
| 대기 상태 | 무전청취지속, 대기선이탈금지,<br>소방호스라인·장비 정돈유지,<br>팀리더는 5-10분 간격으로 업데이트 사항을 보고 | 혼선·중복투입을 방지하고 인원파악)를 유지,<br>철수/운행정지 지시에 즉시 반응 |

## 5. 소방용수공급체계 확보 (Firefighting Water Supply, FWS)

- 현장지휘관(IC)은 빌라화재에서 지속·안정적 용수 확보를 최우선으로 지시한다. 빌라는 단일 계단·협소 골목·외벽/발코니 수직 확산 위험과 노후·부족한 소방설비로 수압 저하 가능성이 크므로, 초기에 1선펌프차(First-Due Engine)와 중요물탱크차(Primary Water Tender)를 지정하고, 중계급수(Relay Supply)와 예비/이원 급수(Backup/Dual Supply)를 동시에 설계한다. 목표는 복도·세대·상하층에 연속 압력·유량을 제공해 연소확대 조기 차단과 동시 구조를 지원하는 것이다.

Table 2-4-19. **소방용수공급체계 표준 구성**(Standard Firefighting Water Supply Configuration)

| 항목 | 기준/내용 | 전술 시사점 |
|---|---|---|
| 1선펌프차<br>(First-Due Engine) | 화점에 최단거리로 배치하고, 공격라인·계단확보 소방호스에 안정유량 공급,<br>흡·토출압력, 유량계, 물탱크와 펌 프차 소방호스라인을 즉시 세팅 | 초기에 지연없는 방수,<br>연결송수관, 옥내소화전 등 소방시설(Standpipe) 미가압시 장거리전개·중계계획을 즉시 연동 |
| 중요물탱크차<br>(Primary Water Tender) | 핵심급수원으로 지정해 수위 50% 이상 상시 유지,<br>1선펌프차 직결 또는 중계라인에 편성 | 소화전불량·단수시 공백제로를 확보,<br>골목병목을 피하도록 회차동선을 사전 지정 |
| 용수(Hydrant/<br>대체 수원) | 가용소화전 2개 이상 확보를 원칙으로 하되, 저유량·폐색을 대비해 대체수원(저수조·수조차·비상급수탑·인근상수도맨홀)을 병행조사 | 수원전환이 즉시 가능하도록 흡·토출커플링·밸브를 사전배치,<br>하풍측·가스계량기 집합부 인접부는 급·배수동선에서 배제 |
| 중계급수<br>(Relay Supply) | 수원↔중요물탱크차↔1선펌프차간중계펌핑을 구성하고, 각펌프의 목표토출압(노즐요구압+마찰손실+고저차)을 공유 | 장거리·층간전개에서도 압력을 유지,<br>골목·문턱·계단에는 호스보호매트를 설치 |
| 예비/이원 급수<br>(Backup/Dual Supply) | 주급수선과 별도예비선을 동시구축,<br>밸브·소방호스라인을 명확히 표식해 무전 한마디로 절체 가능 | 연속방수를 확보해 구조지연을 방지,<br>화세급등·수원장애시 즉시절체·증설 |

## 6. 단위지휘관 지정(Assign Division/Group Supervisors)

- 현장에 2개 대 이상 투입되어 규모가 확장되거나 구조가 복잡해지면, 현장지휘관(IC)은 구역별(Division) 또는 기능별(Group) 단위지휘관(DGS)을 지정해 지휘 부담을 분산한다. 빌라화재는 단일 계단·협소 복도·골목 주차·외벽/발코니 수직 확산 위험이 커 층/방면 중심의 구역별 운용이 효과적이다. 단위지휘관(DGS)은 담당 구역의 위험요소·화재상황을 직접 파악하고 진입 방향·인명검색 순서·투입 시기를 결정해 실질 지휘를 수행한다. 현장지휘관(IC)는 각 단위지휘관(DGS)과 현장상황·조치·필요(CAN) 형식으로 긴밀히 소통하며 자원 배치·전략 수정·안전관리에 집중한다. 필요시 2층·3층 등 추가 지정해 유연한 지휘체계를 운용한다.

Table 2-4-20. 단위지휘관 편성 · 보고 체계(Organization & Reporting)

| 구분 | 지정 기준 | 전술 시사점 |
|---|---|---|
| 구역별<br>(Division) | 층 · 방면 기준으로 구획 | 문 제어(Door Control)와 계단확보 소방호스를 유지하고, 인명검색 순서를 화점인접세대→수직확산우려세대(상 · 하층)→복도말단/계단인접으로 통일,<br>가스계량기집합부 · 전선트레이 인접부는 활동제한구역으로 확대 |
| 기능별<br>(Group) | 기능별 임무기준으로 설정 | 진압–인명검색–배연용수간 상호간섭 최소화(특히 배연개구시점통제)와 중계급수(Relay Pumping) · 예비/이원급수(Backup/Dual)확보를 단일창구에서 조정,<br>신속동료구조팀(RIT)은 별도Group으로 독립운용 |
| 복합형<br>(Hybrid) | 화재층=구역별, 외부지원(소방시설 · 배연 · 연소확대방지)은 기능별로 혼합 운용 | 층내부전술(화점접근 · 분할 인명검색)과 외부지원(중계급수 · 외벽 연소확대방지 · 활동제한구역관리)을 동시통제,<br>공격↔방어전환시 자원 · 동선을 신속재배치 |

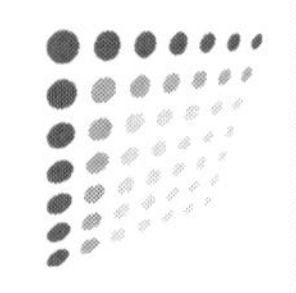



## 7. 무전망 분리 (Splitting Radio Nets)

■ 빌라 화재에서 대응 인원이 늘고 활동이 단일 계단·협소 복도·외벽/발코니 방면으로 동시 전개되면 무전망을 역할별로 분리한다. 현장지휘관(IC)은 지휘망(CMD)을 유지해 전략 결정·자원 배분·안전 지시를 총괄하고, 진압·인명검색·구조 등 전술 팀은 작전망(TAC)에서 세부 전술·위치·진척을 교신한다. 급수·보급·외부 지원 연락은 지원망(LOG)으로 분리한다. 빌라 특성상 철근콘크리트 계단실·반지하·전선 트레이·가스계량기 집합부가 전파 감쇠·난반사를 유발하고, 골목 주차·차량 이동 소음이 상시 존재한다. 통신담당을 지정해 중계 지점(계단실 상부 전실·옥외 상풍측 코너)을 운영하고, 신호 저하 시 수신호·러너(Runner)를 보조 수단으로 병행한다. 긴급대피·메이데이(MAYDAY) 등 전 대원이 즉시 알아야 할 사항은 공용 공지(일시 단일망 전환) 후 원 채널로 복귀한다. 현장지휘관(IC)은 지휘망(CMD)·작전망(TAC)·지원망(LOG)을 동시 모니터 또는 보조 지휘요원 이중 청취로 커버한다.

Table 2-4-21. 무전망 분리 의사결정 기준(When to Split TAC/CMD)

| 항목 | 기준/내용 | 전술 시사점 |
|---|---|---|
| 인원/트래픽 (Personnel/ Traffic) | 동시투입 3팀 이상이거나, 내부진압+인명구조+연소확대 방어/고가사다리차(적용 시)+용수 등 각 망을 분리운영 | 지휘망(CMD)·작전망(TAC)·지원망(LOG) 분리로 혼선·중첩교신을 차단, 각 망에 단위지휘관(DGS)을 채널관리자 겸임으로 지정 |
| 음영·간섭 (Coverage/ Interference) | 단일계단실·반지하·두꺼운 방화문에서 감쇠/음영, 전선트레이·가스계량기 집합부 인접부에서 난반사·잡음발생 | 중계지점을 계단실상부전실/옥외상풍측에 설치, 안테나위치·출력을 조정, 불량구역엔 수신호·러너(Runner)를 병행 |
| 임무 복잡도 (Mission Complexity) | 문 제어(Door Control)하 분할 인명검색, 상·하층 연소확대 차단, 조건충족 시 개구부진입인명검색(VEIS)제한 적용, 신속동료구조팀(RIT) 대기 | 배연·신속동료구조팀(RIT)·소방차연결구(FDC)를 별도망(지원망 또는 전술망-B)으로 분리해 개구타이밍·안전이벤트를 지휘통제하에 조정 |
| 안전사고 (Safety Events) | 메이데이(MAYDAY), 긴급탈출, 전기위험(분전반/전선트레이), 가스누출(계량기집합부), 외벽/발코니 낙하물발 생 | 전채널동시공지(일시단일망)→확인→원채널 복귀절차를 표준화, 안전점검관(ISO)이 확인·기록 |
| 현장규모 (Scene Size/Span) | 복수세대 연소확대 또는 화재층·상층·외벽, 골목 양방향 통제 병행 | 층별 Division+기능별 Group로 무전망을 분리하고 지휘망(CMD)은 전술간섭 없는 중요사항만 수신 |

## 02 후반부 대응 (Late-Phase Operations)

(출처: XVR Program 빌라화재 가상환경)

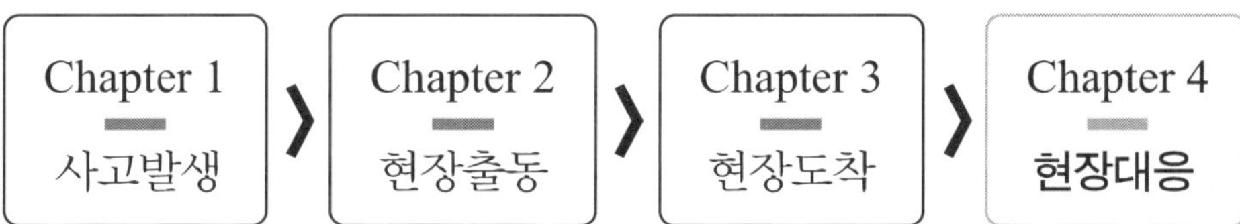

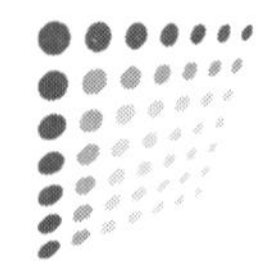



## 1. 초진(Initial Knockdown) – 7면 포위(Seven-Side Containment, SSC)

- 빌라화재는 다세대 구조 특성상 인접 세대로의 연소 확대 위험이 높다. 현장지휘관(IC)은 발화 세대 기준으로 상·하·좌·우·전·후·화점의 7면 포위(SSC)를 적용해 확산을 차단한다. 내부 진압팀은 세대 내부와 공용 복도를 중심으로 화점 집중 방수로 초진상태를 확보한다. 동시에 외부 대원은 창·발코니·외벽을 통한 외곽 차단 방수로 내부 접근이 어려운 공간의 불길을 제어한다. 빌라는 세대 간 구획이 비교적 분리되어 직접 확산 가능성은 낮으나, 창·출입문·배연 개구·외벽 틈을 통한 간접 확산이 상존한다. 따라서 인접 세대 사전 차단, 외벽·발코니 연소 확인, 상·하층 연소확대 차단을 병행한다. 내부-외부의 협조 진압으로 재확산을 방지하고, 초진 후에는 잔불 정리·열화상카메라(TIC) 확인·배연을 체계적으로 수행한다.

Table 2-4-22. 7면 포위 운용 체크리스트(Seven-Side Containment Checklist)

| 면 | 점검/조치 | 전술 시사점 |
|---|---|---|
| 상<br>(천장) | 보드상부·천장 빈공간·배관/덕트 관통부를 열화상카메라(TIC)로 스캔,<br>필요한 경우 개구후 미세분무/안개방수로 냉각 | 은폐연소와 상층전이를 조기에 차단,<br>상층 인명구조와 연소확대를 차단 |
| 하<br>(바닥) | 바닥하부 빈공간·문턱주변·케이블트레이(Cable Tray : 전선지지덕트/받침대)인접부를 확인,<br>잔불·적열부는 국소냉각하고, 누수·감전위험을 병행점검 | 하층으로의 열·연기침투를 억제,<br>하층대피·인명구조 |
| 좌/우(측벽) | 경계벽·콘센트 박스·배관 박스 등 관통부 틈을 열화상카메라(TIC)로 확인,<br>노즐 스윕(원형·옆→옆 회전)으로 표면을 고르게 냉각 | 인접세대로의 측면확산을 차단,<br>인명구조동선을 안전하게 유지 |
| 전/후<br>(출입·복도/발코니) | 출입문·복도·발코니방향은 문 제어<br>(Door Control: 필요시에만 제한개방)하에 방수,<br>개구부에는 차열포(방열담요) 등으로 열·불티를 차단,<br>복도확보 소방호스와 대피동선을 분리 | 플로우패스(Flow Path) 형성을 억제,<br>계단확보 소방호스 유지 |
| 화점 | 직접분사로 연료에 맞춰 열을 빠르게 떨어뜨리고, 이어서 펄스 방수(Pulse: 0.5–1초 짧은 간헐 분사)로 증기팽창·가시성 변화를 관찰,<br>가연물 제거·연소확대 차단을 병행 | 초진달성속도를 높이고, 전체에 7면포위에 필요한 압력·유량부담을 줄이고 재점화 위험 낮춤 |

## 2. 초진구역 배연 (Post-Knockdown Ventilation)

■ 주요 화점 진압이 완료되면 즉시 배연을 실시한다. 빌라(저층 다세대)는 단일 계단 · 협소 복도 · 반지하/지하 주차 구조로 연기와 열기가 구획별 고립 · 정체되기 쉽다. 진압팀은 창 · 발코니 · 외벽 개방부를 배출구(Exhaust)로 선 확보해 자연 배출을 유도하고, 필요 시 양압 송풍기(PPV)와 배연 장비로 강제 배연을 한다. 배연 구역에는 연소가스 잔류와 산소 유입에 따른 재발화 위험이 있으므로 구획별 순차 배연을 원칙으로 하고, 배연 후 열화상카메라(TIC)로 열원 잔존을 점검한다. 표준 절차는 배출구 선 확보 → 상층 가스 냉각(미세 분무/안개) → 유입구 제한(문 제어: Door Control) 순서를 준수한다.

Table 2-4-23. 배연 전술 선택 매트릭스(Ventilation Tactics Matrix)

| 적용사항 | 핵심절차 | 전술 시사점 |
|---|---|---|
| 기본 자연 배연<br>(Natural Venting) | 상층 · 하풍측 배출구부터 연다→<br>상층가스를 짧게냉각(미세분무/안개)→<br>유입구최소화(문 제어:Door Control) | 장비의존도낮음 · 신속성높음. 급격배연으로 플로우패스(Flow Path)가 과도형성되지 않도록 개구범위를 단계확대,<br>발코니 · 유리하부 활동제한구역으로 이중통제 |
| 양압배연(PPV) | 배출구 선 확보 후 유입구(현관/전실)에 양압배연(PPV) 팬설치(틈새차폐로 밀폐강화)→압력형성확인→문 제어(Door Control) 유지. 가스측정병행 | 잔불정리 선행이전제다. 가스계량기 집합부 · 분진위험구역은 사용 금지,<br>공격라인 · 신속동료구조팀(RIT)과 가동시점을 사전조율 |
| 계단실 · 샤프트 활용<br>(Stair/Shaft Vent) | 계단실/엘리베이터샤프트 상부를 배출구로지정→하부유입구제한→필요시 양압배연(PPV)보조 | 굴뚝효과로 상층위험증가. 상층 연소확대 방지 경계관창을 병행한다. |
| 발코니/파사드 방면<br>(Balcony/<br>Facade Side) | 기존개구 또는 절개부를 배출구로활용→<br>내부문 제어(Door Control)유지→<br>낙하 · 비산대비 차열포로 동선보호 | 유리비산 · 외벽낙하물 고위험구역,<br>외부차단선을 이중설정하고, 급 · 배수동선을 우회,<br>전면부 연기배출에 효과적 |
| 구획 순차 배연<br>(Zonal/Staged<br>Ventilation) | 세대/복도구획을 하나씩운영: 배출구개방→상층냉각→문 제어(Door Control)→열화상카메라(TIC) 확인 후 다음구획으로 진행 | 연기역류 · 재순환을 방지,<br>개구 · 폐쇄담당을 지정하고 무전통제로 위험을 낮춤 |
| 지하 · 반지하/밀폐<br>구역(Basement/<br>Semibasement/<br>Confined) | 배출루트 선 확보(계단상단/환기구)→가스측정→제한적 양압배연(PPV) 또는 배기팬(Exhauster)운용→열화상카메라(TIC) 재확인 | 폭발성혼합기 · 전기아크 위험,<br>방폭장비사용과 측정-배연-재측정 사이클을 준수,<br>인원확인보고(PAR) |

### 3. 상황판단회의 후 완진선언

(Situation Assessment → Final Extinguishment Declaration, FED)

■ 현장지휘관(IC)은 연기가 걷힌 뒤 2차 인명검색(Secondary Search)을 실시해 잔류 인원을 확인한다. 겉보기로 진압이 완료되어도 즉시 완진을 선언하지 않고, 단위지휘관(DGS)들과 화재층-상층-하층-계단실-전실-발코니/외벽을 직접 순회 점검한다. 빌라(저층 다세대)는 단일 계단 · 협소 복도 · 가스 계량기 집합부 · 전선 트레이 특성으로 숨은 불씨 · 잔열 가능성이 높다. 현장지휘관(IC)은 의심 구역을 열화상카메라(TIC)로 스캔하고, 필요 시 잔불 정리－문 · 천장 개방, 경계벽 · 점검구 · 가구 배후 확인－을 시행한다. 탄화 잔해 하부 불씨나 정리 미흡이 확인되면 예비 소방호스라인으로 추가 냉각 · 방수를 지시한다. 발코니 하부 · 외벽 마감 · 경계벽 관통부 · 계단실 상부까지 잔불 정리(Overhaul)와 "온도 정상" 확인을 마치면, 현장지휘관(IC)은 단위지휘관들과 상황판단회의를 열어 구역별 보고를 종합한다. 유리 · 외장재 낙하, 전기/가스 위험, 구조적 불안정과 인명 문제가 모두 해소되었다고 판단하면 현장지휘관(IC)은 무전으로 "○○빌라 화재는 현 시간부로 완진(Final Extinguishment)"이라고 공식 선언한다.

Table 2-4-24. 완진 전 점검 리스트(Pre-FED Checklist)

| 항목 | 점검 기준/내용 | 전술 시사점 |
|---|---|---|
| 2차 인명검색<br>(Secondary Search) | 화재층 · 상층 · 하층세대,<br>전실 · 계단실, 베란다/발코니전수확인 | 인명검색완료(ALL CLEAR) 확인 전 완진금지. 무창 · 고립 신고세대 우선점검 |
| 열화상카메라 잔열 확인<br>(TIC Survey) | 열화상카메라(TIC)로 벽체 · 천장 · 경계벽관통부(콘센트 · 배관/전선박스) · 발코니하부 · 문틀상부스캔 | 고온지점표식 → 국소냉각 → 재측정순서로 확인,<br>측면 · 수직전이가능 구역을 중점 점검 |
| 잔불 정리<br>(Overhaul) | 천장 · 점검구 · 가구배후 · 경계벽틈 개방/제거, 은폐연소물처리 | 벽 · 천장 속 숨은 불을 제거,<br>실내 증기충격은 미세 분무 |
| 전기 · 가스 안전<br>(Isolation) | 분전반차단유지, 가스계량기집합부 · 배관밸브차단 확인, 누설감시 | 재점화 · 감전방지. 재통전/재가압 금지 표식 유지 |
| 배연 · 연기 잔류<br>(Ventilation) | 구획별 순차배연,<br>문 제어(Door Control)로 플로우패스(Flow Path)통제,<br>배연후 열화상카레마(TIC) 재확인 | 급격배연금지. 계단확보 |
| 발코니/외벽 위험<br>(Facade/Balcony Hazards) | 유리비산, 외벽마감 · 단열재잔염,<br>낙하물위험제거 · 표식 | 위험 구역을 활동제한구역으로 지정 |
| 지하 · 반지하/주차 연계<br>(Basement/Semi-basement/Parking) | 경사로(Lamp) 상단 배출확보,<br>가스측정(CO/HCN/$O_2$/LEL),<br>필요시 방폭팬 사용 | 폭발성혼합기 · 전기위험통제,<br>현재상황 · 조치 · 필요사항을(CAN) 간결하게 보고 |
| 오염 · 유해요소<br>(Contamination) | 유해가스 재측정, 오염수 · 그을음 정리 계획 수립 | 재발화 · 재출동예방.<br>개인보호장비(PPE) 수준과 환기강도를 유지 |
| 자원 · 기록<br>(Resources/Docs) | 호스 · 장비회수 · 복구,<br>열화상카메라(TIC)캡처/사진/무전로그 정리, 관리주체인계자료준비 | 사사후 조사 · 보고 근거 확보.<br>잔여 대기전력 지정 |
| 구역별 종합보고<br>(Brief-back) | 단위지휘관의 현재상황 · 조치 · 필요사항(CAN)보고취합 · 누락/중복제거,<br>완진선언(FED)조건확인 | 완진선언 여부를 객관적으로 판단 |

# PART 2-5

# 아파트화재 현장지휘

(출처: 울산 아파트화재, 2020-10-09 매일일보 보도기사 사진)

## 01 실제사례

**1. 경기도 의정부시 의정부동 대봉그린아파트 화재(2015)에서는 1층 주차장에 주차된 오토바이에서 시작된 불이 인근에 주차된 차량으로 급속히 옮겨 붙으며 확산됐다.**

- 강한 화염이 건물 외벽의 드라이비트 등 가연성 마감재를 타고 빠르게 수직으로 확산되어 순식간에 아파트 전체로 번졌다. 불길은 인접한 다른 동의 건물까지 번지면서 총 3개 동이 화재 피해를 입었고, 결국 5명이 사망하고 125명이 부상당하는 대 형 참사로 이어졌다. 이 화재로 인한 재산 피해는 총 90억 원에 달했으며, 화재 당시 주민들은 급격한 화재 확산과 빠른 연기 전파로 인해 제대로 대피할 여유를 확보하지 못한 채 큰 피해를 입었다. 이후 이 사건을 계기로 아파트 외벽의 가연성 마감재에 대한 규제와 소방시설 설치기준이 강화되었으며, 다중주택의 화재 대응과 관련된 법규 개정이 이루어졌다.

**2. 울산 삼환아르누보 주상복합아파트(33층) 화재(2020)에서는 외벽을 따라 12층에서 옥상까지 불길이 급격히 번졌지만, 소방의 적극적 대응으로 사망자 없이 93명의 부상자만 발생한 성공적 대응 사례가 있었다.**

- 당시 강한 바람과 가연성 외장재로 인해 불길이 2시간 만에 건물 전체로 확산되었으나, 소방대는 옥상 및 층별 대피를 신속히 유도하고 적극적인 제연 조치를 시행했다. 날이 밝자 헬기와 지상 사다리차를 동원하는 등 다각적인 구조수단을 활용해옥상에 있던 주민 77명을 포함한 모든 주민을 안전하게 구조했다. 이 사건 이후 외장재 화재 위험성에 대한 경각심이 커져 건축법이 개정되어 외벽재료 기준이 더욱강화되었다. 아파트는 현대 사회에서 가장 흔한 주거 형태로, 다수의 주민이 밀집해거주하는 특성상 화재 시 큰 인명피해로 이어질 가능성이 높다. 특히 고층 아파트는 외벽 마감재 등 가연성 자재를 통해 불이 급격히 수직 확산할 우려가 크다. 지휘관은 현장에서 화재 수직 확산 방지, 주민들의 신속한 대피 유도, 적극적인 제연 및 다양한 구조 수단 확보 등 전략적 대응전략을 고려한다.

CHAPTER

# 1 사고발생
## (Incident Occurrence)

(출처: XVR Program 아파트화재 가상환경)

Chapter 1 사고발생 ❯ Chapter 2 현장출동 ❯ Chapter 3 현장도착 ❯ Chapter 4 현장대응

## 1. 정확한 위치 및 규모 확인 (Accurate Location & Scale Confirmation)

■ 출동 중 현장지휘관(IC)은 소방활동정보카드, 소방안전지도, 출동지령서, 무전을 교차 확인해 아파트의 정확한 주소·동/라인·호수·층위(지상/지하 주차장)를 파악한다. 단지형 아파트는 동(棟) 다수·지하 주차장 여부에 따라 연기 이동·진입 동선·배연 루트가 크게 달라지므로 도착 전에 반드시 확인한다. 주출입구·피난계단·피난안전구역/피난안전구획, 전실/부압구역 존재·폐쇄 여부, 연결송수관, 옥내소화전 등 소방시설(Standpipe), 압력감압밸브(PRV) 설정을 사전 파악해 내부 소방호스라인 전개와 초기 전략·전술에 반영한다. 필요 시 분전반·가스 밸브 위치, 지하 주차장 경사로(Lamp)·EV(전기차) 충전구역 위치, 인근 소화전·수원·압력 정보를 추가 확보해 정확한 접근과 신속 전개를 준비한다.

Table 2-5-1. 위치·규모 사전 확인 체크리스트(Pre-Arrival Location & Scale Checklist)

| 항목 기준 | 내용 | 전술 시사점 |
|---|---|---|
| 주소·동·호 확인 | 신고주소, 동·층·호수, 방면(A/B/C/D) 일치 여부 재확인(상황실/신고자 교차확인) | 오인출동방지, 초기보고·지시는 현재상황·조치·필요사항을(CAN) 간결하게 보고 |
| 접근경로 | 진입골목 폭·회차 가능, 불법 주정차·가드레일·차양 유무 | 진입로 통제·견인 요청 선제 시행, 대형차(특수차) 진입 가부 판단 |
| 화재 규모·층 | 화재층수·확산 범위(연기 색·양·속도, 외벽 확산 징후) 사전 추정 | 공격/방어전략 초안, 계단 확보 소방호스·연소확대차단 준비 |
| 인명정보 | 미확인 인원 수, 마지막 목격 위치, 취약계층(노약자·장애인·아동) 여부 | 구조우선구역 지정, 신속동료구조팀(RIT) 대기, 인원확인보고 강화 계획 |
| 설비·위험물 | 가스케이지·배관, 전력 설비·전선, 소화전 위치·압력 | 가스·전기차단 요청, 급·배수 계획·중계(Relay Pumping) 필요성 판단 |
| 피난·사다리 전개 | 외부피난시설·발코니 구조가능지점, 방범창존재 | 사다리전개 공간확보, 절단 장비준비, 문제어(Door Control) 계획 |
| 보완정보 | CCTV·경비실 정보, 단지 배치도, 야간 시인성(표지) | 사각지대 파악·순찰 동선 설정, 야간 표지·콘 배치 |

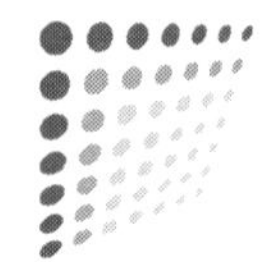



## 2. 출동대 및 경로 파악(Responding Units & Routing Selection)

■ 출동 중 현장지휘관(IC)은 현재 투입 소방력(진압 5개 팀, 구조 2개 팀, 구급 2개 팀)과 차량 편성(펌프차, 물탱크차, 고가사다리차, 구조공작차)을 정확히 파악한다. 아파트 단지는 출입구가 복수이고 단지 내 도로가 복잡·협소할 수 있으므로 진입 동선·회차 가능 구역을 사전에 확인한다. 야간에는 외부 조명 부족으로 동(棟) 번호 식별이 어렵고, 주간에는 이중주차·택배 차량으로 진입 지연이 발생할 수 있으므로, 지휘관은 단지 외부 진입로 폭·회전 반경·도로 상태를 고려해 선두 차량 속도 조절·정지 위치를 미리 지시한다. 필요 시 경찰 교통 협조를 요청해 단지 진입을 원활히 하고, 고가사다리차/물탱크차 등 대형 차량의 부서 위치는 화재 층 방향·접근 통로 확보 여부를 기준으로 결정한다.

Table 2-5-2. 출동 경로·사이징 의사결정(En-route Routing & Sizing Decisions)

| 조건 | 판단 | 조치 |
|---|---|---|
| 단지 출입구 다수, 내부 도로 복잡 | 최단·가장 넓은동선 선택 필요 | 선착차량에 우선진입 출입구지정, 후속차량은 대체동선 선택 |
| 야간조도 부족으로 동 번호식별 곤란 | 식별 오류·오인 정차위험 | 조명(Sopt Light)·헤드램프(Head Lamp)활용, 동표지 확인지점에서 일시정지·확인 |
| 주간 이중주차·택배 차량으로 병목 | 진입지연·회차불가 가능 | 경찰견인·일시통제요청, 진입전 병목구간 보고 |
| 고가사다리차 전개 공간 협소 | 전개 불가·접근 지연 | 전개가능 면적 사전탐색, 대체로A/B방면 사다리전개 또는 내부공격전환 검토 |
| 물탱크차 연속 급수 필요 | 소화전 압력·유량 불확실 | 소화전시험개방지시, 필요시 중계/릴레이(Relay Pumping) 급수계획가동 |
| 화재 층 방향과 연결 통로 미확보 | 대형차 부서 위치 재조정 필요 | 화재동 정면·측면우선배치, 보행자통로는 구급·구조 동선으로 분리 |
| 단지 내 회차 공간 한정 | 대형차 고립·후퇴 지연 위험 | 회차지점 사전지정, 불필요차량은 외곽대기(Staging Area) |
| 풍향이 화재 동 쪽으로 집중 | 연기역류·시야 저하 | 풍상측 진입회피, 풍하측으로 대체진입 지정 |
| 다수 동(동별 유사 외관) | 동 오인 가능성 | 동-라인-호 재확인, 무전보고형식 통일("A동 3번 라인 1203호") |

CHAPTER

# 현장출동
(En route to the scene)

(출처: XVR Program 아파트화재 가상환경)

Chapter 1 사고발생 〉 **Chapter 2 현장출동** 〉 Chapter 3 현장도착 〉 Chapter 4 현장대응

## 1. 선착대장 초기 상황보고 청취(First-Arriving Officer Initial Report)

■ 현장지휘관(IC)은 출동 중 무전으로 선착대장의 초기 상황 보고를 청취한다. “○○아파트 15층 중 8층 발화, 외벽으로 화염 · 검은 연기 다량 분출, 내부 진입 불가”와 같은 보고로 화재 층수 · 연소 범위 · 외부 확산 여부를 가늠한다. 또한 “해당 동 인명 대피 미완료, 고층부 발코니 대피자 다수, 내부 잔류 인원 파악 불가”와 같은 보고로 구조 시급성을 판단한다. 현장지휘관(IC)은 이 정보를 바탕으로 인명 구조－계단 보호－연소확대방지－진압 전개의 우선순위를 도착 전에 구상하고, 현장도착 즉시 전술 결정을 내릴 수 있도록 준비한다. 아파트는 계단실에 다수 세대가 밀집하므로 연기 확산 시 복수 세대 고립 가능성이 커서 현장지휘관(IC)이 이러한 보고를 토대로 인명 구조 우선과 연소 확대 차단을 병행하는 초기 전략을 구상하고, 후착대는 방면별 초기 투입 구역과 대기구역(Staging Area) 위치를 미리 지정해 효율적 전개를 준비한다.

Table 2-5-3. 선착대장 표준 보고 항목(Initial Radio Report)

| 항목 | 예시 보고(내용) | 전술 시사점 |
|---|---|---|
| 위치 · 대상 · 방면 | “OO아파트A동 도착, A방면확보” | 현장지휘소(ICP) · 대기구역(Staging Area) 배치, 방면 통일(A/B/C/D) |
| 화재 층 · 연소 양상 | “8층 804호 화점, 외벽으로 검은연기/화염분출” | 계단확보 소방호스 · 연소확대 방지우선, 통제배연(PPV) 검토 |
| 내부 진입 가능성 | “복도고열 · 가시성 0, 내부진입불가” | 전환공격 또는 외부 방수 우선 |
| 인명 · 대피 | “대피미완료, 9–10층 발코니대피자 다수” | 구조 우선구역 지정, 신속동료구조팀(RIT) 대기, 인원확인보고(PAR) 강화 |
| 설비 · 용수 | “소방시설(Standpipe) 미확인, 동측소화전 2기” | 급수 · 압력 확인, 필요 시 중계/릴레이(Relay Pumping)급수 |
| 접근 · 위험 요소 | “정문 병목, 사다리차 전개 공간 제한, 가스계량기 C방면” | 대형차 대기구역(Staging Area) · 호스 연장, 가스/전력 차단 요청 |

## 2. 특수차량 진입 확인 및 추가 장비요청

(Access for Specialized Apparatus & Additional Resource Requests)

- 현장지휘관(IC)은 출동 중 선착대장에게 고가사다리차, 굴절사다리차 등 특수차량의 단지 내 진입 가능 여부를 우선 파악하도록 지시한다. 아파트 화재는 고층부에서 외부 방수·구조 접근이 결정적이므로, 단지 출입구 폭·내부 도로 폭, 상부 장애물(전선·차양·교량), 회차 공간, 전개 면(아웃리거 공간)을 종합 고려해 직접 전개 가능성을 판단한다. 전개가 곤란하거나 화세 확대·다동(타 동) 연소확대가 확인되면 즉시 상황실을 통해 추가 고가사다리차·굴절사다리차·물탱크차 지원을 요청한다. 발코니 대피자가 확인되면 해당 방면에 사다리 전개를 우선하고, 옥상 대기 인원이 있거나 실내 진입이 지연될 때는 연결송수관, 옥내소화전 등 소방시설(Standpipe) 활용을 전제로 내·외부 동시 전개를 계획한다. 단지 소화전 수량 부족·압력 저하 또는 장시간 방수로 연속 급수가 우려되면 중계/릴레이(Relay Pumping) 급수와 대형 물탱크차 순환 대기를 병행한다. 단지 내 병목이 심하면 경찰 견인·일시 통제를 요청해 진입·회차 동선을 확보한다.

Table 2-5-4. 특수차 진입 가능 판단 기준(Apparatus Access Criteria)

| 항목 | 기준/내용 | 전술 시사점 |
|---|---|---|
| 단지 출입·내부 도로 폭 | 차폭·게이트 협소, 지하주차장 경사로(Lamp)만 존재, 보행 난간·가드레일 간섭 | 굴절사다리차·고가사다리차 외곽대기(Staging Area)전환, 소형펌프차 우선진입·연장호스준비, 접근동선분리 |
| 회전·회차 가능 | 코너회전 반경협소, 회차공간 협소, 지상구조물(화단·조경석) 간섭 | 선두차량 정차지점 사전지정, 회차지점 확보, 불필요차량 외곽대기(Staging Area) |
| 전개 면(아웃트리거) | 주차밀집·차양·전신주로 아웃트리거 전개 불가 | 대체방면배치 또는 고가사다리차 전환검토, 외부방수는 연소확대차단 중심 |
| 상부 장애물 | 전선횡단, 보행데크·차양, 돌출 발코니 간섭 | 사다리전개 금지구역지정, 휴대사다리·내부구조동선 대체 |
| 화재 위치·층 | 고층부(≥10층)·코너 세대·파사드(Façade) 연소확대 | 외벽냉각·코너사다리전개, 내·외부동시제압으로 확산차단 |
| 인명 구조 필요 | 발코니·창가 대피자, 인접세대 연기 유입 | 사다리구조 우선방면지정, 계단확보 소방호스·문 제어(Door Control)연동, 구급동선분리 |
| 급수 가용성 | 단지 소화전 부족·압력 저하, 동시 방수 다선 운용 | 중계/릴레이(Relay Pumping)급수 즉시가동, 물탱크차 순환배치, 펌프압관리 |
| 대체 수단 전환 | 특수차량 전개지연/불가, 풍상측 장애 | 내부 소방시설(Standpipe)로 공격전환, 통제배연(PPV)·절단장비 병행, 외곽은 연소확대 방지 |

### 3. 유관기관 요청(Requests to Cooperating Agencies)

■ 아파트 화재 발생 시 현장지휘관(IC)은 상황에 따라 경찰 한국전력, 도시가스, 아파트 관리사무소 등 유관기관에 즉시 협조를 요청한다. 경찰에는 화재 규모와 대피 인원 현황을 공유하고 단지 외곽 통제선, 주민 접근 차단, 교통 통제 지원을 요청한다. 전기설비는 동별·라인별 차단이 필요할 수 있으므로 한전 또는 관리사무소를 통해 해당 차단구역을 신속히 실행한다. 외벽 배관·집합계량기 등 가스 설비가 노출된 경우에는 도시가스에 공급 차단과 누설 점검을 병행 요청한다. 관리사무소에는 엘리베이터 정지(소방전용 전환), 출입통제 및 통보망 가동, CCTV 열람·백업, 층·호별 세대주 연락 지원을 요청한다. 필요 시 도로 관리·교통 유관부서에는 우회 동선·일시 통제·견인을 요청하고, 용수 문제가 예상되면 수도사업소에 소화전 유량·압력 지원을 요구한다. 이러한 조기 개입은 현장 안전 확보와 연소 확대 방지, 신속한 구조·진압에 결정적으로 기여한다.

Table 2-5-5. 유관기관별 즉시요청사항(Cooperating-Agency Immediate Requests)

| 유관기관 | 요청사항(예) | 전술시사점 |
|---|---|---|
| 경찰 | 단지외곽 통제선설정, 주민·차량 접근 차단, 주요 교차로 교통 통제·견인 지원 | 진입·회차 동선 확보, 군중밀집 완화로 사다리차·구급동선 분리용이 |
| 한전 | 동/라인단위 전원차단, 위험구역 표시, 감전 위험 구간 확인 | 사다리 전개·내부전개 안전확보, 전기화재 2차 위험차단 |
| 가스 | 공급차단, 집합계량기·배관 누설 점검, 가스농도 확인 | 폭발·재발화 위험저감, 배관 인접 구간 접근 안전확보 |
| 아파트 관리사무소 | 엘리베이터 정지/소방운전 전환, 출입통제·대피 방송, 세대주 연락망 가동, CCTV 열람·백업 | 대피가속·실종자 신속 확인, 인명검색 동선 최적화, 증거·사고 조사지원 |
| 교통·도로 관리부서 | 단지 진입로 일시 통제, 우회 동선 설정·표지, 불법 주정차 견인 | 병목해소로 특수차 즉각전개, 외곽대기(Staging Area) 운영 안정화 |
| 수도사업소 | 소화전 유량·압력 증강, 밸브 조정, 급수 장애 신고 대응 | 동시방수 다선 운용 안정화, 중계/릴레이(Relay Pumping) 급수 계획 보완 |
| 인근 의료기관 | 응급실 대기·다수사상자대비 통보, 재난의료지원팀(DMAT) 요청, 환자 분류·수용능력 공유 | 연기흡입·화상 환자집중수용, 이송 우선순위 확립 |

## 4. 선착대원 현장활동 통제 (Control of First-Arriving Crews)

- 출동 중 전 대원에게 현장도착 직후 현장지휘관(IC) 지시 전 개별 행동 금지를 반복 공지한다. 아파트 화재는 고층부 또는 밀폐 세대 내부에서 플래시오버 및 급격 연기 확산 위험이 커, 임의 진입이 곧 안전사고로 이어질 수 있다. 선착대만 최소 인원으로 투입하고, 후속 대원은 외부 대기구역(Staging Area)에서 임무 지시를 대기한다. 지휘체계 확립 전까지 현장지휘관이(IC)이 대원의 위치와 행동을 직접 통제해 과잉 진입·혼잡을 방지하고, 복수 출입로가 있는 구조 특성상 출입 방향별 인원 분포를 사전에 조정해 중복 진입과 동선 겹침을 최소화한다. 초기 지휘체계 확립 전에는 선착대장의 판단·지시를 최우선으로 따른다.

Table 2-5-6. 선착대원 통제 체크리스트(Arrival Control Checklist)

| 항목 | 기준/내용 | 조치 |
|---|---|---|
| 개별 행동 금지 | 도착·지시 전 임의 진입·소방호스라인 전개 금지 | 현장지휘관(IC)이 무전으로 반복 고지 |
| 투입 인원·출입로 관리 | 협소복도/복수 출입로로 과잉 진입·동선 겹침 위험 | 선착대 최소 인원만 진입, 출입 방향별 인원 분배·교차 통로 금지 |
| 계단 확보 소방호스·문 제어(Door Control) | 피난동선 보호와 연기역류차단 필요 | 계단확보 소방호스 1선 우선전개, 문 제어(Door Control)전담지정·불필요 개방 금지 |
| 인원확인보고 (PAR) | 투입인원·위치 추적이 안전의 전제 | 투입 전/교대 전/철수 후 인원확인보고(PAR)를 시행 |
| 안전·개인보호장비 (PPE/SCBA) | 개인보호장비(PPE/SCBA) 완비, 공기·무전 사전점검 | 투입 전 팀호출(Call-out) 후 진입, 공기량 공유 |

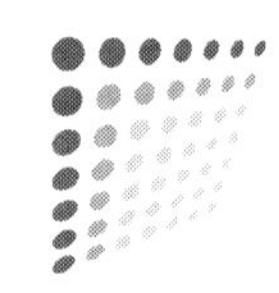



## 5. 연기 및 화염 상태 파악(Reading Smoke & Flame Conditions)

- 현장 접근 중 원거리에서 보이는 연기 기둥과 화염의 색상·양·방향을 면밀히 관찰한다. 아파트 화재는 연기가 외벽 파사드(Façade)와 복도 창을 따라 수직·수평으로 빠르게 확산할 수 있으므로, 연기 이동으로 화점층과 내부 확산 범위를 예측한다. 짙은 검은 연기는 가구·전자제품 등 가연물 다량 연소를 시사하고, 불꽃의 외부 분출은 내부 연소가 고온·고압으로 진행 중임을 의미한다. 인접 세대 외벽·베란다·차양으로 불티 비산이 확인되면 상층·인접동으로의 연소확대 가능성을 경계하고, 전 대원에 상층·인접동 연소 확대 주의를 전파하며, 상황실에는 인접 동/층 대피 준비를 선조치하도록 지시한다.

Table 2-5-7. 연기·화염 매트릭스(Smoke/Flame Reading Matrix)

| 관측 | 내용 | 전술 시사점 |
|---|---|---|
| 짙은 검은 연기 (고온·난류) | 석유계/내장재 연소가능, 고열·독성 증가 | 상층대피우선, 전환공격검토, 계단실확보 소방호스+문 제어(Door Control) 즉시시행 |
| 회색/갈색 연기 (간헐 분출) | 통제배연(PPV) 연소, 플래시오버·백드래프트 전조 가능 | 개구부무분별개방금지, 통제배연(PPV)시점 현장지휘관(IC) 승인하 조정 |
| 창호 틈 양압 분출 (분출→흡입 전환) | 화점층 과압·연소가속, 층간 확산징후 | 화점층 A방면 진입억제, 외벽냉각· 연소확대차단 경계관창 |
| 수직으로 빠른 연기 상승(코너·배면) | 외벽·샤프트(shaft) 따라 수직확산 | 상층·인접세대 연소확대차단, 배면(C/D) 감시·차단선 배치 |
| 불티·불꽃 비산 (spotting) | 인접세대·외벽 착화위험 | 연소확대차단 우선, 발코니·처마 냉각방수 |
| 불꽃 창 너머 관찰 ·유리 파손 | 내부가연물 고온 연소, 열방출률(RHR) 증가 | 내부진입팀호흡·열보호강화, 2선 확보·소방호스라인 준비 |
| 연기 색 밝아짐 +양 증가 | 급격연소로 산소흡입, 환기 전환징후 | 환기·진입 동시 진행금지, 팀간타이밍 무전조율 |
| 무창부에서 연기만 다량(화염 미노출) | 무염연소/열 축적, 시야 제로 | 열화상카메라(TIC)활용 인명검색, 표식테이프운용 |

CHAPTER 3

# 현장도착
(On-Scene Arrival)

(출처: XVR Program 아파트화재 가상환경)

Chapter 1 사고발생 › Chapter 2 현장출동 › **Chapter 3 현장도착** › Chapter 4 현장대응

## 1. 지휘권 인수 및 선언 (Assume and Announce Command)

- 현장지휘관(IC)은 현장도착 즉시 선착대장으로부터 대면보고를 받아 공식적으로 지휘권을 인수한다. 이어 무전으로 "지금부터 ○○아파트 화재 현장지휘는 ○○지휘관이 맡는다"고 지휘권 선언을 하고, 현장지휘소(ICP) 위치 · 운용 무전채널 · 대원임무 지정 · 전파한다. 동시에 도착 소방력의 배치 위치 · 임무를 신속히 파악하고, 추가 출동대 도착시간)확인하여 가용 인원 · 자원 배분을 위한 현장지휘계획(IAP)을 구상한다. 필요시 대기구역(Staging Area)과 현장상황 · 조치 · 필요(CAN) 공지하여 보고 라인을 일원화한다. 이러한 절차는 초기 전략수립과 전술선택의 핵심 판단 근거가 된다.

Table 2-5-8. **지휘권 인수 · 선언 절차**(Procedure & Standard Elements)

| 단계 | 핵심내용 | 지휘내용 |
|---|---|---|
| 도착 보고 | 선착대가 현장도착 상황과 초기 위험요소를 무전 보고한다. ("○○아파트 A동 도착, 8층 804호 추정 화점, 외벽 연기 다량.") | 현장지휘관(IC)이 선착대 보고를 수신 · 요약 재송신하고, 필요 시 안전사항을 전달 |
| 대면보고 | 선착대장은 화점 · 인명 · 진입 가능성 · 자원 현황을 현장상황 · 조치 · 필요(CAN)보고 형식으로 대면보고 | 화점층, 계단실 상태, 연결송수관 · 스프링클러 등 소방시설 작동가능 여부를 확인 |
| 지휘권 인수 | 현장지휘관(IC)이 지휘권 인수 의사를 명확히 표명하고, 현장지휘계획(IAP) 수립 전제로 구조 · 계단 등 연소확대방지 등 우선순위 결정 | 현장지휘소(ICP)와 대기구역(Staging Area) 위치를 지정 |
| 지휘권 선언 | 현장지휘관(IC)이 전 채널에 지휘권 확립 메시지를 송출해 지휘체계 확립 ("지금부터 ○○아파트 화재 현장지휘는 ○○지휘관이 지휘한다.") | 전 대원에게 현장지휘소 위치, 보고 채널, 임무 분배 원칙을 공지 |
| 일원화 전환 | 모든 보고 · 지시를 현장지휘관(IC) 중심 단일 체계로 전환하고, '방면-층-호'을 중심으로 대원임무지정과 현장상황 · 조치 · 필요(CAN)로 간략하게 보고 | 모든 대원은 현장지휘관(IC) → 단위지휘관 단선 보고로 전환하고, 임의 지휘 라인 금지 |

## 2. 최초 상황평가(Initial Size-Up)

- 현장지휘관(IC)은 안전거리를 확보한 뒤 건물 외부에서 화재 규모와 진행 상황을 신속히 파악한다. 건물 층수, 화점층·호, 구조 대상자 존재 여부, 옥상 대피 가능성, 인접 동·세대로의 연소 확대 위험을 종합 관찰한다. 창문·출입구·베란다에서 분출되는 연기의 색·양과 불꽃 유무를 확인하고, 대피 주민·이웃으로부터 내부 상황과 고립자 여부를 청취한다. 아파트는 복수 출입구와 코어(계단실·승강기실) 중심의 수직 확산 위험이 크므로 대피자·미확인 인원 파악에 주력하고, 인접 세대·외벽으로의 확산 가능성을 고려해 연소확대 차단 배치를 선별한다. 무전 보고는 '방면-층-구역 + 현장상황·조치·필요(CAN)'로 보고체계를 표준화한다.

Table 2-5-9. **최초 상황평가 체크리스트**(Initial Size-Up Checklist)

| 항목 | 확인 포인트 | 전술 시사점 |
|---|---|---|
| 외부관찰 | 연기 색·양·속도, 불꽃 분출, 불티 비산 방향, 베란다·창 손상, 파사드(외벽) 상태 확인 | 상층·인접세대 연소확대방지 우선, 외벽냉각 방수검토, 풍상측 진입회피 |
| 접근안전 | 단지 출입구·골목 폭, 불법 주정차, 상부 장애물(차양·전선), 전개·회차 공간 확보 | 현장지휘소(ICP)·대기지점지정(Staging Area), 활동제한구역설정, 사다리차대체 방면을 검토 |
| 인명상황 | 대피 현황, 미확인 인원, 발코니 대피 신호, 계단실 혼잡도 확인 | 구조우선구역지정, 계단/복도 방어선 1선 전개, 신속동료구조팀(RIT)을 대기 |
| 내부정보 수집 | 계단실·복도 연기 이동, 출입문 상태(닫힘/개방), 코어 샤프트 영향, 가시성·열상태 확인 | 문 제어(Door Control)우선, 열화상카메라(TIC) 인명검색, 개구부개방·배연시점을 통제 |
| 연소확대 | 파사드(Façade) 수직 확산, 복도 창 통한 수평 확산, 인접 동 그을음·착화 징후 확인 | 연소확대차단 선배치, 내·외부동시전개로 확산차단, 배연환기를 조율 |
| 용수·압력 우선순위·보고 | 소화전위치·유량·압력, 연결송수관, 옥내소화전 등 소방시설(Standpipe) 가용 여부 확인 | 중계/릴레이(Relay Pumping)급수 검토, 펌프압관리 |

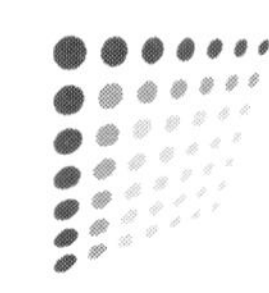



## 3. 방면 지정

■ 현장지휘관(IC)은 아파트와 같은 대형 아파트 화재 현장에서 방향 혼선을 줄이기 위해 건물방면을 지정한다. 일반적으로 건물의 도로 접면을 A방면(정면)으로 하고, 시계 방향으로 B(좌측), C(후면), D(우측) 방면으로 구분하여 무전 통신에서 일관된 방향체계를 공유한다. "방면은 아파트 정문 방향, C방면은 후면 놀이터 쪽"과 같이 알려주어, 대원들이 서로 동일한 방위를 기준으로 현장을 인식한다. 만약 아파트 단지가 넓고 동이 여러 개일 경우, "104동은 동측, 108동은 서측"과 같이 구역을 단순화하거나 묶어서 구분하여 표현하면 지휘와 보고 체계가 더욱 명확해진다.

Table 2-5-10. 방면 지정 기준(Side Designation Guide)

| 구분(방면) | 기준 | 예시 지시(무전) | 전술 시사점 |
|---|---|---|---|
| A방면<br>(정면) | 도로 접면 · 단지 정문 · 주출입구가 있는 정면 | "현장지휘소(ICP) A방면설치, 계단확보 소방호스라인 1선전개" | 현장지휘소(ICP) · 대기지점(Staging Area)으로 사용,<br>계단실 진입축과 초기수평전개의 기준,<br>구급동선분리 운용에 적합 |
| B방면<br>(좌측) | A기준 좌측 측면(동 측면 파사드(Façade), 지상 주차 · 보행로 인접) | "B방면 창연기증가,<br>배연대기 · 사다리측면 전개" | 대체진입 · 배연포인트로 활용,<br>파사드(Façade) 냉각방수 및 인접연소 확대차단 방어선 전개 적합 |
| C방면<br>(후면) | 후면 놀이터 · 후면 주차장 · 근린시설 접면 | "C방면접근혼잡, 연소확대차단 우선" | 후면감시 · 차단선운용,<br>회차공간을 활용해 중계/릴레이(Relay Pumping) 급수운영 적합 |
| D방면<br>(우측) | A기준 우측 측면(지상 주차 밀집 · 협소 보행로) | "D방면 사다리전개, 창문구조 준비" | 창문구조 · 수평전개,<br>외벽 수직확산차단과 인접동 연소확대차단에 적합 |
| 내부<br>기준 | 계단실 · 엘리베이터홀 · 공용복도 방향, 동 · 층 · 호수 체계 | "복도말단창측=D방향간주,<br>문 제어(Door Control) 유지" | 인명검색경로와<br>문 제어(Door Control) |

## 4. 360° 상황평가(360°Size-Up)

- 360° 상황평가와 방면 지정이 끝나면 현장지휘관(IC)은 도착 직후 안전이 허용되는 범위에서 아파트 건물 외곽을 순회하며 360° 탐색을 실시한다. 정면뿐 아니라 측면(B · D방면) · 후면(C방면)의 화염 분출과 연기 배출 상태를 확인하고, 파사드(Façade) 연소가 상 · 하층으로 번지는지 확인한다. 외벽 가스 배관 · 에어컨 실외기 · 발코니 구조물 등 노출물이 가열되면 연소 확대나 폭발 위험이 있으므로 주의 깊게 관찰하고, 창문 파손 · 외벽 균열 등으로 내부 화재 강도를 추정한다. 동시에 후면 · 측면의 대체 진입 경로나 창 접근 루트를 탐색하며, 고층 발코니 대피자 유무와 수직 확산 여부를 확인해 구조 및 진압 우선순위를 정한다. 결과와 지시는 현장지휘소(ICP)에서 간략 보고 형식으로 일괄 공유한다.

Table 2-5-11. 360° 상황평가 체크리스트(360° Size-Up Checklist)

| 구역 | 확인 항목 | 관측 포인트 | 즉시 조치 |
|---|---|---|---|
| 후면(C) | 창 · 출입부, 연기/화염, 구조 신호 | 연기 색 · 양 · 속도, 불티 비산, 발코니 대피 신호 | 후면차단선 · 활동제한구역 설정, 대체진입 · 창접근 지정, 인접동 연소확대차단 경계관창 선배치 |
| 측면(B/D) | 외벽 가열 · 틈새, 연기 누출, 노출물 위험 | 가스 배관 · 실외기 · 차양 가열, 창호 파손 · 균열 | 연소확대차단 경계관창 배치, 측면배연포인트 확보, 휴대사다리 · 소방호스라인 전개준비 |
| 상부(옥상/상층) | 옥상문 · 배기 설비, 상층 발코니 | 옥상문 연기유출, 파사드(Façade) 수직 확산, 상층 대피자 | 상부 감시 · 배기배치, 출입통제, 필요 시 통제배연(PPV) 내부팀과 타이밍 조율 |
| 공통 | 수직/수평 연기 흐름 | 계단실 · 코어샤프트 · 복도창 이동 | 계단/복도방어선 전개, 문 제어(Door Control) 우선, 통제배연(PPV) 시점 지휘승인 하 검토 |
| 안전 | 접근 가능성 · 낙하물 · 조도 | 전선 · 차양 · 적치물, 야간 시야 제한 | 현장지휘소(ICP) 기준 안전 통제선 확장, 개인 안전거리 유지, 투입 전 위험 브리핑 실시 |

## 5. 지휘형태결정(Command Mode Selection)

■ 현장지휘관(IC)은 360° 상황평가(360° Size-Up)와 방면 지정(Side Designation) 후, A방면 등 안전구역 중 타워크레인 회전 반경 밖·낙하·비산물 활동제한구역 외부·상풍(바람 상류) 위치에서 현장지휘소(ICP)를 설치해 고정지휘(Fixed Command)를 시작한다. 아파트 단지는 복수 출입구·복잡한 동선·야간 조도 부족이 빈번하므로 필요 시 이동지휘(Mobile Command)로 전환해 시야 확보 지점(반대편 C방면, 측면 B/D, 고도 전망 가능 지점)에서 직접 확인한다. 지휘형태와 위치 변경 시 무전으로 "현 시간부로 ○○방면 현장지휘소(ICP)에서 고정지휘(또는 B방면 이동지휘)로 전환"을 명확히 공지하고, 전 대원은 위치를 숙지해 즉시 대면보고 한다.

Table 2-5-12. 지휘형태 전개 기준(Command Mode Criteria)

| 지휘형태 | 적용 조건(요지) | 지휘 포인트(간략) |
|---|---|---|
| 전진지휘<br>(Forward Command) | 선착대장이 실내에 직접진입해 초기 판단 · 지휘가필요한 단계 | 내부지휘+현장지휘소(ICP)연속성,<br>인원확인보고(PAR_강화,<br>문 제어 · 계단/복도방어선우선,<br>용수 · 펌프압 · 배연타이밍 상시조율 |
| 고정지휘<br>(Fixed Command) | A방면에서 가시성 · 안전 확보,<br>전개 · 대피 동선이 A방면에 집중 | 현장지휘소(ICP) A방면설치,<br>대기지정(Staging Area),<br>채널 · 보고주기공지, 연소확대차단계획 |
| 이동지휘<br>(Mobile Command) | 고정 위치 시야 제한 또는 후면/측면 전개 확인 필요 | 단시간 둘러보고 현장지휘소(ICP) 복귀,<br>배연/방수 타이밍 동기화,<br>안전담당(ISO)으로 지휘연속성유지 |
| 혼합지휘<br>(Combined Command) | 복수 방면 동시 전개 · 상층 확산 우려 등 변동 큰 초동 | 현장지휘소(ICP)중심 통제유지+제한적 이동지휘 병행,<br>인명검색 → 차단 → 진압 우선순위 재확인 |

## 6. 전략 결정(공격/방어) (Strategy Selection: Offensive/Defensive)

- 현장지휘관(IC)은 아파트 화재의 복수 계단실 · 승강기 샤프트 · 부속실(전실) · 제연 · 스프링클러 · 외장재(파사드) 등 특성을 고려해 공격(Offensive) 적용 가능성을 우선 검토한다. 생존 가능 구역과 공격계단(Attack Stair)과 대피계단(Evacuation Stair) 분리를 확립하고, 전실 · 계단 제연(또는 양압) 성능, 연결송수관 · 옥내소화전 등 소방시설(Standpipe) 가압 상태, 소방호스라인 전개 거리(고층 호스 전개)와 용수 · 인력 확보가 충족되면 내부 진입 · 화점 공격과 동시에 구조를 한다. 반대로 바람영향(풍향 · 풍속)에 의한 풍향화재(Wind-Driven Fire), 복도 · 전실의 고온 · 농연 지속, 스프링클러 · 제연설비 미작동, 외벽 파사드(Façade) /발코니를 통한 수직 확산 우세, 구조 손상 또는 안전 한계가 식별되면 방어(Defensive)로 전환해 외부 억제 · 연소확대 차단과 구획(Compartment) 보호를 우선한다. 열 · 연기 저감과 안전 한계 해소, 자원 보강 시 공격으로 재 전환한다.

Table 2-5-13. 전략 선택 기준(Strategy Decision Criteria)

| 전략 | 공격(Offensive) | 방어(Defensive) | 전환(Transition) |
|---|---|---|---|
| 인명 · 경로 | 생존징후확인, 공격계단-대피계단 분리확립, 전실 · 계단 가시 확보 후 동시구조 · 진입, 엘리베이터는 화재층 · 직상층 정지금지, 소방전용승강기만 통제 사용 | 계단 · 전실이고 열과 농연으로 진입불가 이거나 방화문 개방으로 복도 플로우패스(Flow Path) 형성, 풍향화재로 진입 부적절하면 외부억제로 전환 | 방어→공격 : 경로장애제거, 전실 · 계단 제연, 생존징후 재확인시 공격으로 전환<br>공격→방어 : 경로상실 · 메이데이 · 붕괴징후 등 구조위험 증가시방어로 전환 |
| 화재 · 환경(연기 · 열 · 배연 · 연소확대) | 제연 · 양압성능 확보, 연기층 · 열저감상태에서 층내 국부화점을 직접 공격하고, 파사드(Façade) · 샤프트 · 발코니를 통한 연소확대를 차단 | 고온 · 농연지속, 플래시오버/백드래프트 징후, 파사드(Façade) /발코니/샤프트 수직확산 우세, 풍향화재, 스프링클러 · 제연미작동시 외부억제 · 연소확대방지선을 우선 | 방어→공격 : 배연 확보, 열완화, 연소확대 통제 달성시 공격으로 전환<br>공격→방어 : 열상승 · 연기악화 · 수직확산 가속시방어로 전환 |
| 자원 · 지휘(용수 · 인력 · 안전 · 통신) | Standpipe가압 · 압력확인, 화점 진압을 위해 두 개의 진압팀(1 · 2)을 운용, 예비팀을 확보, 활동제한구역밖 안전을 유지 | 용수 · 인력열세, 연결송수관, 옥내소화전 등 소방시설(Standpipe) 압력/유량부족, 가스누출 · 전기위험 · 구조손상등 안전한계 발생 시 외부억제 · 대기하고 현장상황을 공유 | 방어→공격 : 추가용수 · 인력도착, Standpipe압력 · 연장확보, 안전지표 및 진입상태호전 시 공격으로 전환<br>공격→방어 : 용수고갈 · 인력이탈 · 안전상황 악화 시 방어로 전환 |

## 7. 전술 결정 및 구체적 임무지시 (Tactics & Assignments)

- 현장지휘관(IC)은 선택된 전략에 따라 전술 목표를 설정하고 각 팀에 구체 임무를 부여한다. 아파트화재에서는 공격계단(Attack Stair) – 대피계단(Evacuation Stair) 분리, 전실 · 계단 제연(또는 양압)과 연결송수관 · 옥내소화전 등 소방시설(Standpipe) 가압 · 압력 확인, 고층 호스 전개 거리와 용수 · 인력 확보가 전제 조건이다. 공격(Offensive)이 가능하면 진압팀은 화점 세대에 가장 근접한 현관 · 전실 또는 계단실을 통해 진입하고, 구조팀은 고립 세대 · 발코니 · 피난공간을 우선 인명검색 · 구조한다. 스프링클러 미작동, 풍향화재(Wind-Driven Fire), 파사드(Façade) /발코니 수직 확산 우세, 안전 한계가 식별되면 방어(Defensive)로 전환해 외부 억제 · 연소확대방지를 우선한다.

Table 2-5-14. 팀별 임무 · 교신 · 안전요소(Assignments/Communications/Safety)

| 팀 | 임무 | 동선 · 수단 | 안전요소 |
|---|---|---|---|
| 진압1 | 화점 직접 · 조합공격, 화세 억제 | 공격계단 통해 전실→화점 세대 진입, 소방시설 연결 · 고층 호스 전개, 문 제어(Door Control) | 전실 · 계단 제연/양압 확인, 풍향화재 · 플로우패스(Flow Path) 차단, 열감지 · 감압, 메이데이(MAYDAY) 대비 |
| 진압2 | 인접 세대 · 상하층 연소확대 차단, 파사드(Façade) / 발코니 방어 | 차단선 형성, 외벽 · 샤프트(Shaft) 감시, 외부방수보조 | 낙하물 · 유리 비산, 전선 · 가설물 접촉위험, 안전거리 · 하풍 회피 |
| 구조1 | 고립 세대 인명검색 · 구조, 생존자 확보 | 대피계단과 분리된 인명검색 동선, 열화상카메라(TIC) · 표식 사용 | 연기층 높이 · 가시성, 방화문 닫힘상태, 경량 칸막이 붕괴위험 |
| 구조2 | 전실 · 피난실 인원 확인, 대피 유도 · 인원 파악 | 피난유도 · 계단분리, 엘리베이터 금지(소방전용 제외) | 과밀 · 패닉 관리, 질식 · 추락 방지, 간략보고로 인원현황 공유 |
| 배연팀 | 제연 · 양압 유지/복구, 연기층 저감 | 전실 · 계단 제연팬 운용, 창개방 · 유량 조정(조절배연) | 풍향화재 유발 방지, 역류 · 플로우패스(Flow Path)통제, 개구부 개폐 통합지휘 |
| 전기 · 가스 차단 | 2차 위험 제거(전기 · 가스 · 스프링클러 밸브 점검) | 전기실 · 기계실 접근, 밸브 · 차단기 조작 | 감전 · 가스누출 · 폭발 위험, 열기실 내부 고온 · 산소결핍 |
| 구급 | 현장 처치, 연기흡입 · 화상 분류(Triage) · 이송 | 대피계단 하부 · 안전구역에 수용 · 처치 구역 설정 | 오염 · 교차오염 관리, 이송 동선과 진입 동선 분리 |
| 급수 · 중계 | 용수 확보, 중계가압 · 호스 연장지원, 장비 지원 | 소화전 연계, 펌프 중계 · 압력 모니터링, 병행 지원선 운영 | 동압저하방지, 동결 · 누수 · 호스 손상확인, 소방시설압력확인 |
| 지휘보조 | 현장지휘소(ICP)운용보조, 상황판 · 자원추적,통신관리 | '방면–층–구역 + 간략보고(CAN)' 로그, 인원 · 소방호스라인 추적 | 무전 혼선 · 포화 관리, 안전지표 추적, 전술 변경 신속 전파 |
| 안전 | 위험성 평가, 활동제한구역 설정 · 감시, 전환 권고 | 360° 현장확인, 구조손상 · 낙하 · 전기 · 가스 · 풍향화재 감시 | 메이데이 기준, 철수 · 전환(공격↔방어) 상황관리 |

# 현장대응 (On-Scene Operations)

## 01 전반부 대응 (Primary Phase Operations)

(출처: XVR Program 아파트화재 가상환경)

| Chapter 1 | Chapter 2 | Chapter 3 | Chapter 4 |
|---|---|---|---|
| 사고발생 | 현장출동 | 현장도착 | **현장대응** |

## 1. 현장통제 및 안전구역 확보 (Scene Control & Establish Safety Zones)

- 현장지휘관(IC)은 도착 즉시 지휘참모(안전 · 통신 · 조사)와 경찰과 공조하여 현장통제선(Fire Line)을 설정하고 활동제한구역을 구획한다. 아파트 화재는 주민과 구경 인파의 근접 가능성이 높으므로, 화재 건물을 기준으로 전 · 후 · 측면에 통제 구역을 넓게 설정하고 필요 시 단지 출입구 · 주차장 진입로를 봉쇄한다. 화염 분출, 열복사, 유리 파손 · 낙하물 등 2차 피해가 예상되는 구역은 건물 높이의 1.5배 이상을 위험 구역으로 간주해 일반인 접근을 차단한다. 경찰에는 "외부 차량 · 구경 인파를 단지 외곽으로 우회 유도"를 요청하고, 안전담당은 인근 세대에 위험 알림 · 대피 안내를 실시한다. 통제구역 내에는 소방 활동 차량 · 인원만 출입하도록 출입관리를 하고, 발코니 붕괴 · 외벽 탈락 우려 방면은 이중 차단해 대원 · 주민 안전을 확보한다.

Table 2-5-15. 현장통제 핵심 조치(Scene Control Actions)

| 항목 | 기준/내용 | 전술 시사점 |
|---|---|---|
| 통제반경 | 화재건물외곽으로 최소건물높이 1.5배까지 1차통제반경 설정, 필요시 풍하측 추가확장 | 열복사 · 낙하물 · 유리비산을 고려한 안전 여유거리 확보, 외곽에 현장지휘소(ICP) · 임시의료소 배치 |
| 배제구역 | 외벽파사드(Façade) · 발코니붕괴우려방면, 풍하측 · 플로우패스(Flow Path)형성구역은 완전배제 | 대원동선은 건물모서리회피 · 상풍측우선, 이중콘/테이프 · 바리케이드로 시각화 |
| 열복사구역 | 화염분출 · 외벽연소시 파사드(Façade) 전면과 코너부 중심으로 표시, 차량 · 인원 노출금지 | 펌프차 · 사다리차 대기위치를 코너 바깥 · 상풍측으로 조정, 호스보호매트 설치 |
| 출입관리 | 단지출입구 · 주차장교차로에 차량차단선 설치, 출입스티커/목록관리 | 소방차전용동선 확보, 일반차량전면차단 · 우회유도, 대원출입체크인 · 체크아웃 |
| 광역 대비/ 교통-활동공간 | 외곽교통 통제구역, 장비집결(Staging Area), 임시의료소 분리 | 공격계단 · 대피계단 동선분리, 용수지원 · 중계가압차량 배치, 민 · 관동선 충돌방지 |
| 안전(현장통제선 구성 · 표식) | 현장통제선은 콘/바리케이드/야광테이프/표지판으로연속표시, 야간조명보강 | 통제선 끊김없는 시인성확보, 경계인력배치 |

## 2. 관계자 확보(Stakeholder & Gather Critical Info)

- 현장지휘관(IC)은 도착 즉시 관리사무소 직원·경비원·입주자대표·승강기/전기·가스 담당자 등 현장 관계자를 확보한다. 세대별 점유·대피 현황, 취약 세대, 설비 상태를 최단 시간에 파악해 전술 우선순위에 반영한다. 관계자 확보는 인명구조(Rescue) 우선 동선, 공격계단-대피계단 분리와 문 제어(Door Control), 연결송수관, 옥내소화전 등 소방시설(Standpipe) 운용, 압력감압밸브(PRV) 확인, 전기·가스 차단 등 초기 의사결정의 핵심 근거가 된다.

Table 2-5-16. 관계자 확인사항(Stakeholder Interview Checklist)

| 항목 | 질문 예시 | 전술 시사점 |
|---|---|---|
| 인원 파악 | 현재 각 세대 대피 현황은?<br>미확인/연락 두절 세대는?<br>노약자·거동불편·영유아·환자 세대는? | 구조우선순위설정(단일계단차단위험고려),<br>구조팀투입순서와 구역지정,<br>인원현황을 반영 |
| 구조 특이점 | 고립 우려 세대(예: 302호 노약자)·외국인 세대·임시 칸막이 등 내부 구조 특이점은? | 강제진입·추가인력배치,<br>문 제어(Door Control)·개구부진입인명검색(VEIS)적용여부판단, 분할인명검색을 계획 |
| 피난 경로 | 단일계단 접근성·가시성은?<br>계단/복도방화문 상태는?<br>옥상·발코니대피 가능성은? | 계단보호 소방호스라인·문 제어(Door Control)우선, 대피유도순서확정,<br>계단상·하부혼잡·주민재진입을 통제 |
| 설비 상태 | 연결송수관, 옥내소화전 등 소방시설(Standpipe)유무·가압상태?<br>감지기·경보작동여부는? | 용수계획(외부급수·중계가압)확정,<br>경보지연시 수동경보·대피방송을 보완 |
| 전기·가스 | 전기메인차단반·가스계량기집합부 위치는?<br>차단권한·절차는? | 감전/가스누출/폭발위험저감,<br>활동제한구역확대,<br>점화원통제·외벽방수각도를 조정 |
| 외벽·발코니 | 외벽 마감재·발코니 창호·차양물 상태?<br>최근 보수·가연물 적치 여부? | 수직확산가능성평가,<br>외부차단선·연소확대방지,<br>낙하물위험 방면 이중차단 |
| 평면·출입·골목 | 동·호수 배치·계단 위치·지하주차/창고 유무? 골목 폭·불법주차 현황? | 소방차진입·배치동선확정,<br>호스보호매트·우회동선설정,<br>초기소방호스라인 전개거리 산정 |
| 엘리베이터·옥상 | 엘리베이터 유무·정지 여부?<br>옥상문 잠금·키 위치? | 엘리베이터사용금지 재확인,<br>옥상배연·대피 등 가능성검토 |
| 특별 위험 | 전기차·보일러실·창고 가연물 집중 구역은? | 폭발·재점화 위험구역 표시,<br>냉각·격리·연소확대차단 강화,<br>간략보고로 위험 공유 |

### 3. 대기단계 운영 (Staging Operations)

- 현장지휘관(IC)은 선착대를 제외한 후착 소방차량·인력을 대기단계(Staging)로 운용한다. 아파트 화재는 단지 진입로 협소·불법 주차 등으로 현장 전면 혼잡이 발생하기 쉬우므로, IC는 무분별한 전면 진입을 통제하고 차량을 외곽 대기(Staging Area)로 전환한다. 대기 차량·대원은 무전 청취 유지, 지시에 따라 순차 투입하며, 전면부는 공격계단 접근선·고가차 전개 공간·회차 동선을 확보한다.

Table 2-5-17. 대기단계 운영 체크리스트(Staging Operations Checklist)

| 항목 | 기준/내용 | 전술 시사점 |
|---|---|---|
| 대기 위치 | 현장외곽도로·부지에 1차(장비집결)-2차(투입대기) 대기선을 설정, 현장지휘소(ICP)는 상풍측 외곽 | 전면부는 고가사다리차 전개공간, 응급의료소, 회차동선을 상시 확보 |
| 진입 통제 | 선착대외차량은 현장지휘관(IC) 호출시에만 진입, 역할별(펌프/고가사다리/구급/장비)진입순서를 사전지정, 자재 반입차량은 운행정지 | 혼잡·교차사고를 예방하고 소방호스라인전개·용수연결을 방해하지 않도록 하고, 불필요차량은 대기 |
| 준비 상태 | 공격라인·예비호스·들것·배연장비 등 사전 세팅 | 호출시 즉시내부진입/연소확대방지/배연보강/구급지원으로 전환 |
| 통신·지휘 | 대기단계책임자(Staging Officer)를 지정해 차량배치도·인원명부·장비현황을 상황판으로 관리 | 인원파악과 순차투입을 실시하고, 공격↔방어 전환시 신속 재배치 |
| 교통·회차 | 일방동선을 설정하고 회차지점(원형/T자)을 확보하고 주정차차량은 강제이격 | 구급차이송·재진입, 펌프차교대, 급수차량 등 지체없이 운용 |

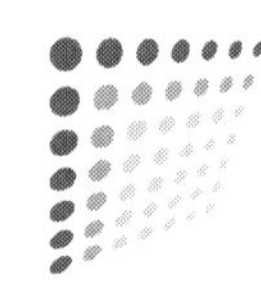



## 4. 직전대기 운영 (On-Deck Operations)

■ 현장지휘관(IC)은 아파트 화재에서 화점 인근에 투입 중인 진압·구조팀의 활동 수준이 일정 기준을 충족하면, 직전대기(On-Deck) 지점을 지정해 즉시 투입 가능한 예비 전력을 운용한다. 직전대기는 화점과 가장 가깝되 안전이 확보된 복도·계단참·전실(또는 한 층 아래 전실) 등을 사용해 설정한다. 아파트는 복수 또는 단일 계단실을 통한 피난 구조를 가지며, 연기가 계단을 타고 상승하면 진입·퇴로가 동시에 제한될 수 있으므로, 직전대기 전력은 즉응 투입·교대·구조 전환에 대비한다. 직전대기 인원은 공기호흡기(SCBA), 열화상카메라(TIC), 공격 라인/예비 라인, 유도로프(Guideline/Search Rope) 등을 포함한 개인보호장비(PPE)를 완전 착용하고, 현장지휘관(IC)의 지시에 따라 구조팀 증원, 상층 고립 세대 진입, 진압팀 교대, 메이데이(MAYDAY) 대응 등에 즉시 투입할 수 있도록 준비한다.

Table 2-5-18. 직전대기 운용 체크리스트(On-Deck Checklist)

| 항목 | 기준/내용 | 전술 시사점 |
|---|---|---|
| 위치선정 | 화재층계단참·복도말단 또는 한층 아래 전실에 설정, 문 제어(Door Control)가 가능하고 열·연기역류가적은 지점 확보, 간판·유리파사드(Façade) 하부, 덕트배출구하부, 전기실인접부는 배제 | 계단확보 소방호스(Stair Protection Line) 유지에 기여하고 대피경로를 확보, 소방시설(Standpipe)연결·압력확인과 중계가압 위치를 동시에 확정 |
| 준비사항 | 개인보호장비(PPE) 전착용, 공기호흡기(SCBA) 압력확인, 열화상카메라(TIC), 예비호스·분기관·노즐, 유도로프(Guideline/Search Rope), 강제진입공구(방음문·도어체인용), 들것·구급키트를 세팅, 팀별 임무지정·투입순서·철수 경로를 공유 | 1분내 투입, 복도코너·문턱·출입통로에는 호스보호매트를 설치해 소방호스라인손상과 걸림을 방지 |
| 우선임무 | (1) 교대(Relief): 화점/인명검색팀 교대<br>(2) 증원(Reinforce): 인접룸·천장플레넘·덕트 연소확대차단<br>(3) 구조(Rescue): 잠금·방음문 강제개방 보조, 조건충족시 개구부진입인명검색(VEIS) 제한적용지원<br>(4) 메이데이(MAYDAY) | 공격↔방어전환시 즉시역할을 재조정, 덕트/파사드(Façade)로 확산우세시 외부연소확대방지/차단선과 연동해 진입구역을 변경 |
| 대기상태 | 무전청취지속, 대기선이탈금지, 소방호스라인·장비정돈유지. 팀리더는 5-10분 간격으로 업데이트 사항을 보고 | 혼선·중복투입을 방지하고 인원파악)를 유지, 철수/운행정지 지시에 즉시 반응 |

## 5. 소방용수공급체계 확보 (Firefighting Water Supply, FWS)

■ 현장지휘관(IC)은 아파트화재에서 지속·안정적 용수 확보를 최우선으로 지시한다. 초기에는 1선펌프차(First-Due Engine)로 공격 라인·계단확보 소방호스에 안정 유량을 제공하고, 동시에 중요물탱크차(Primary Water Tender) 및 수원(Hydrant/대체 수원)을 연계한 중계급수(Relay Supply)를 조기 구축한다. 고층 아파트는 연결송수관·스탠드파이프(Standpipe), 스프링클러 및 소방전용승강기가 설치되어 있으나, 가압 상태·구역·압력감압밸브(Pressure Reducing Valve) 설정이 현장마다 상이하므로, 소방차연결구(FDC) 보강주입을 우선 검토한다. 예비/이원 급수(Backup/Dual Supply)를 병행해 수압 저하·단수·설비 고장에도 연속 방수를 유지한다.

Table 2-5-19. 소방용수공급체계 표준 구성(Standard Firefighting Water Supply configuration)

| 항목 | 기준/내용 | 전술 시사점 |
|---|---|---|
| 1선펌프차 (First-Due Engine) | 건물전면을 비워 최단거리에 배치, 흡·토출압·유량계, 중요물탱크와 1선펌프차를 즉시세팅, 연결송수관, 옥내소화전 등 소방시설(Standpipe) 확인후, 공격라인·계단확보 소방호스에 안정유량을 공급 | 초기에 지연없는 방수확보, 연결송수관, 옥내소화전 등 소방시설(Standpipe) 미가압/저압시 즉시 소방차연결구(FDC)가압 또는 장거리전개·중계가압으로 전환 |
| 중요물탱크차 (Primary Water Tender) | 핵심급수원으로 지정해 수위 50% 이상 유지, 1선펌프차 직결 또는 중계라인편성, 상풍측 외곽에 배치 | 소화전 불량·단수 시 공백 없이 외부 용수원 연계 운용, 회차·지원 동선 사전 확보로 병목 구간 최소화 |
| 수원(Hydrant/대체 수원) | 건물주변 소화전 2구이상 확보, 결빙·저유량·폐색을 대비해 대체수원(저수조·수조차·비상급수탑·인근상수도맨홀) 병행 조사 | 소방차연결구(FDC) 주입선과 병렬로 구성해 전환이 즉시 가능하도록 커플링·밸브 사전 배치, 하풍측·유리 파사드(Façade) 하부 구간은 급·배수 동선에서 배제 |
| 중계급수 (Relay Supply) | 수원↔중요물탱크차↔1선펌프차 중계펌프구성, 각 펌프는 목표토출압(노즐요구압+마찰손실+고저차)를 공유 | 고층·장거리 전개에서도 압력유지. 로비·전실·문턱·차량통로에는 호스 보호매트를 설치 |
| 예비/이원 급수 (Backup/Dual Supply) | 주급수선과 독립예비선을 동시구축(하나는 소방차연결구(FDC), 다른 하나는 외부 공격라인), 밸브·소방호스라인을 명확표식해 무전한마디로 절체 즉시가능 | 연속 방수 확보로 구조 지연과 재발화 위험 최소화, 구역형 고층은 이원 급수체계로 상·하부 존 동시지원 |

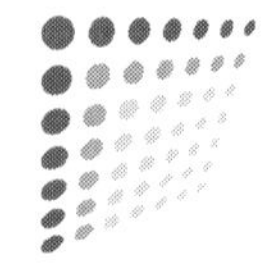



## 6. 단위지휘관 지정 (Assign Division/Group Supervisors)

- 현장에 2개 대 이상 투입되어 규모가 확장되거나 구조가 복잡해지면, 현장지휘관(IC)은 구역별(Division) 또는 기능별(Group) 단위지휘관(DGS)을 지정해 지휘 부담을 분산한다. 아파트 화재는 층·방면 구획, 다수 세대, 소방시설(Standpipe)·스프링클러·소방전용승강기 등 설비가 복합하므로 층 중심 구역 지휘 + 설비·기능 지휘의 병행이 효과적이다. 단위지휘관은 담당 구역의 위험요소·화재상황을 직접 파악하고 진입 방향·인명검색 순서·투입 시기를 결정해 실질 지휘를 수행한다. 현장지휘관(IC)은 각 단위지휘관과 현장상황·조치·필요(CAN) 형식으로 긴밀히 소통하며 자원 배치·전략 수정·안전관리에 집중한다. 필요 시 2층·3층 등 추가 지정해 유연한 지휘체계를 운용한다.

Table 2-5-20. 단위지휘관 운용 매트릭스(Division/Group Assignment)

| 구분 | 지정 기준 | 전술 시사점 |
|---|---|---|
| 구역별<br>(Division) | 층·방면중심으로 구획 | 문 제어(Door Control)와 계단 확보를 위한 소방 호스 유지,<br>인명 검색 순서는 화점 인접 세대→수직 확산 우려 세대(직상·직하)→복도 말단/전실 인접 세대 순으로 통일 운영,<br>발코니·유리낙하·열복사 방면은 활동제한구역으로 확대 설정 |
| 기능별<br>(Group) | 기능·임무 중심 편성 | 기능·임무 중심 편성. 배연 개구 시점은 단일 창구 통제,<br>중계급수·예비/이원 급수는 일원화 운용,<br>소방차연결구(FDC)가압, 압력감압밸브(PRV), 구역 설정을 사전 확인해 소방호스 라인 압력 안정성 확보,<br>신속동료구조팀(RIT)은 별도 Group으로 독립 운용 |
| 복합형<br>(Hybrid) | 화재층은 구역별, 타층·외부는 기능별로 혼합 운용 | 화재층은 구역별, 타 층·외부는 기능별 혼합 운용,<br>층 내부 전술(화점 접근·분할 인명 검색)과 외부 지원(소방차연결구 가압·중계급수·배연·활동제한구역 관리) 동시 통제,<br>공격↔방어 전환 시 자원·동선 신속 재배치 |

## 7. 무전망 분리 (Splitting Radio Nets)

- 아파트 화재에서 대응 인원이 늘고 활동이 화재층·상층·하층·외부로 입체 전개되면 무전망을 역할별로 분리한다. 현장지휘관(IC)은 지휘망(CMD)을 유지해 전략 결정·자원 배분·안전 지시를 총괄하고, 진압·인명검색·구조 등 전술 팀은 작전망(TAC)에서 세부 전술·위치·진척을 교신한다. 급수·보급·외부 지원 연락은 지원망(LOG) 으로 분리한다. 아파트 특성상 철근콘크리트 코어(Core)·샤프트(Shaft), 지하주차장, 계단 제연/양압 팬 소음, 유리 파사드(Façade) 반사로 전파 감쇠·난반사·음영(Dead Zone)이 발생한다. 통신담당을 지정해 중계 지점(예: 한 층 아래 전실·계단참 상부·옥외 상풍측)과 휴대 중계기/릴레이를 운용하고, 신호 저하 시 수신호·러너(Runner)를 보조 수단으로 병행한다. 긴급 대피·메이데이(MAYDAY) 등 전 대원이 즉시 알아야 할 사항은 공용 공지(일시 단일망 전환)후 원 채널로 복귀한다. 현장지휘관(IC)은 지휘망(CMD)·작전망(TAC)·지원망(LOG)을 동시 모니터 또는 보조 지휘요원 이중 청취로 커버한다.

Table 2-5-21. 무전망 분리 의사결정 기준(When to Split TAC/CMD)

| 항목 | 기준/내용 | 전술 시사점 |
|---|---|---|
| 인원/트래픽 (Personnel/ Traffic) | 동시투입 3팀 이상 또는 화재층 진압+상층/하층 연소확대방지+연결송수관, 옥내소화전 등 소방시설(Standpipe) 병행운영 | 지휘망(CMD)·작전망(TAC)·지원망(LOG) 분리로 혼선·중첩교신을 차단, 각 망에 단위지휘관(DGS)을 채널관리자 겸임으로 지정 |
| 음영·간섭 (Coverage/ Interference) | 코어/엘리베이터샤프트·지하주차장음영,제연/양압팬소음, 유리파사드(Glass Façade) 난반사로 수신불량발생 | 중계지점을 한층 아래 전실·계단참상부·옥외상풍측에 설치하고, 휴대중계기/안테나위치·출력을 조정, 불량구역에는 수신호·러너(Runner)를 병행 |
| 임무 복잡도 (Mission Complexity) | 문 제어(Door Control)·계단확보 소방호스유지, 연결송수관, 옥내소화전 등 소방시설(Standpipe)가압·압력감압밸브(PRV)확인, 배연 개구시점 조정, 신속동료구조팀(RIT)대기 | 배연·신속동료구조팀(RIT)·소방차연결구(FDC)를 별도망(지원망 또는 전술망)으로 분리해 개구타이밍·안전사고를 지휘통제 하에 조정 |
| 안전사고 (Safety Events) | 메이데이(MAYDAY), 유리낙하/열복사, 전기·가스위험, 스프링클러/압력감압밸브(PRV) 오동작발생 | 전채널동시공지(일시단일망)→확인→원채널 복귀순으로 시행, 안전점검관(ISO)이 확인·기록 |
| 현장 규모 (Scene Size/ Span) | 다층동시전개(화재층+상층), 화재층/상층/외부3축 활동, 대피계단·공격계단 분리운용 | 층별Division+기능별Group로 무전망을 분리하고 지휘망(CMD)은 전술간섭없는 중요사항만 수신 |

## 02 후반부 대응 (Late-Phase Operations)

(출처: XVR Program 아파트화재 가상환경)

Chapter 1 사고발생 〉 Chapter 2 현장출동 〉 Chapter 3 현장도착 〉 Chapter 4 **현장대응**

## 1. 초진(Initial Knockdown) – 7면 포위(Seven-Side Containment, SSC)

■ 아파트화재는 세대 다수·수직 샤프트(덕트/전선/배관)·발코니/파사드(Façade)로 인해 수평·수직 확산 위험이 상존한다. 현장지휘관(IC)은 발화 세대를 기준으로 상·하·좌·우·전·후·화점의 7면 포위(SSC)를 적용해 확산을 차단한다. 내부 진압팀은 세대 내부·공용 복도에 화점 집중 방수로 초진을 확보한다. 외부 대원은 발코니·창·파사드(Façade) 방면에서 외곽 차단 방수로 내부 접근이 어려운 구역을 제어한다. 세대 간 구획이 있어 직접 확산이 지연될 수 있으나, 문 틈·배연 개구·샤프트·외벽 틈을 통한 간접 확산 위험이 크므로 인접 세대 사전 차단, 상·하층 연소확대방지, 발코니/외벽 연소 확인을 병행한다. 초진 후에는 잔불정리(Overhaul), 열화상카메라(TIC) 재확인, 통제된 배연을 순차적으로 한다.

Table 2-5-22. 7면 포위 운용 체크리스트(Seven-Side Containment)

| 면 | 점검/조치 | 전술 시사점 |
|---|---|---|
| 상<br>(천장) | 천장 마감재 상부 빈공간·덕트/배관관통부·전등박스를열화상카메라(TIC)로 스캔,<br>필요시 개구후 미세분무/안개방수로 냉각 | 은폐연소·상층전이를 조기에 차단,<br>상층 인명구조와 연소확대차단 |
| 하<br>(바닥) | 바닥하부 빈공간·문턱·배선구역·케이블트레이(CableTray: 전선지지받침대/덕트) 인접부를 확인하고 잔불·적열부를 국소냉각,<br>감전·누수위험을 병행점검 | 하층으로의 열·연기 침투 억제,<br>하층 대피·인명 구조 안전 향상 |
| 좌/우<br>(측벽) | 경계벽·콘센트/배관박스 등 관통부 틈을 열화상카메라(TIC)로 확인,<br>노즐 스윕(원형 또는 좌↔우로 천천히 흔들어 표면을 고르게 적시는동작)으로 냉각 | 인접세대로의 측면확산을 차단,<br>인명구조 동선을 안전하게 유지 |
| 전/후<br>(출입·복도<br>/발코니) | 출입문·복도·발코니 방향은 문 제어(Door Control: 필요시에만 제한개방)하에 방수,<br>개구부·대피동선에는 차열포(방열담요/커튼) 설치해 복사열·불티를 차단,<br>복도확보 소방호스와 대피동선을 분리 | 플로우패스(Flow Path) 형성을 억제하고, 계단확보 소방호스 유지,<br>발코니낙하·유리비산구역은 활동제한구역으로 관리 |
| 화점 | 직접분사(Direct Stream)로 연료에 맞춰 열을 빠르게 낮춘 뒤, 펄스 방수(Pulse: 0.5–1초 짧은 간헐분사)로 증기팽창·가시성 변화를 관리,<br>가연물 제거·연소확대 차단을 병행 | 초진 달성 속도 향상,<br>전체 7면 포위에 필요한 압력·유량 부담 경감, 재점화 위험 감소 |

## 2. 초진구역 배연 (Post-Knockdown Ventilation)

- 주요 화점 진압이 완료되면 즉시 배연을 실시한다. 아파트는 세대 다수 · 공용 복도 · 단일/이중 계단실 · 수직 샤프트(덕트/전선/배관) 특성으로 연기와 열기가 구획별 고립 · 정체되기 쉽다. 진압팀은 창 · 발코니 · 외벽 개방부를 배출구(Exhaust)로 선 확보해 자연배출을 유도하고, 필요 시 양압 송풍기(PPV)와 배연 장비로 강제 배연을 한다. 고층부는 옥상 환기구 · 계단실 · 엘리베이터 샤프트(Elevator Shaft)를 배연 루트로 적극 활용한다. 배연 구역에는 연소가스 잔류와 산소 유입에 따른 재발화 위험이 있으므로 구획별 순차 배연을 원칙으로 하고, 배연 후 열화상카메라(TIC)로 열원 잔존을 점검한다. 표준 절차는 배출구 선 확보 → 상층 가스 냉각(미세 분무/안개) → 유입구 제한(문 제어: Door Control) 순서를 준수한다.

Table 2-5-23. **배연 전술 선택 매트릭스**(Ventilation Tactics Matrix)

| 적용사항 | 핵심절차 | 전술 시사점 |
|---|---|---|
| 기본 자연 배연 (Natural Venting) | 상층 · 하풍측 배출구부터 연다 → 상층가스를 짧게 냉각(미세분무/안개) → 유입구 최소화(문 제어:Door Control) | 장비 의존도 낮고 신속성 높음, 급격한 배연으로 플로우패스(Flow Path)가 과도 형성되지 않도록 개구 범위 단계적 확대, 발코니 · 유리 하부는 활동제한구역으로 이중 통제 |
| 양압 배연 (PPV: Positive Pressure Ventilation) | 배출구 선 확보 후 유입구에 양압 배연(PPV)팬 설치(틈새차폐로 밀폐강화) → 압력형성확인 → 문 제어(Door Control) 유지 | 잔불 정리 선행 전제, 가스 · 분진 폭발 우려 구역에서는 미사용, 공격라인 · 신속동료구조팀(RIT)과 가동 시점 사전 조율 |
| 계단실 · 샤프트 활용 (Stair/Shaft Vent) | 계단실/엘리베이터샤프트 상부를 배출구로 지정 → 하부유입구제한 → 필요시 양압배연(PPV) 보조 | 굴뚝효과로 상층 위험 증가, 상층 연소 확대 방지용 경계 관창 병행 |
| 발코니/파사드 (Façade) 방면 | 기존개구 또는 절개부를 배출구로활용 → 내부문 제어(Door Control)유지 → 낙하 · 비산대비 차열포로 동선보호 | 유리 비산 · 외벽 낙하물 고위험 구역, 외부 차단선을 이중 설정, 급 · 배수 동선 우회, 전면부 연기 배출에 효과적 |
| 구획 순차 배연 (Zonal/Staged Ventilation) | 세대/복도구획을 하나씩 운영: 배출구개방 → 상층냉각 → 문 제어(Door Control) → 열화상카메라(TIC) 확인 후 다음 구획 진행 | 연기 역류 · 재순환 방지, 개구 · 폐쇄 담당 지정, 무전 통제로 재발화 위험 낮춤 |
| 지하 주차장 · 밀폐 구역 (Basement/ Parking /Confined) | 배출 루트 선 확보(경사로 · 환기구 상단 등) → CO · HCN · $O_2$ · 폭발성 혼합기 등 가스 농도 측정 → 제한적 양압배기(PPV) 또는 배기 팬(Exhauster) 운용 → 열화상카메라(TIC)로 잔열 · 잔류 가스 재확인, 차량 언더바디 · 배터리 하부 중심 대유량 · 장시간 냉각, 재가열 · 재발화 지속 모니터링 | 폭발성 혼합기 · 전기 아크 위험 큰 구역은 방폭 장비 사용, 측정–배연–재측정 사이클 준수하고 인원확인보고(PAR) 엄격 유지 |

### 3. 상황판단회의 후 완진선언

(Situation Assessment → Final Extinguishment Declaration, FED)

- 현장지휘관(IC)은 연기가 걷힌 뒤 2차 인명검색(Secondary Search)을 실시해 잔류 인원을 확인한다. 겉보기로 진압이 완료되어도 즉시 완진을 선언하지 않고, 단위지휘관들과 화재층－상층－하층－계단실－전실－발코니－파사드(Façade)를 직접 순회 점검한다. 아파트는 세대 다수 · 수직 샤프트(덕트/전선/배관) · 발코니/파사드(Façade) · 소방시설(Standpipe)/스프링클러가 복합해 숨은 불씨 · 잔열 가능성이 높다. 현장지휘관(IC)은 의심 구역을 열화상카메라(TIC)로 스캔하고, 필요 시문 · 천장 개방으로 내부를 세밀 점검한다. 탄화 잔해 하부에서 불씨가 확인되거나 잔불 정리가 미흡하면 예비 소방호스라인으로 추가 냉각 · 방수를 한다. 발코니 · 외벽 단열재 · 창틀, 샤프트 관통부, 전실 · 계단실 상부까지 잔불 제거와 “온도 정상” 확인을 완료하면, 현장지휘관(IC)은 단위지휘관들과 상황판단회의를 열어 구역별 보고를 종합한다. 유리 낙하 · 전기/가스 위험 · 구조적 불안정과 인명 문제가 모두 해소되었다고 판단하면 현장지휘관(IC)는 무전으로 “○○아파트 화재는 현 시간부로 완진(Final Extinguishment)”이라고 공식 선언한다.

Table 2-5-24. 완진 전 점검 리스트(Pre-FED Checklist)

| 항목 | 점검 기준/내용 | 전술 시사점 |
|---|---|---|
| 2차 인명검색 (Secondary Search) | 화재층 · 상층 · 하층세대, 전실 · 계단실, 피난실 · 피난안전구역, 발코니전수확인 | 인명검색완료(ALL CLEAR) 확인 전 완진 금지하고, 화점 인접 세대 · 무창 세대 · 고립신고세대를 우선 점검 |
| 열화상카메라 잔열 확인 (TIC Survey) | 열화상카메라(TIC)로 벽체 · 천장 · 샤프트 관통부(콘센트 · 배관/전선박스) · 발코니 바닥/외벽단열재 · 문틀상부스캔 | 고온지점 표식후 국소냉각-재측정한다. 수직 · 수평확산가능 구역을 재차 확인한다. |
| 잔불 정리 (Overhaul) | 탄화재료, 천장 · 점검구, 가구배후 · 하부 개방/제거 | 은폐연소제거, 미세분무/안개방수로 실내 증기 충격을 최소화 |
| 설비 격리 · 복구 상태 (Systems) | 스프링클러 · 스탠드파이프 · 소방차연결구(FDC)가압상태확인, 압력감압밸브(PRV)설정확인, 전기분전반 · 가스밸브차단유지 | 재점화 · 감전 · 가스누출을 방지하고, 복구전까지 재통전/재가압 금지 표식을 유지 |
| 배연 · 연기 잔류 (Ventilation) | 구획별 순차배연완료, 문 제어(Door Control)로 플로우패스(Flow Path)통제, 배연 후 열화상카레마(TIC) 재확인 | 급격한 배연을 피하고, 공격계단-대피계단 분리를 유지 |
| 파사드 · 발코니 위험 (Facade/Balcony Hazards) | 유리비산, 외벽마감 · 단열재잔염, 낙하물위험제거 · 표식 | 위험 구역을 활동제한구역으로 지정 |
| 지하 주차장 연계 (Basement/Parking) | 경사로(Lamp)상단배출확보, 가스측정(CO/HCN/$O_2$/LEL), 필요시 방폭팬 사용, 전기차(EV)존재시 장시간냉각 · 감시지시 | 폭발성혼합기 · 전기위험을 통제하고, 전기차(EV)는 재가열감시와 격리구역을 병행 |
| 오염 · 유해요소 (Contamination) | 유해가스 재측정, 오염수 · 그을음 정리 계획 수립 | 재발화 · 재출동을 예방하고, 개인보호장비(PPE)수준과 배연강도를 유지 |
| 자원 · 기록 (Resources/Docs) | 호스 · 장비회수 · 복구계획, 사진/무전로그정리 | 사후 조사 · 보고 근거 확보하고, 잔여 대기전력 지정 |
| 구역별 종합보고 (Brief-back) | 단위지휘관의 현재상황 · 조치 · 필요사항(CAN) 보고취합 · 누락/중복제거, 완진선언(FED) 조건확인 | 완진선언 여부를 객관적으로 판단 |

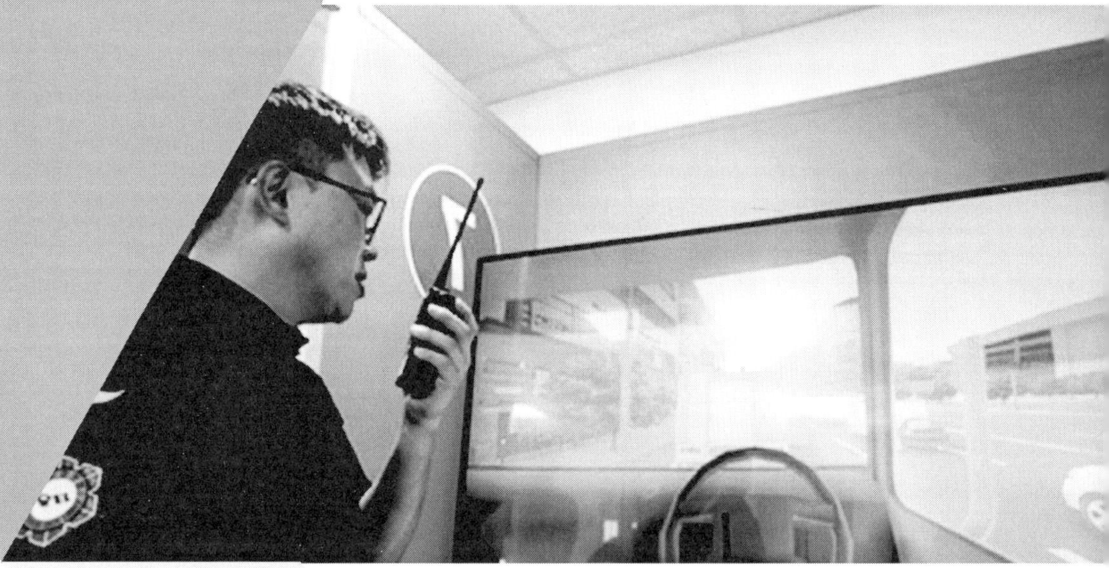

# PART 3

# 현장지휘 무전실습

Chapter 1 사고발생 〉 Chapter 2 현장출동 〉 Chapter 3 현장도착 〉 Chapter 4 현장대응

# PART 3-1

# 기숙학원화재 현장지휘

(출처: XVR Program 기숙학원화재 가상환경)

CHAPTER

# 1 사고발생
(Incident Occurrence)

**가상환경 시나리오 설명** : 기숙사건물에서 화재신고가 접수됐고 본관동 건물 3층 과학실험실에서 화재가 상황으로 인접건물이 연결되어있고 주변이 산으로 둘러싸여 있음.

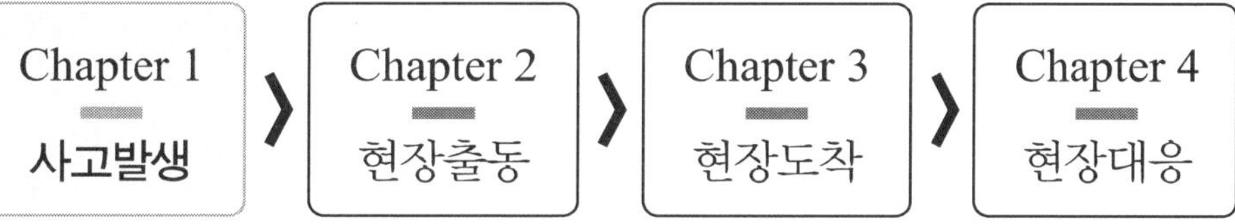


## 01 교육연구시설 화재유형 특성파악
(Characterizing Fire Incident Types for Educational & Research Facilities)

### 1-1. 화재상황: 출동지령, 소방활동정보카드, 무전
(Fire Situation: Dispatch Order, Firefighting Activity Information Card, Radio Communications).

1-1-1. (상황실) "화재출동! 화재출동! 세종시 고운동 100 기숙학원 3층 실험실 화재발생, 현재 다량의 **검은 연기**와 **불꽃**이 보인다고 함. 신고자에 의하면 3층에서 **방화**로 인해 폭발음과 함께 발화가 시작. 다수인원이 대피하지 못한 상황임, 동일 신고건수 다수 접수 중앙센터 전 차량 신속비발 출동대로 **진압 5개팀, 구조 2개팀, 구급 2개팀** 신속 비발. 선착대로 중앙센터(중형펌프1, 물탱크1, 구급1) 출동 중."

CHAPTER

# 2 현장출동 (En route to the scene)

(출처: XVR Program 기숙학원화재 가상환경)

**가상환경 시나리오 설명** : 지휘팀장이 기숙학원 화재현장으로 출동 중에 있고 가장먼저 도착한 선착대장으로부터 무전을 청취하면서 현장으로 진입하는 상황

| Chapter 1 | | Chapter 2 | | Chapter 3 | | Chapter 4 |
|---|---|---|---|---|---|---|
| 사고발생 | 〉 | **현장출동** | 〉 | 현장도착 | 〉 | 현장대응 |

# 01 기숙학원화재 대응을 위한 출동 및 현장지휘 체계 구축 (Establishing the Response and On-Scene Incident Command Structure for Boarding School Fires)

## 1-1. 화재현장 위치 재확인 및 현 출동대 알림

(Reconfirm the fireground location and notify units en route)

**<전술상황판>** (1-1-1) ~ (1-1-5)

|  |  |
|---|---|
| 4F | (기숙학원: 고운동 100) (특정다수) (진5, 구2, 급2) (위험물) (3층 폭발) (검은연기 및 불꽃) (방화) |
| 3F | |
| 2F | |
| 1F | |

| (직전대기) | (자원대기) | (임시의료소) |
|---|---|---|
| | | |

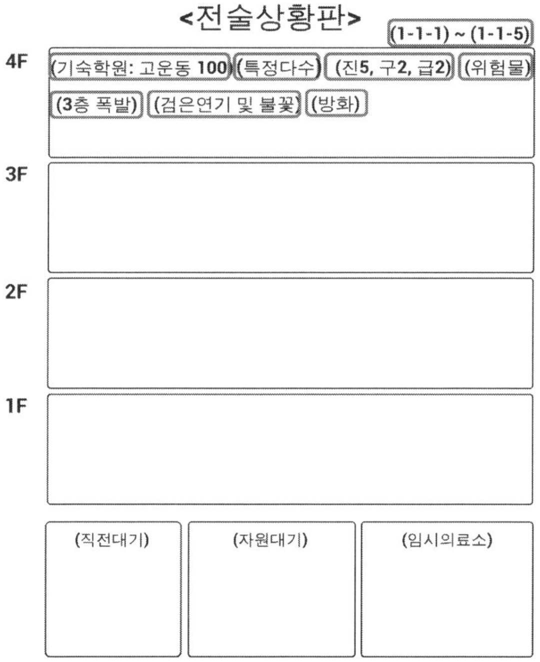

1-1-1. (지휘팀장) “상황실! 상황실, 여기 지휘팀장인데 화재발생 장소가 **고운동** 100 기숙학원인지 확인하기 바람.”

1-1-2. (상황실) “확인, 화재 발생 장소는 고운동 100 기숙학원 실험실로 재확인됨. 신속히 출동하기 바람.”

1-1-3. (지휘팀장) “출 동대는 **진압 5개팀, 구조 2개팀, 구급 2개팀** 출동 현장도착 후 신속한 상황 보고 바람.

1-1-4. (통신) “현 상황 다시 전파합니다. 세종이 고운동 100 기숙학원 본관동 3층 과학실험실 화재입니다. 신고자에 의하면 실험실 내 다량의 위험물질이 있다고 하며, 현재 건물 **3층에서 폭발음**이 계속되는 상황으로 다수의 구조대상.

1-1-5. (전 대원) “신속출동 확인.”

**1-2. 기숙학원은 일반화재로, 특정 다수인이 근무하는 시설, 건물내부 상황을 상세히 파악할 수 있는 관계자 우선 확보**(Treat Boarding School as structural fire in a facility with a defined large population; prioritize securing a site representative providing detailed interior information).

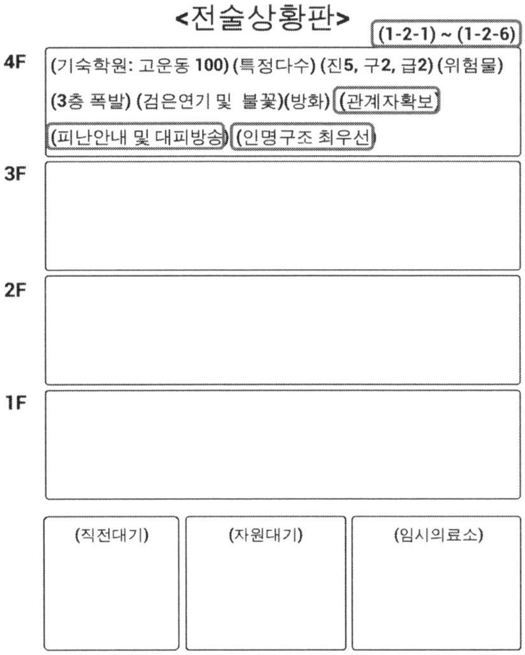

<전술상황판> (1-2-1) ~ (1-2-6)

| | |
|---|---|
| 4F | (기숙학원: 고운동 100) (특정다수) (진5, 구2, 급2) (위험물) (3층 폭발) (검은연기 및 불꽃)(방화) (관계자확보) (피난안내 및 대피방송) (인명구조 최우선) |
| 3F | |
| 2F | |
| 1F | |

| (직전대기) | (자원대기) | (임시의료소) |
|---|---|---|
| | | |

1-2-1. (지휘팀장) "화재조사는 현장도착하면 **관계자 확보**해서 재실자 여부 및 위험요소 특히 위험물질 성상 및 수량 파악하기 바라고 상황실은 관계자 연락되면 신속히 화재조사에게 연락처 알려주기 바람."

1-2-2. (상황실, 화재조사) "관계자확보 확인."

1-2-3. (지휘팀장) "상황실은 관계자 연락해서 기숙사건물 내 **피난안내 및 인접건물 대피방송** 요청해주기 바람."

1-2-4. (상황실) "피난안내 및 대피방송 확인."

1-2-5. (지휘팀장) "다수의 구조 대상자에 안에 있는 것으로 추정되니 **인명구조 최우선**."

1-2-6. (전 대원) "인명구조 최우선 확인."

## 1-3. 다량의 연기와 불꽃 발생으로 화재최성기 도달, 내부진입 시 도어엔트리 및 3D 주수기법 활용한 안전 확보 후 현장 대응 (Upon heavy smoke and visible flame indicating rapid growth toward the fully developed stage, secure interior entry with door control and compartment-fire 3D water application before committing crews).

<전술상황판> (1-3-1) ~ (1-3-3)

| | |
|---|---|
| 4F | (기숙학원: 고운동 **100**) (특정다수) (진**5**, 구**2**, 급**2**) (위험물)<br>(**3**층 폭발) (검은연기 및 불꽃)(방화) (관계자확보)<br>(피난안내 및 대피방송)(인명구조 최우선)(진입로 적재물) |
| 3F | (개별활동**X**) (도어엔트리) |
| 2F | |
| 1F | |

| (직전대기) | (자원대기) | (임시의료소) |
|---|---|---|
| | | |

1-3-1. (선착대장) "지휘팀장 여기 선착대장인데, 현재 출동 중 검은 연기 다량 관측 되며, 현재 도착 100미터 전 전방에 **공사장 적재물**로 인해 차량 대형차량 통행이 제한되니 후속차량은 우회도로를 이용하여 현장으로 출동하기 바라며, 차량의 잼현상 방지를 위해 필수차량을 제외하고 인근에 대기하기 바람."

1-3-2. (지휘팀장) "다량의 검은 연기와 불꽃이 보이는 상황으로 화재최성기로 추정됨 현장도착한 전 대원은 현장도착시 **개별활동 금지**하고 선착대장 임무 지시 받고 현장활동 해주기 바람."

1-3-3. (전 대원) "확인"

1-3-4. (지휘팀장) "진압팀과 구조팀은 내부 진입 시 **도어엔트리 준수** 및 3D 주수기법을 적극 활용하여 백드래프트 방지 와 중성대 유지, 개인 안전 확보 후 현장진입하기 바람."

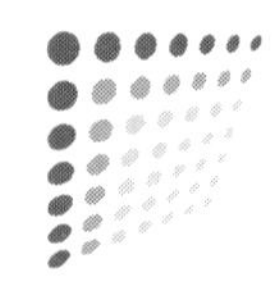

**1-4. 현장에 필요한 유관기관 및 필요장비 요청**(Request pertinent agencies and additional resources required for the incident).

**<전술상황판>** (1-4-1) ~ (1-4-4)

4F
(기숙학원: 고운동 100)(특정다수) (진5, 구2, 급2) (위험물)
(3층 폭발) (검은연기 및 불꽃) (방화) (관계자확보)
(피난안내 및 대피방송) (인명구조 최우선) (진입로 적재물)

3F
(개별활동X)(도어엔트리)(유관:전기/가스/시청/보건/화학)
(특수차)

2F

1F

(직전대기) (자원대기) (임시의료소)

1-4-1. (지휘팀장) "상황실은 방화로 인한 화재로 추정되니 경찰 공동대응 요청, 추가 **유관기관으로는 한전, 가스, 시청, 보건소 및 화학물질안전원** 요청해주기 바라고, **특수차 고가사다리차, 굴절차, 화학차 추가** 비발."

1-4-2. (상황실) "유관기관, **특수차 추가비발** 요청, 확인."

1-4-3. (지휘팀장) "진압팀은 추가폭발우려가 있으니 안전거리 유지해서 화재진압 실시해주기 바라고, 구조팀은 다수의 재실자가 건물 내에 있으니 인명검색 철저히 해주기 바람."

1-4-4. (진압팀, 구조팀) "화재진압 및 인명검색, 확인."

## 1-5. 출동 중 교통상황 및 최단 진입로 확인, 특수차량 진입 가능 여부 파악(While en route, check traffic conditions and the shortest entry route, and determine whether special vehicles can enter).

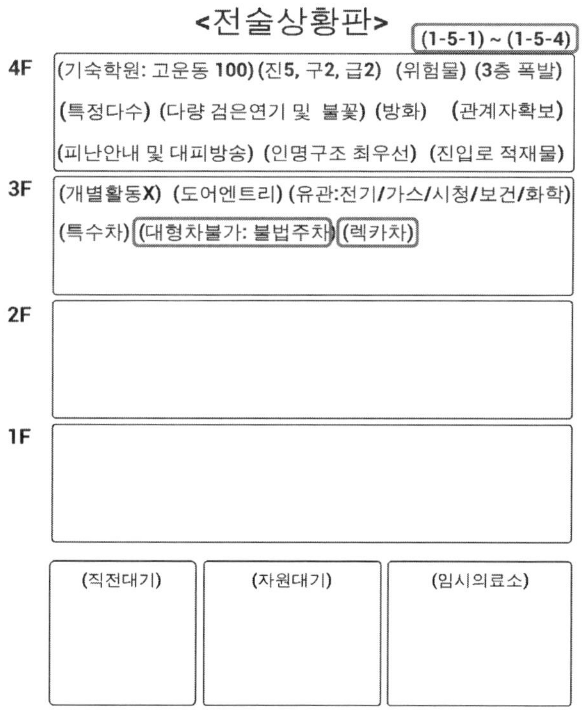

<전술상황판> (1-5-1) ~ (1-5-4)

|  |  |
| --- | --- |
| 4F | (기숙학원: 고운동 100) (진5, 구2, 급2) (위험물) (3층 폭발) (특정다수) (다량 검은연기 및 불꽃) (방화) (관계자확보) (피난안내 및 대피방송) (인명구조 최우선) (진입로 적재물) |
| 3F | (개별활동X) (도어엔트리) (유관:전기/가스/시청/보건/화학) (특수차) (대형차불가: 불법주차) (렉카차) |
| 2F | |
| 1F | |

| (직전대기) | (자원대기) | (임시의료소) |
| --- | --- | --- |
| | | |

1-5-1. (지휘팀장) "현재 출동 중 교통상황 원활함, 선착대장 현장도착하면 신속히 화재현장상황 보고하고, 특수차 진입가능여부 확인해서 보고해주기 바람"

1-5-2. (선착대장) "현장도착하면 특수차 진입가능여부 신속히 보고하겠음"

1-5-3. (선착대장) "현재 출동 중 검은 연기 다량 관측되며, 현재 도착 50미터 전 불법주정차 차량으로 **대형차량 통행이 제한**되니 후속차량은 필수 차량을 제외하고 인근에서 대기하기 바람"

1-5-4. (지휘팀장) "상황실 화재현장 진입로에 불법 주정차 차량 있으니 신속히 **렉카차** 보내주기 바람.

## 1-6. 선착대장 현장상황을 지휘팀장이 전술상황판에 정확하게 기록하여 지휘체계 유지

(The first-arriving officer reports the scene conditions, and Incident Commander accurately records them on the tactical board to maintain command continuity).

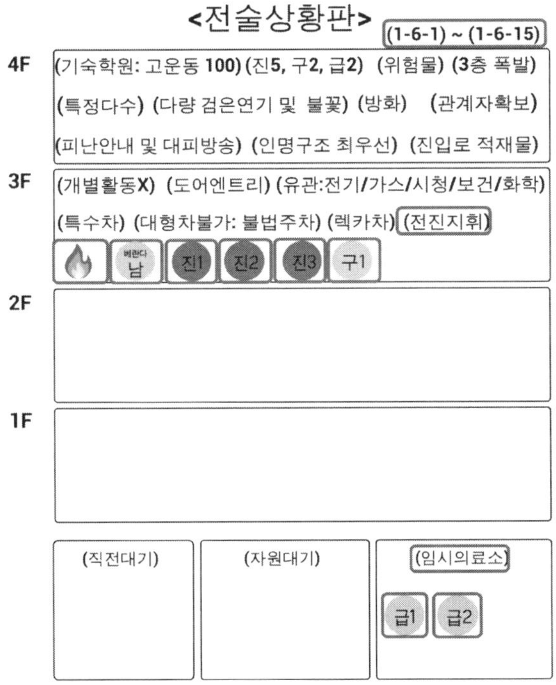

<전술상황판> (1-6-1) ~ (1-6-15)

|  |  |
|---|---|
| 4F | (기숙학원: 고운동 100) (진5, 구2, 급2) (위험물) (3층 폭발) (특정다수) (다량 검은연기 및 불꽃) (방화) (관계자확보) (피난안내 및 대피방송) (인명구조 최우선) (진입로 적재물) |
| 3F | (개별활동X) (도어엔트리) (유관:전기/가스/시청/보건/화학) (특수차) (대형차불가: 불법주차) (렉카차) (전진지휘) 베란다 남 진1 진2 진3 구1 |
| 2F | |
| 1F | |

| (직전대기) | (자원대기) | (임시의료소) |
|---|---|---|
| | | 급1 급2 |

1-6-1. (선착대장) "지휘팀장 여기 선착대장 현장 도착, 지금부터 선착대장이 현장을 지휘하겠다. 본 화재는 현재 기숙학원 3층 창문 외부로 화염이 분출하고 있고, 3층 베란다에서 구조 대상자 1명 구조요청 중인 상황"

1-6-2. (진압 1팀, 구조 1팀) "진압 1팀, 구조 1팀 현장도착 임무 대기 중."

1-6-3. (선착대장) "선착대장은 진압 1팀과 함께 **전진지휘** 하겠음, 진압 1팀은 지금부터 수관을 연장하여 3층 화재 진압."

1-6-4. (진압 1팀) "**3층 화재진압 확인.**"

1-6-5. (선착대장) "구조 1팀은 3층 인명검색 실시."

1-6-6. (구조 1팀) "**3층 인명검색 확인.**"

1-6-7. (구급 1팀) "선착대장!, 여기 구급 1팀 현장 도착 임무대기 중."

1-6-8. (선착대장) "구급 1팀 안전한곳 확보해서 임시의료소 설치해주기 바라고 기숙사건물 외부 특이사항(연소확대 등) 발견시 무전으로 신속하게 보고하기 바람."

1-6-9. (구급 1팀) "**임시의료소 설치, 확인.**"

1-6-10. (진압 2팀) "선착대장!, 여기 진압 2팀, 구급 2팀 현장도착 임무대기 중."

1-6-11. (선착대장) "**진압 2팀은 3층 진입하여 화재진압 및 인명구조 실시하고, 구급 2팀은 구급 1팀과 함께 구급활동**하기 바라고 또한 임시의료소에서 응급처치 및 환자중증도 분류 후 환자 이송체계 유지."

1-6-12. (진압 2팀, 구급 2팀) "확인."

1-6-13. (진압 3팀) "선착대장! 여기 진압 3팀 현장도착 임무대기."

1-6-14. (선착대장) "**진압 3팀 3층 진입 진압1, 2팀 엄호**주수 바람."

1-6-15. (진압 3팀) "확인."

CHAPTER

# 현장도착
(On-Scene Arrival)

(출처: XVR Program 기숙학원화재 가상환경)

**가상환경 시나리오 설명** : 지휘팀장이 화재현장에 도착했고 현장상황을 파악하고 있는 상황.

## 01 지휘팀장 현장 도착 후 지휘권선언, 상황평가 및 방면지정 하여 현장 파악 및 장악 (Upon Incident Commander's arrival on scene, declare command, conduct a situation assessment and side designation, and grasp and take control of the scene)

### 1-1. 지휘권 선언 (Declaration of Command)

1-1-1. (지휘팀장) "지휘팀장 현장도착, 현시간부로 지휘팀장이 고운동 100번지 기숙학원 **화재현장을 지휘한다.**"

### 1-2. 최초상황평가 및 방면지정 (Initial situation assessment and Side designation).

<전술상황판> (1-1-1) ~ (1-2-8)

4F (기숙학원: 고운동 100) (진5, 구2, 급2) (위험물) (3층 폭발) (다수) (다량 검은연기 및 불꽃) (방화) (관계자확보) (피난안내 및 대피방송) (인명구조 최우선) (진입로 적재물)

3F (개별활동X) (도어엔트리) (유관:전기/가스/시청/보건/화학) (특수차) (대형차불가: 불법주차) (렉카차) (전진지휘) 베란다 남 진1 진2 진3 구1

2F (지휘권) (안전유의) (방면) (360도) (고정지휘) (공격전략)

1F

(직전대기) (자원대기) (임시의료소) 급1 급2

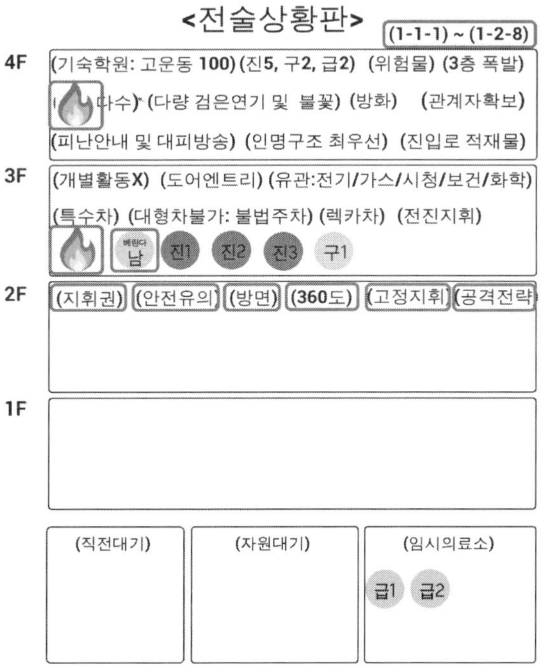

1-2-1. (지휘팀장) "기숙학원 건물은 총 지하1층~지상 4층 건물로 **3층에서 다량의 검은 연기와 불꽃이 보이는 상황으로 4층으로 연소확대** 되는 상황,

1-2-2. (지휘팀장) "3층 **베란다 쪽에서 구조 대상자**가 손을 흔들고 있는 상황."

1-2-3. (지휘팀장) "전 대원은 3층 화점층 검은연기 다량 발생하니 현장 활동 시 **안전에 유의**해서 활동하기 바라고, 건물 내부에서 추가 폭발 우려되니 이격된 거리에서 서서히 진입하면서 화재진압 및 인명검색하기 바람."

1-2-4. (지휘팀장) "현재 기온은 15°C이며, 습도는 48%, 풍속 4m/s 아직까지는 인접건물 연소 확대에 영향이 없는 것으로 예상됨."

1-2-5. (지휘팀장) "지휘 팀장이 현시간부로 **방면을 지정**한다. 본 건물 정면을 A면으로 하고 시계방향으로 BCD지정한다(선착대장이 방면을 지정하지 않았거나 방면지정 수정이 필요한 경우 재지정). 화재현장 360° **둘러본** 후 건물 A면에서 **고정지휘**."

1-2-6. (지휘팀장) "기숙사 건물에 다수의 인명이 대피하지 못한 상황으로 전 대원은 인명구조 최우선하고, **전략은 공격**으로 한다."

1-2-7. (지휘팀장) "전 대원 인명구조 최우선."

1-2-8. (전 대원) "확인"

CHAPTER

# 4 현장대응 (On-Scene Operations)

Chapter 1 — 사고발생 〉 Chapter 2 — 현장출동 〉 Chapter 3 — 현장도착 〉 **Chapter 4 — 현장대응**

## 01 전반부 대응 (Primary Phase Operations)

(출처: XVR Program 기숙학원화재 가상환경)

**가상환경 시나리오 설명** : 지휘팀장이 현장에 도착하여 소방력과 함께 현장 대응을 하고 있는 상황

## 1-1. 긴급구조 대상자 안전 우선조치, 지휘참모(통신, 안전, 조사 등)를 활용 현장 통제, 소방용수 공급체계확보 (Take immediate safety actions for rescue victims, utilize command staff to control the scene, and establish a stable water supply system).

**<전술상황판>** (1-1-1) ~ (1-1-10)

4F
(기숙학원: 고운동 100) (진5, 구2, 급2) (위험물) (3층 폭발)
(다수) (다량 검은연기 및 불꽃) (방화) (관계자확보)
(피난안내 및 대피방송) (인명구조 최우선) (진입로 적재물)

3F
(개별활동X) (도어엔트리) (유관:전기/가스/시청/보건/화학)
(특수차) (대형차불가: 불법주차) (렉카차)
베란다 남 진1 진2 진3 구1

2F
(지휘권) (방면) (안전유의) (고정지휘) (공격전략)
(매트전개) (파이어라인) (대기1) (3층 1선펌프 / 소화전 62)

1F

(직전대기 지상1층) | (자원대기) | (임시의료소) 급1 급2

1-1-1. (통신) "우선순위 무전보고, 건물 정면 **베란다에서 구조 대상자 1명 구조 요청 중**에 있고 건물 밖으로 뛰어내리려고 하는 상황"

1-1-2. (지휘팀장) "진압 2팀 펌프차 기관원 신속히 펌프차에 있는 매트리스 건물 정면에 설치 확성기 사용해서 안전조치사항 전달"

1-1-3. (진압 2팀 펌프차 기관원) "확인, 신속히 **매트리스 전개 및 안전조치** 하겠음."

1-1-4. (지휘팀장) "구조 1팀은 3층 베란다 구조 대상자 신속히 구조해 주기 바람."

1-1-5. (구조 1팀) "확인, 베란다 쪽으로 신속히 이동해서 구조하겠음."

1-1-6. (지휘팀장) "안전은 화재현장인근 **파이어라인 설치** 및 인근주민 통제, 조사는 관계자 신속하게 확보해서 재실자 확인 및 건물 내 위험요소 파악, 통신은 대원 및 소방차량 통제를 위한 **대기1단계** 운영해주기 바람"

1-1-7. (안전, 조사, 통신) "확인"

1-1-8. (지휘팀장) "진압 1팀 펌프차를 **3층 1선펌프차로, 물탱크차를 중요물탱크차로 지정, 기관원은 인근 소화전 62호 점령**해서 소방용수 공급체계유지하기 바람"

1-1-9. (진압 1팀 펌프차 기관원) "3층 1선펌프차 지정, 확인"

1-1-10. (지휘팀장) "전 대원에게 알린다. 직전대기 장소는 **지상 1층으로** 지정한다."

## 1-2. 눈으로 직접 외부현장상황파악, 귀로는 대원으로 부터 나오는 무전을 통해 내부 현장상황파악 (Visually assess the external scene conditions and simultaneously monitor radio communications from crews to grasp the interior situation).

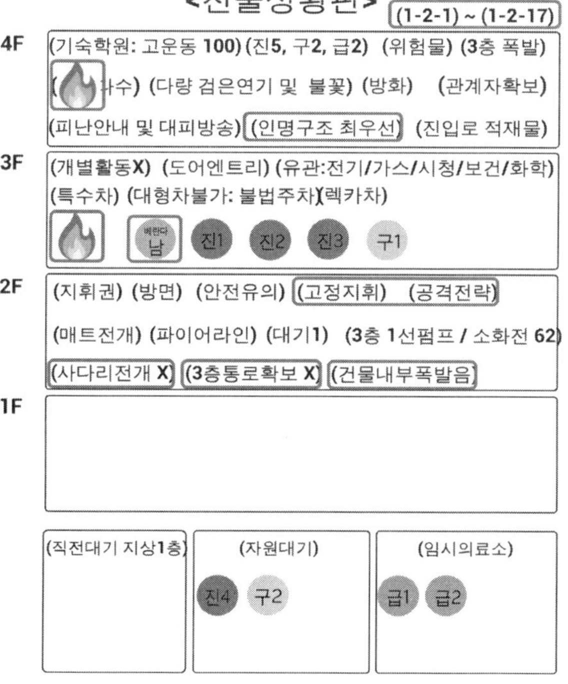


1-2-1. (지휘팀장) "진압 1,2팀은 인명구조를 위한 화재진압하고 특히 3층 발코니 구조 대상자 확인되니 신속하게 구조 통로 확보하기 바람."

1-2-2. (진압1,2,3팀) "**인명구조 최우선,** 확인."

1-2-3. (지휘팀장) "진압 3팀은 신속히 화점 발견해서 화점부터 화재진압 실시해주기 바람."

1-2-4. (진압 3팀) "3층 화점진압 확인."

1-2-5. (통신) "우선순위 무전보고, 3층 베란다에서 구조 대상자 1명 건물 밖으로 뛰어내리려고 하는 상황. 신속구조 필요한 상황."

1-2-6. (지휘팀장) "구조 1팀은 1층으로 내려와서 건물 A면 3층 화점층 **발코니 베란다 구조 대상자 사다리전개**해서 구조하기바람."

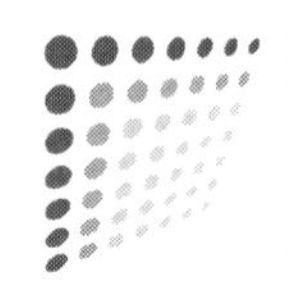



1-2-7. (구조 1팀) “3층 발코니 베란다 구조 대상자 구조, 확인.”

1-2-8. (구조 1팀) “지휘팀장 3층 사다리 전개했는데 **사다리가 닿지 않는 상황**.”

1-2-9. (지휘팀장) “확인, 구조 1팀은 다시 3층 진입하여 진압1, 2대와 함께 구조 통로 확보 한 후 3층 베란다 구조 대상자 구조하기 바람.”

1-2-10. (구조 1팀) “확인.”

1-2-11. (진압 1팀) “지휘팀장 여기 진압 1팀 3층 화재진압 중인데 짙은 농연과 화염이 매우 거세서 구조 통로확보와 화재진압에 어려움이 있는 상황.”

1-2-12. (지휘팀장) “진압 3팀도 진압1,2대와 함께 구조 통로확보 진압.”

1-2-13. (진압 3팀) “구조 통로, 확인.”

1-2-14. (진압4, 구조2, 구급 2팀) “진압 4팀, 구조 2팀 현장 도착 임무 대기 중.”

1-2-15. (통신) “지휘팀장 현재 **3층에서 4층으로 연소 확대중인 상황**이고 폭발음도 들리는 상황.”

1-2-16. (지휘팀장) “전 대원에게 알린다. **건물내부에서 폭발이 발생**하고 있으니 안전거리 이격해서 화재진압.”

1-2-17. (전 대원) “확인.”

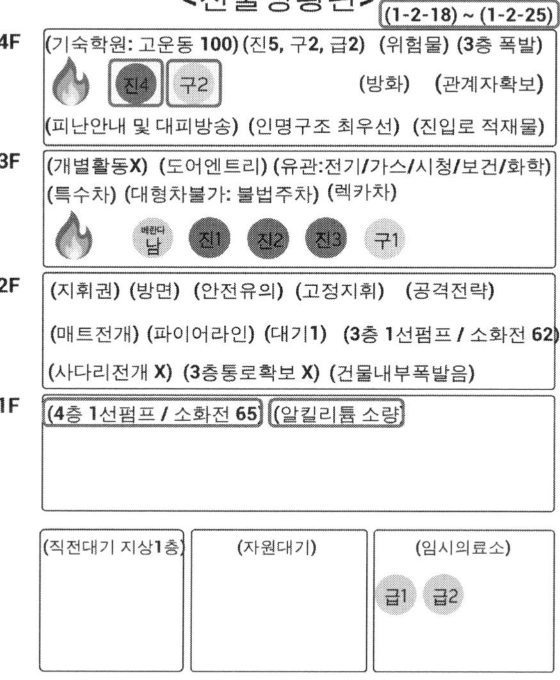


1-2-18. (지휘팀장) “화재조사 관계자 확보됐으면 실험실내에 위험물질 성상과 수량 보고해주기 바람.”

1-2-19. (지휘팀장) “**진압 4팀은 4층으**로 진입해서 연소 확대방지, **구조 2팀은 4층 진입** 인명검색 실시.”

1-2-20. (진압4, 구조2, 구급2) “확인.”

1-2-21. (지휘팀장) “진압 4팀 펌프차 기관원 여기 지휘팀장인데, **진압 4팀 펌프차를 4층 1선 펌프차로 지정하고 중요물탱크 차로 지정하니 지상식 소화전 65호**를 점령해서 용수공급체계유지.”

1-2-22. (진압 4팀 펌프차 기관원) “지상식 소화전 점령 1선펌프차 운영 확인.”

1-2-23. (화재조사) “관계자에게 확인한바 **알칼리튬 소량의 시료**정도 있다고 함.”

1-2-24. (지휘팀장) “확인, 3층 진압1,2대. 3층 실험실에 알킬리튬 소량으로 확인되니 적극적으로 화재진압에 하기 바람.”

1-2-25. (진압1,2팀) “확인.”

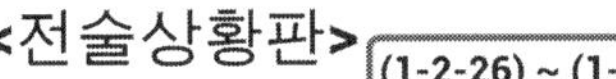


4F
(기숙학원: 고운동 100) (진5, 구2, 급2) (위험물) (3층 폭발)
진4 구2 (방화) (관계자확보)
(피난안내 및 대피방송) (인명구조 최우선) (진입로 적재물)

3F
(개별활동X) (도어엔트리) (유관:전기/가스/시청/보건/화학)
(특수차) (대형차불가: 불법주차) (렉카차)
3층 단위 진1 소속 진2,3

2F
(지휘권) (방면) (안전유의) (고정지휘) (공격전략)
(매트전개) (파이어라인) (대기1) (3층 1선펌프 / 소화전 62)
(사다리전개 X) (3층통로확보 X) (건물내부폭발음)

1F
(4층 1선펌프 / 소화전 65)(알킬리튬 소량)
(추가요청:진압2,구조3,구급5)

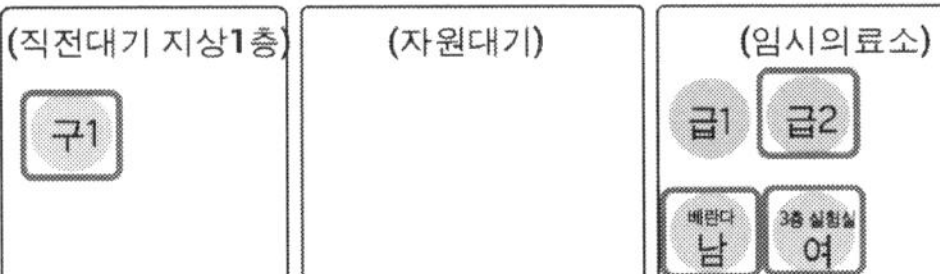


1-2-26. (지휘팀장) "현시간부로 3층 **진압 1팀으로 단위지휘관을 지정하고 소속팀은 진압 2,3팀.**"

1-2-27. (진압 1,2,3팀) "확인."

1-2-28. (통신) "지휘대장 여기통신인데 **3층 베란 구조 대상자 뛰어내림, 매트 위 뛰어 내렸는데 매트 밖으로 튕겨 나간 상황.**"

1-2-29. (지휘팀장) "**구급 2팀은 건물 A면 매트에 뛰어내린 구조 대상자 신속하게 상태확인 및 응급처치하고 임시의료소로 이송.**"

1-2-30. (구급 2팀) "건물A면 추락환자 신속히 이송하겠음."

1-2-31. (지휘팀장) "상황실, 여기 지휘팀장, 추가소방력 요청, 진압 2개팀, 구조3 개팀, 구급 5개팀 신속출동 요청."

1-2-32. (상황실) "추가대 **진압 2개팀, 구조 3개팀, 구급 5개팀 요청** 확인."

1-2-33. (구급 2팀) "건물A면 추락환자 의식과 호흡 확인됨. 임시의료소 이송하겠음."

1-2-34. (지휘팀장) "확인, 추락환자 안전하게 이송하기 바람."

1-2-35. (구조 1팀) "지휘팀장 여기 구조 1팀 3층 본관동 과학실험실 진압 중 내부에서 구조 대상자 1명 발견 성별: 여성, 성명: 미상, 나이: 10대 추정, 의식 없음, 호흡 없음."

1-2-36. (지휘팀장) "확인, **구조 1팀은 3층 과학실험실 구조 대상자 신속하게 임시의료소에 이송**조치 바람."

1-2-37. (구조 1팀) "확인."

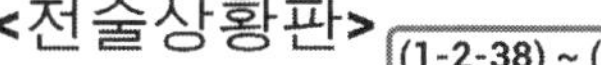


(1-2-38) ~ (1-2-50)

4F
(기숙학원: 고운동 100) (진5, 구2, 급2) (위험물) (3층 폭발)
4층 단위 진3 소속 진4 구2 (방화) (관계자확보)
(피난안내 및 대피방송) (인명구조 최우선) (진입로 적재물)

3F
(개별활동X) (도어엔트리) (유관:전기/가스/시청/보건/화학)
(특수차) (대형차불가: 불법주차) (렉카차)

3층 단위 진1 소속 진2

2F
(지휘권) (방면) (안전유의) (고정지휘) (공격전략)
(매트전개) (파이어라인) (대기1) (3층 1선펌프 / 소화전 62)
(사다리전개 X) (3층통로확보 X) (건물내부폭발음)

1F
(4층 1선펌프 / 소화전 65) (알킬리튬 소량) (화재발생 25)
(추가요청:진압2,구조3,구급5) (공기호흡기 교체 / 교대조)

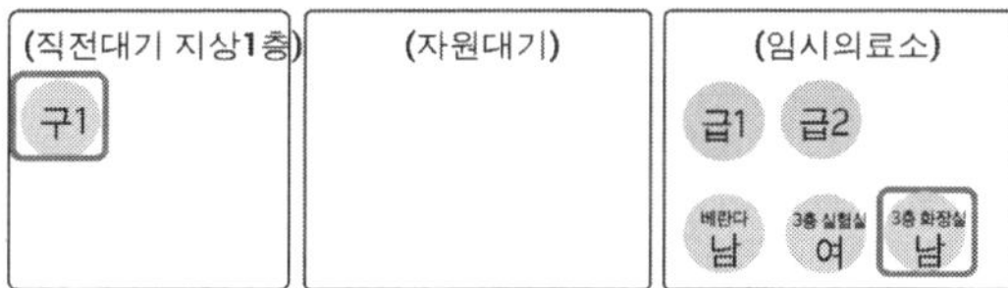


1-2-38. (진압 1팀) "지휘팀장 여기 기숙사동 4층 진압 4팀, 현재 기숙사동 4층 진화중인데 진화에 어려움 있어 추가 소방력 필요! 추가 소방력 필요."

1-2-39. (지휘팀장) "확인, 3층 단위지휘관, 여기 지휘팀장인데 현재 3층 화재진압 2개 팀으로 가능하면 진압 3팀 4층 화재진압 가능한지?"

1-2-40. (3층 단위지휘관) "확인, 가능함."

1-2-41. (지휘팀장) "구조 1팀 3층 진입 인명구조하기 바람."

1-2-42. (구조 1팀) "**구조 1팀 3층 인명구조 확인.**"

1-2-43. (지휘팀장) "현시간부로 **진압 3팀은 4층으로 진입해서 진압 4팀과 함께 화재 진압하기** 바람. 현시간부로 진압 4팀을 4층 단위지휘관으로 지정하고 소속팀은 진압 3팀."

1-2-44. (진압 4팀, 진압 3팀) "확인."

1-2-45. (구조 1팀) "**지휘팀장 여기 구조 1팀 3층 실험실 화장실 구조 대상자 1명 발견** 성별: 남성, 성명: 미상, 나이: 40대 추정, 의식 없음, 호흡 없음."

1-2-46. (지휘팀장) "확인, **구조 1팀은 3층 화장실 구조 대상자 신속히 구조해서 임시의료소로 이송**하기 바람."

1-2-47. (구조 1팀) "확인."

1-2-48. (통신) "**화재발생 25분 경과.**"

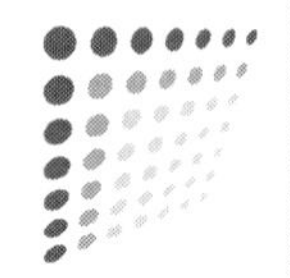



1-2-49. (지휘팀장) “각층 단위지휘관과 전 구조팀은 공기호흡기 잔량확인하고 교대로 공기호흡기 교체 및 교대조 운영해주기 바람.”

1-2-50. (전 대원) “**공기호흡기 교대로 교체 및 교대조 운영 확인.**”

## 1-3. 우선순위 무전보고사항(대원실종, 급수중단, 폭발 등)에 대한 즉각적인 조치

(Take immediate actions for priority radio reports such as missing firefighters, water supply interruption, or explosion).

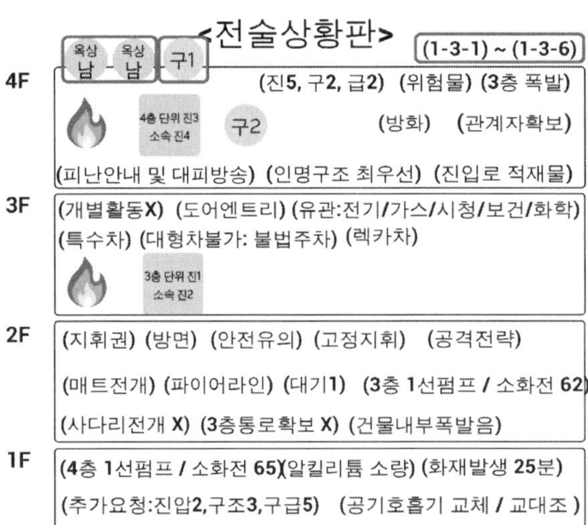


1-3-1.(통신) “우선순위보고! 지휘대장, 여기 안전, 현재 **옥상에 2명의 구조 대상자**가 있다는 상황접수! 다량의 연기가 발생하고 있어 호흡이 곤란한 상황이라고 함.”

1-3-2. (지휘팀장) “상황실은 옥상 구조대상자와 통화해서 연기가 없는 안전한곳에서 대피하라고 안내해주기 바람.”

1-3-3. (상황실) “확인.”

1-3-4. (지휘팀장) “구조 1팀 여기 지휘팀장인데 구조 1팀은 4층 옥상문 개방하고 옥상구조 대상자 2명 구조해주기 바람.”

1-3-5. (구조 1팀) “**4층 문개방 옥상구조 대상자 2명 구조 확인.**”

1-3-6. (진압 5,6팀, 구조 3,4팀, 구급 3,4팀) “**지휘팀장, 진압 5,6팀, 구조 3,4팀, 구급 3,4팀 현장도착 임무대기 중.**”

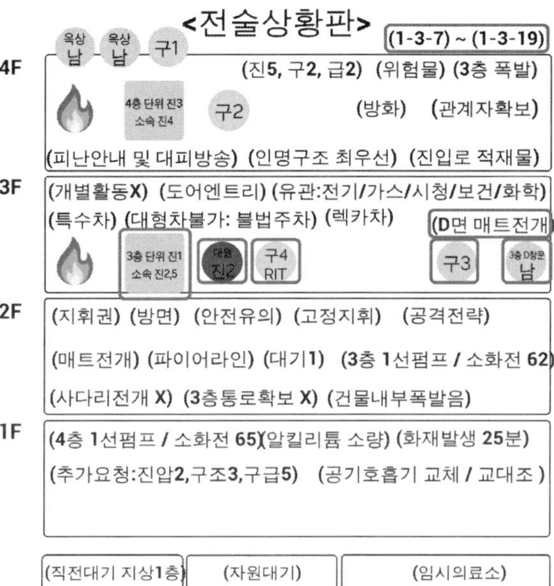


1-3-7. (지휘팀장) "확인, **진압 5팀은 3층으로 진입해서 3층 단위지휘관에 지휘 하에 화재진압, 구조 3팀은 3층 진입 인명검색, 구급 3팀 임시의료소 응급처치** 실시."

1-3-8. (3층 단위지휘관) "우선순위보고! 지휘팀장, 여기 3층 단위지휘관인데 3층 실험실 진압 중, 대원1명 실종!"

1-3-9. (지휘팀장) "3층 단위지휘관 어느 팀, 누가 실종됐는지? 실종된 시각은?"

1-3-10. (3층 단위지휘관) "**진압 2팀 관창보고 김대원 실종, 실종시각은 확인 안됨.**"

1-3-11. (지휘팀장) "확인, 현시간부로 **구조 4팀을 RIT(신속동료구조팀)으로 지정, 구조 4팀 RIT는 3층 진압 2팀 관창보고 김대원 인명검색 실시**하기바람."

1-3-12. (구조 4팀 RIT) "3층 김대원 인명검색 하겠음."

1-3-13. (지휘팀장) "**3층 단위지휘관은 1인 활동 중인 진압 2팀을 단위지휘관과 함께 진압 활동 실시할 수 있도록.**"

1-3-14. (3층 단위지휘관) "확인."

1-3-15. (지휘팀장) "**구급 4팀은 현시간부로 우리대원 김대원 대원 응급처치 할 수 있도록 대기하고, 치료 가능한 병원 사전에 확인해서 병실확보**하기 바람."

1-3-16. (구급 4팀) "대원 응급처치 준비 및 병원 확인하겠음."

1-3-17. (통신) "우선순위보고 지휘팀장 여기 통신 기숙학원 본관동 **D방면 3층 창문에 구**

조 **대상자 1명이 구조요청** 중 신속한 조치바람."

1-3-18. (지휘팀장) "**구조 3팀은 4층 D방면 구조 대상자 건물내부로 진입해서 구조**하기 바람, 진압 3팀 펌프차 기관원은 건물 D방면 안전매트 설치."

1-3-19. (진압3대 펌프차 기관원) "**D방면 안전매트설치 하겠음.**"

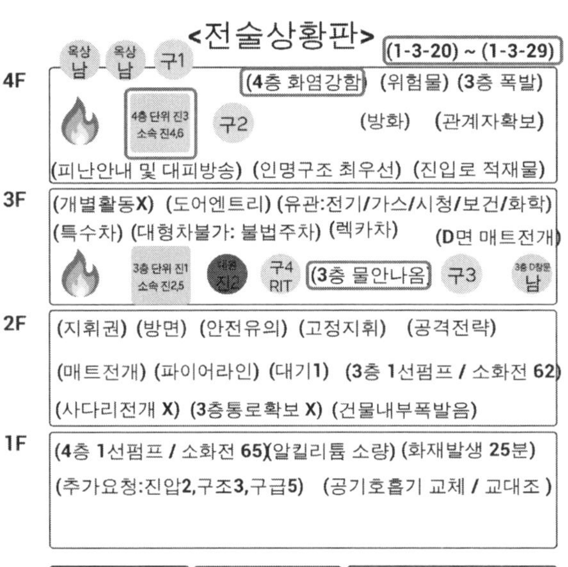


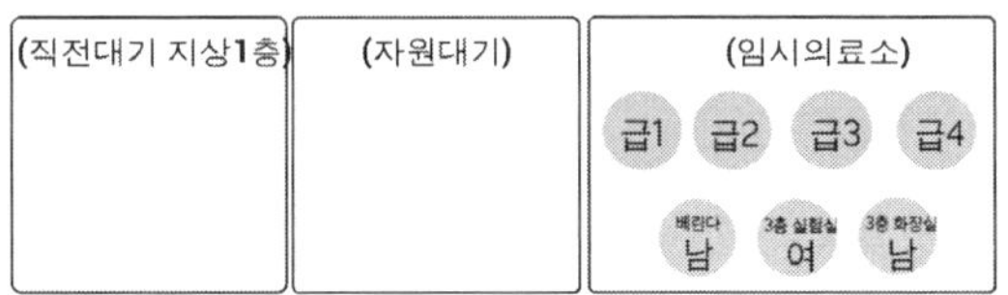


1-3-20. (3층 단위지휘관) "지휘팀장! 여기 3층 단위지휘관인데, 현재 기숙사동 **3층 방수 중인데 물이 나오지 않음**, 신속히 조치바람."

1-3-21. (지휘팀장) "확인, 3층 단위지휘관은 용수가 안 나오니 현시간부로 일단 안전한곳으로 대피하기 바람,"

1-3-22. (3층 단위지휘관) "안전한곳으로 대피 확인."

1-3-23. (지휘팀장) " 3층 진압 1팀 1선 펌프차 기관원 3층 진입수관 물이 안 나오는 상황 호수꼬임 혹은 차량에 이상이 있는지 확인바람."

1-3-24. (3층 진압 1팀 1선펌프차 기관원) "확인."

1-3-25. (4층 단위지휘관) "지휘팀장 여기 4층 **단위지휘관인데 화염이 너무 거세서 화재진압 및 인명검색이 어려운 상황.**"

1-3-26. (지휘팀장) "확인. **진압 6팀은 4층 진입해서 4층 단위지휘관 임무지시 받고 현장활동.**"

1-3-27. (3층 진압 1팀 1선펌프차 기관원) "지휘팀장 여기 진압 1팀 1선펌프차 기관원인데 호수꼬임으로 물이 나오지 않는 상황 현재 조치 완료 용수 잘 나오고 있음."

1-3-28. (지휘팀장) "3층 단위지휘관 여기 지휘팀장인데 3층 용수 원활이 공급되는지 확인."

1-3-29. (3층 단위지휘관) "용수공급 원활함."

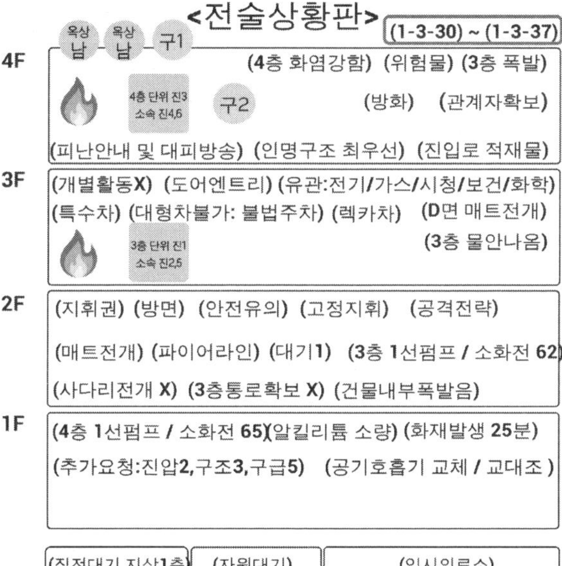


1-3-30. (구조 4팀 RIT) "지휘팀장 여기 RIT인데, 진압 2팀 실종대원 김대원 발견 3층 의식 호흡 없음, 신속하게 임시의료소에 이송하겠음."

1-3-31. (지휘팀장) "RIT 안전하게 김대원 신속하게 이송하기 바람, **구급 1팀은 우리 김대원 의식호흡 없으니 신속하게 응급처치 실시하고 상태 확인해서 보고하기 바람.**"

1-3-32. (구급 1팀) "확인."

1-3-33. (구조 3팀) "지휘팀장, **구조 3팀 3층 D방면 창문 남성 구조완료,** 나이 40 대 추정, 의식있고 호흡 있음."

1-3-34. (지휘팀장) "확인."

1-3-35. (구급 1팀) "지휘팀장, 김대원 응급처치 후 치료가능 병원으로 즉시 이송하겠음."

1-3-36. (지휘팀장) "확인, 치료가능 병원으로 신속히 확보해서 이송하기 바람 병원도착하면 이송병원 김대원 상태 보고."

1-3-37. (구급 1팀) "확인."

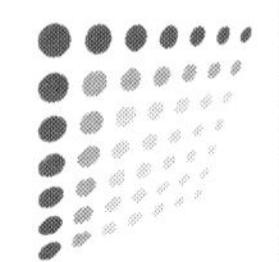



## 02 후반부 대응 (Late-Phase Operations)

(출처: XVR Program 기숙학원화재 가상환경)

**가상환경 시나리오** : 각층에서 화재가 진압되는 상황이고 인명검색을 실시하고 있는 상황.

## 2-1. 각 층에 화재 초진 후 배연 및 인명검색 (After initial fire suppression on each floor, conduct ventilation and search for occupants).

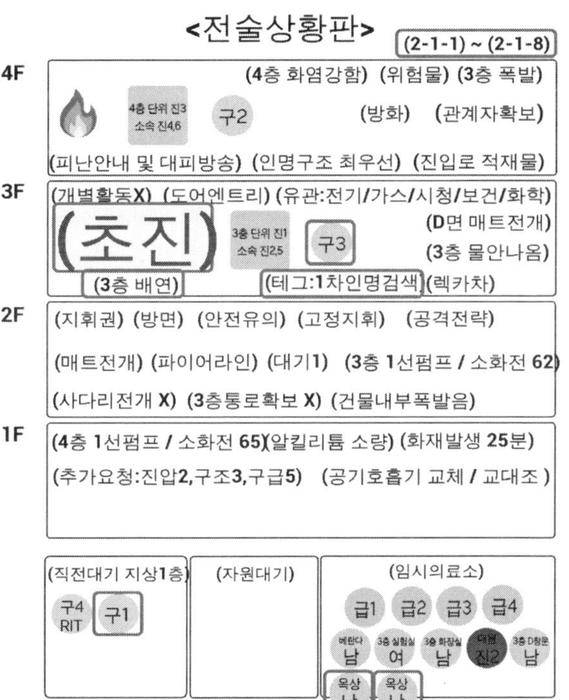


2-1-1. (3층 단위지휘관) "지휘팀장 여기 3층 **단위지휘관** 3층 **초진**."

2-1-2. (지휘팀장) "3층 **초진했으면 시야확보를 위해 배연실시**하고 인명검색 실시하고 1차 인명검색 완료되면 반드시 **테그(1차인명검색완료)**를 달아 놓기 바람 ."

2-1-3. (3층 단위지휘관) "확인, 배연 및 인명검색 테그 실시하겠음."

2-1-4. (지휘팀장) "구조 3팀은 3층 진입해서 인명검색 실시."

2-1-5. (구조 3팀) "**3층 인명검색** 확인."

2-1-6. (구조 1팀) "지휘팀장 옥상구조 대상자 인명구조 남성 2명 의식호흡 있음."

2-1-7. (지휘팀장) "확인. 신속하게 임시의료소로 이송조치하기 바람."

2-1-8. (구조 1팀) "**확인 옥상구조 대상자 임시의료소 이송**."

2-1-9. (4층 단위지휘관) "지휘팀장, 4층 단위지휘관인데 **4층 초진** ."

2-1-10. (지휘팀장) "4층 초진했으면 **배연실시**하고 인명검색 실시."

2-1-11. (4층 단위지휘관) "확인, 인명검색 실시하겠음."

2-1-12. (구급 4팀) "지휘팀장 여기 구급 4팀인데 진압 1팀 **김대원 세종병원 응급실 이송완료 의식호흡은 돌아온 상황**."

2-1-13. (지휘팀장) "응급실 이송완료 확인."

2-1-14. (구조 2팀) "지휘팀장 여기 **구조 2팀 4층 소강의실 구조 대상자 1명** 발견 성별: 여성, 성명: 미상, 나이: 20대 추정, 의식 없음, 호흡 없음."

2-1-15. (지휘팀장) "확인, 4층 소강의실 구조 대상자 신속하게 임시의료소로 이송하기 바람."

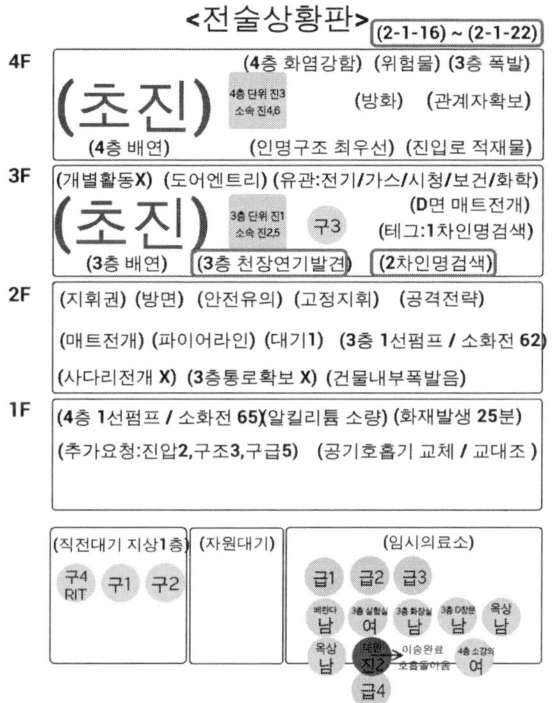


2-1-16. (3층 단위지휘관) " 지휘팀장, 여기 3층 단위지휘관. **현재 3층 일부 천장 내부에서 연기가 관찰**되는 상황.

2-1-17. (지휘팀장) "천장 부분개방 후 열화상 카메라 등 활용하여 재확인하고, 숨은 불씨가 있다면 신속히 진압하기 바람확인."

2-1-18. (3층 단위지휘관) "열화상카메라로 천장 화점 있는지 확인하겠음."

2-1-19. (3층 단위지휘관) "**천장 확인한바 화점 보이지 않고, 2차 인명검색 완료.**"

2-1-20. (지휘팀장) "3층 단위지휘관, 3층 화점은 불꽃이 소멸되었고 2차 인명검색까지 완료되었다고 보고했으니 잔불정리와 재발화 방지 철저히 실시해주기 바람.

2-1-21. (4층 단위지휘관) "지휘팀장, 여기 4층 단위지휘관 불꽃이 보이지 않고 2차 인명검색 완료."

2-1-22. (지휘팀장) "4층 단위지휘관 열화상카메라로 최종확인하기 바람."

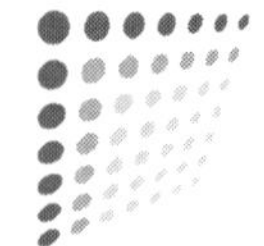



## 03 화재상황 종료(완진)
## : Fire Situation Termination (Complete Extinguishment)

### 3-1. 화재가 완진되면 지휘팀장은 완진절차에 따라 화재현장 최종점검 하고 완진선언

(When the fire is completely extinguished, incident commander conducts a final on-site inspection according to the completion procedures and declares full extinguishment).

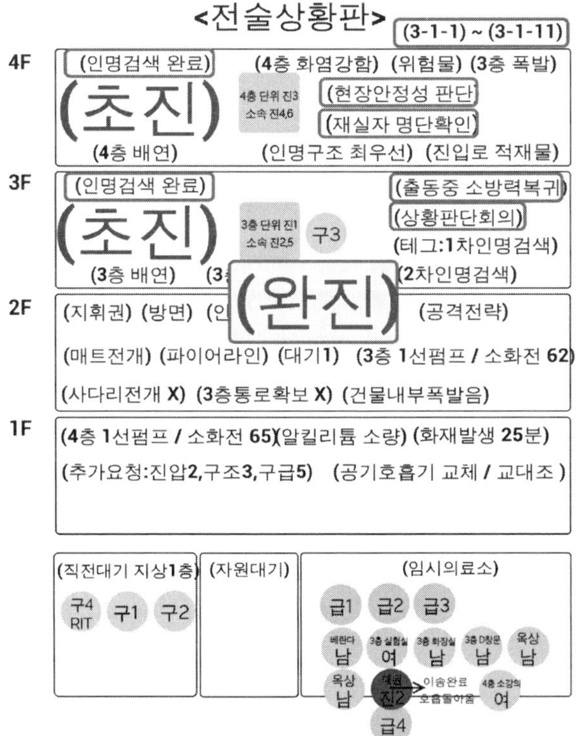


3-1-1. (지휘팀장) "안전은 화재현장 파이어라인 안에 이상 유무 다시 한 번 확인하고, 추가로 건물 구조적 안정성 판단실시."

3-1-2. (안전담당) "**현장안정성 판단**하겠음."

3-1-3. (지휘팀장) "화재조사는 재실자 명단 최종확인해서 보고해주기 바람."

3-1-4. (화재조사) "**재실자 명단확보 및 검토 확인**."

3-1-5. (지휘팀장) "통신은 **현재 출동 중인 후착 소방력은 현시간부로 복귀**요청."

3-1-6. (통신) "후착대 복귀지시 확인."

3-1-7. (4층 단위지휘관) "4층 현장 확인한바 연기도 불꽃도 보이지 않음."

3-1-8. (지휘팀장) "현시간부로 지휘팀장은 단위지휘관과 함께 화재발생장소 3층, 4층 현장 확인."

3-1-9. (지휘팀장) "3층 4층 확인한바 이상 없음."

3-1-10. (지휘팀장) "각 단위지휘관 및 통신, 안전, 조사는 상황판단회의를 개최할 예정이니 현장지휘소로 모여주기 바람."

3-1-11. (지휘팀장) "기숙학원 화재현장 확인 후 상황판단회의 결과에 따라 완진 선언."

# PART 3-2

# 필로티건물화재 현장지휘

(출처: XVR Program 필로티건물화재 가상환경)

CHAPTER

# 1 사고발생

(Incident Occurrence)

**가상환경 시나리오 설명** : 필로티건물에 화재신고가 접수됐고 지상1층 주차장에서 화재가 시작되어 주거시설로 연소 확대되는 상황이고 주택밀집지역으로 연소확대 우려가 있고 도로 폭이 좁은 상황.

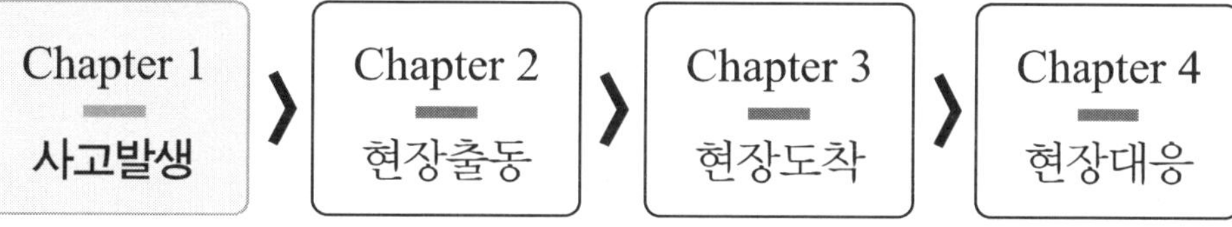


## 01 필로티건물 화재유형 특성파악

(Characterizing Fire Incident Types for Pilotis-Structure Buildings)

### 1-1. 화재상황 (출동지령, 소방활동정보카드, 무전)

Fire Situation (Dispatch Order, Firefighting Activity Information Card, Radio Communications).

1-1-1. (상황실) "화재출동! 화재출동! 세종시 아름동 200 드림타워 **1층 필로티 주차장 화재발생, 현재 다량의 검은 연기와 불꽃**이 보인다고 함. 신고자에 의하면 1층 용접작업 중 발화가 시작됐고 출입구 측에서 화재가 발생해 다수의 인원이 대피하지 못한 상황임. 동일 신고건수 다수 중앙센터 전 차량 신속비발 출동대로 진압 5개팀, 구조 2개팀, 구급 2개팀, 선착대는 진압 1팀 속히 출동바람."

CHAPTER

# 2 현장출동
(En route to the scene)

(출처: XVR Program 필로티건물화재 가상환경)

**가상환경 시나리오 설명** : 지휘팀장이 필로티건물 화재현장으로 출동중에 있고 가장먼저 도착한 선착대장으로부터 무전을 청취하면서 현장으로 진입하는 상황.

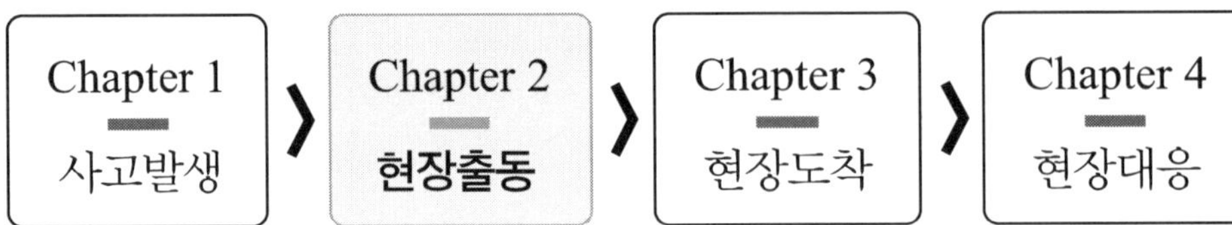

## 01 필로티건물 화재 대응을 위한 출동 및 현장지휘 체계 구축 (Establishing the Response and On-Scene Incident Command Structure for Fires in Pilotis-Structure Buildings)

### 1-1. 화재현장 위치 재확인 및 현 출동대 알림 (Establishing the Response and On-Scene Incident Command Structure for Fires in Pilotis-Structure Buildings)

<전술상황판>

(1-1-1) ~ (1-1-5)

|  | |
|---|---|
| 10F | (필로티건물: 아름동 200) (진5, 구2, 급2) (1층 주차장화재) |
| 9F | |
| 8F | |
| 7F | |
| 6F | |
| 5F | |
| 4F | |
| 3F | |
| 2F | 206 남 / 206 여 |
| 1F | |

| (직전대기) | (자원대기) | (임시의료소) |
|---|---|---|
| | | |

1-1-1. (지휘팀장) "상황실! 상황실! 여기 지휘팀장인데 화재발생 장소가 세종시 **아름동** 200 **드림타워** 1층 필로티 건물인지 확인하기 바람."

1-1-2. (상황실) "확인, 화재 발생 장소는 아름동 200 드림타워 1층 필로티 건물로 재확인됨. 신속히 출동하기 바람."

1-1-3. (지휘팀장) "출동대는 **진압 5개팀, 구조 2개팀, 구급 2개팀** 출동 현장도착 후 신속한 상황 보고 바람.

1-1-4. (통신) "현 상황 다시 전파합니다. 세종시 아름동 200 드림타워 1층 필로티 건물 주차장 화재입니다. 신고자에 의하면 현재 **206호 가족 2명**이 대피하지 못하고 있는 상황, 또한 주거용 오피스텔로 다수에 거주대상자가 거주하는 것으로 추정되니 신속하게 인명구조 실시 바람."

1-1-5. (전 대원) "신속출동 확인."

**1-2. 필로티건물은 일반화재로, 거주자가 거주하는 시설, 건물내부 상황을 상세히 파악할 수 있는 관계자 우선 확보**(Treat pilotis-structure buildings as structural fires involving residential occupants; prioritize securing a site representative who can provide detailed information about interior conditions).

**<전술상황판>**

(1-2-1) ~ (1-2-10)

10F (필로티건물: 아름동 200) (진5, 구2, 급2) (1층 주차장화재)
(관계자 확보) (206호 우선인명구조) (거주자 건물대기)

9F (인명구조 최우선) (특수차 진입가능여부)

8F

7F

6F

5F

4F

3F

2F 206 여 206 남

1F

(직전대기) (자원대기) (임시의료소)

1-2-1. (지휘팀장) "화재조사는 현장도착하면 **관계자 확보**해서 재실자 여부파악하기 바라고 상황실은 관계자 연락되면 신속히 화재조사에게 연락처 알려주기 바람."

1-2-2. (화재조사, 상황실) "관계자확보 확인."

1-2-3. (지휘팀장) "선착대장은 현장도착하면 **206호 가족2명 대피 못했다는 신고 있으니 206호부터 인명구조 실시**하기 바람."

1-2-4. (선착대장) "206호 가족2명 구조 확인."

1-2-5. (지휘팀장) "상황실은 신고자 특히 필로티 **건물 내 거주자와 연락되면 건물 밖으로 피난하지 말고 건물 내에서 대기**하고 문틈사이로 들어오는 연기 차단 안내하고 신고자 거주 호실 확보해서 지휘팀장에게 보고해주기 바람 ."

1-2-6. (상황실) "확인."

1-2-7. (지휘팀장) "다수의 구조 대상자에 안에 있는 것으로 추정되니 **인명구조 최우선**."

1-2-8. (전 대원) "인명구조 최우선 확인."

1-2-9. (지휘팀장) "선착대장 현장도착하면 신속히 화재현장상황 보고하고, 특수차 진입가능여부 확인해서 보고해주기 바람."

1-2-10. (선착대장) "현장상황 및 **특수차 진입가능여부 확인**."

## 1-3. 용접 작업 중의 화재 발생 인접 가스통 냉각주수 및 제거 (During welding operations, cool and remove adjacent gas cylinders using water spray).

**<전술상황판>**

(1-3-1) ~ (1-4-3)

|  |  |
|---|---|
| 10F | (필로티건물: 아름동 200) (진5, 구2, 급2) (1층 주차장화재)<br>(관계자 확보) (206호 우선인명구조) (거주자 건물대기) |
| 9F | (인명구조 최우선) (특수차 진입가능여부) (가스통 냉각)<br>(진입로 적재물) (다량 검은연기 및 불꽃) (개별활동X) |
| 8F | |
| 7F | |
| 6F | |
| 5F | |
| 4F | |
| 3F | |
| 2F | 206 여 206 남 |
| 1F | |

| (직전대기) | (자원대기) | (임시의료소) |
|---|---|---|
| | | |

1-3-1. (지휘팀장) "선착대는 현장도착하면 용접가스통 확인해서 냉각주수 실시 가능하면 제거조치."

1-3-2. (선착대장) "**용접가스통 냉각주수** 및 제거 확인."

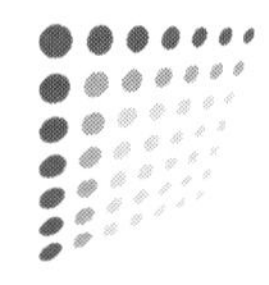



## 1-4. 도착 100미터 전 검은 연기 다량 관측되며 공사장 적재 물로 대형차량(특수차) 진입 곤란 시 진입통로 확보

1-4-1. (선착대장) "지휘팀장 여기 선착대장인데, 현재 출동 중 검은 연기 다량 관측 되며, 현재 도착 100미터 전 전방에 **공사장 적재물**로 인해 차량 대형차량 통행이 제한되니 후속차량은 우회도로를 이용하여 현장으로 출동하기 바라며, 차량의 잼 현상 방지를 위해 필수차량을 제외하고 인근에 대기하기 바람."

1-4-2. (지휘팀장) "**다량의 검은 연기와 불꽃**이 보이는 상황으로 화재최성기로 추정됨 현장도착한 전 대원은 현장도착시 개별활동 금지하고 선착대장 임무지시 받고 현장활동 해주기 바람."

1-4-3. (전 대원) "최성기, **개별활동 금지** 확인."

## 1-5. 현장에 필요한 유관기관 및 필요장비 요청 (Request necessary cooperating agencies and required equipment for the incident scene).

1-5-1. (지휘팀장) "상황실 공사장 적재물 제거를 위해 지게차와 소형 포크레인 요청."

1-5-2. (상황실) "**지게차, 소형포크레인** 확인."

1-5-3. (지휘팀장) "상황실은 **경찰, 한전, 가스, 시청, 보건소 요청**해주기 바라고, 특수차 고가사다리차, 굴절차 요청."

1-5-4. (상황실) "유관기관, **특수차 추가비발** 요청, 확인."

## 1-6. 선착대장 현장상황을 지휘팀장이 전술상황판에 정확하게 기록하여 지휘체계 유지 (The first-arriving officer reports the scene conditions, and Incident Commander accurately records them on the tactical board to maintain command continuity).

1-6-1. (선착대장) "지휘팀장 여기 선착장대 현장도착, 현재 **드림타워 1층 주차장에서 발화한 화재가 2층까지 연소확대가 우려**되는 상황 화재진압 작전 필요!"

## <전술상황판>

(1-5-1) ~ (1-6-15)

|  |  |
|---|---|
| 10F | (필로티건물: 아름동 200) (진5, 구2, 급2) (1층 주차장화재)<br>(관계자 확보) (206호 우선인명구조) (거주자 건물대기) |
| 9F | (인명구조 최우선) (특수차 진입가능여부) (가스통 냉각)<br>(진입로 적재물) (다량 검은연기 및 불꽃) (개별활동X) |
| 8F | (지게차 & 포크레인) (유관:경찰/한전/가스/시청/보건소)<br>(특수차) (2층 연소확대우려) (전진지휘) |
| 7F | |
| 6F | |
| 5F | |
| 4F | |
| 3F | |
| 2F | 구1 206 여 206 남<br>(2사다리전개 진입) |
| 1F | 진1 진2 진3 |

| (직전대기) | (자원대기) | (임시의료소) |
|---|---|---|
| | | 급1 급2 |

1-6-2. (진압 1팀, 구조 1팀) "진압 1팀, 구조 1팀 현장도착 임무 대기중."

1-6-3. (선착대장) "**선착대장은 진압 1팀과 함께 전진지휘** 하겠음, 진압 1팀은 지금부터 수관을 연장하여 1층 주차장화재 냉각주수 및 화재 진압실시,

1-6-4. (진압 1팀) "**1층 주차장 냉각주수 및 화재진압** 확인."

1-6-5. (선착대장) "**구조 1팀은 사다리를 활용**해 2층 206호 내부진입 인명구조 실시."

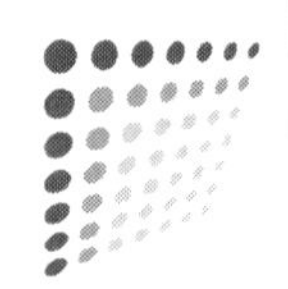



1-6-6. (구조 1팀) "**206호 내부진입 인명구조 확인.**"

1-6-7. (구급 1팀) "**선착대장, 여기 구급 1팀 현장도착 임무대기 중.**"

1-6-8. (선착대장) "구급 1팀 안전한곳 확보해서 임시의료소 설치해주기 바라고 건물 외부 특이사항(연소확대 등) 발견시 무전으로 신속하게 보고하기 바람."

1-6-9. (구급 1팀) "**임시의료소 설치**, 확인."

1-6-10. (진압 2팀) "선착대장, 여기 진압 2팀, 구급 2팀 현장도착 임무대기 중."

1-6-11. (선착대장) "**진압 2팀은 진압 1팀과 함께 화재진압 실시하고 구급 2팀은 구급 1팀 함께 구급활동 바람.**"

1-6-12. (진압 2팀, 구급 2팀) "확인."

1-6-13. (진압 3팀) "선착대장! 여기 진압 3팀 현장도착 임무대기."

1-6-14. (선착대장) "진압 3팀 필로티 건물 주출입구 확보를 위한 측면방수 실시 ."

1-6-15. (진압 3팀) "**주출입구 확보 확인.**"

CHAPTER

# 현장도착
(On-Scene Arrival)

(출처: XVR Program 필로티건물화재 가상환경)

**가상환경 시나리오** : 지휘팀장이 화재현장에 도착했고 현장상황을 파악하고 있는 상황.

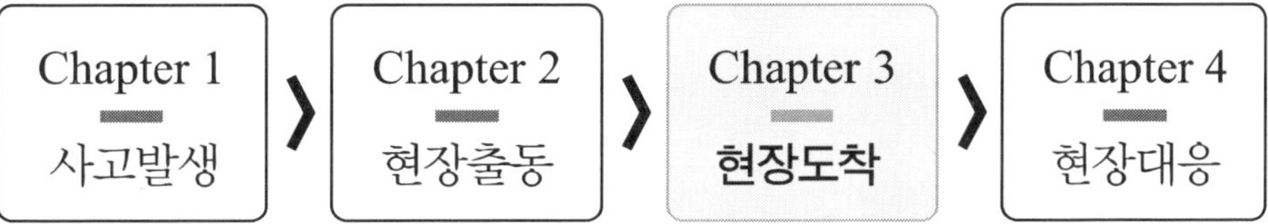

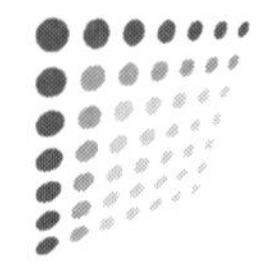



## 01 지휘팀장 현장도착 후 지휘권선언, 상황평가 및 방면지정 및 현장우선순위 상황 관리 (Upon Incident Commander's arrival on scene, declare command, conduct a situation assessment and side designation, and grasp and take control of the scene).

### 1-1. 지휘권 선언 (Declaration of Command)

1-1-1. (지휘팀장) "지휘팀장 현장도착, **현시간부로 지휘팀장이 아름동 200번지 필로티 주차장화재 현장을 지휘한다.**"

### 1-2. 최초상황평가 및 방면지정 (Initial situation assessment and Side designation).

1-2-1. (지휘팀장) "필로티건물은 총 지상1~10층 건물로 1층 주차장 2~10층은 거주시설로 **1층 주차장에 다량의 검은 연기와 불꽃**이 보이는 상황으로 2층으로 연소확대 되는 상황."

1-2-2. (지휘팀장) "1층 화재로 인해 **주출입구가 막혀**있는 상황이고 **옆 건물이 상당히 가까이 인접해있어 연소확대** 우려."

1-2-3. (지휘팀장) "**3층 창문에서 구조 대상자 손을 흔들고 있는 상황.**"

1-2-4. (지휘팀장) "진압 2팀 기관원은 건물정면 3층 창문에 매달린 구조 대상자 추락 가능한 위치에 매트리스 설치."

1-2-5. (진압 2팀 기관원) "**건물정면 매트리스 설치.**"

1-2-6. (지휘팀장) "진압3대는 건물정면 A면 구조 대상자 복식사다리 활용 3층 창문 구조 대상자 구조하기 바람."

1-2-7. (진압 3팀) "**3층 구조 대상자 복식사다리 구조** 확인."

1-2-8. (지휘팀장) "전 대원은 1층 주차장에서 검은 연기 다량 발생하니 현장활동시 안전에 유의해서 활동하기 바라고, 각 호실 인명검색 철저, 용접가스통 폭발 우려되니 이격된 거리에서 냉각주수 화재진압바람."

## <전술상황판>

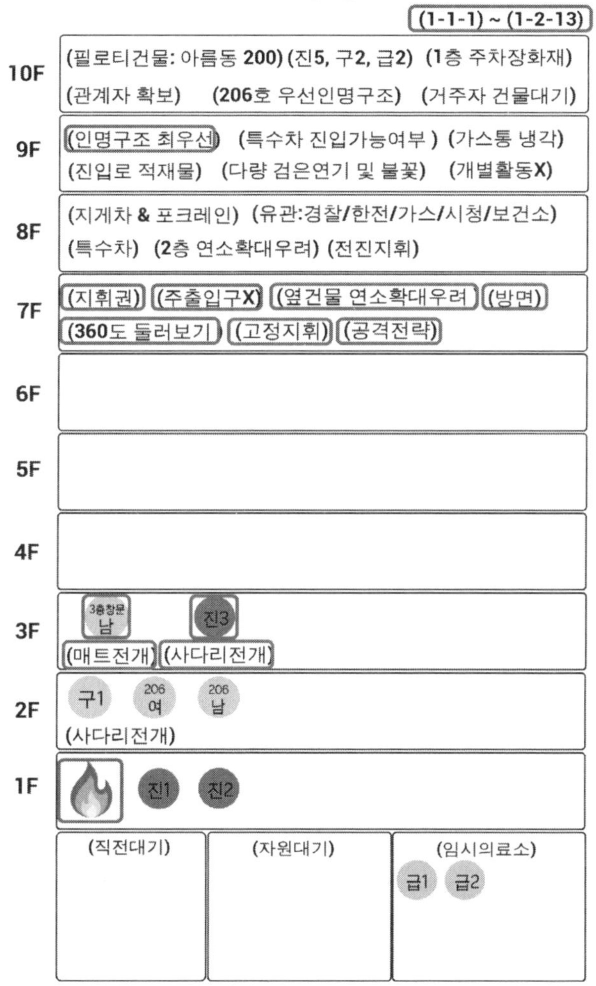

(1-1-1) ~ (1-2-13)

|  |  |
|---|---|
| 10F | (필로티건물: 아름동 200) (진5, 구2, 급2) (1층 주차장화재) (관계자 확보) (206호 우선인명구조) (거주자 건물대기) |
| 9F | (인명구조 최우선) (특수차 진입가능여부 ) (가스통 냉각) (진입로 적재물) (다량 검은연기 및 불꽃) (개별활동X) |
| 8F | (지게차 & 포크레인) (유관:경찰/한전/가스/시청/보건소) (특수차) (2층 연소확대우려) (전진지휘) |
| 7F | (지휘권) (주출입구X) (옆건물 연소확대우려) (방면) (360도 둘러보기) (고정지휘) (공격전략) |
| 6F | |
| 5F | |
| 4F | |
| 3F | 3층창문 남, 진3 (매트전개) (사다리전개) |
| 2F | 구1, 206 여, 206 남 (사다리전개) |
| 1F | 진1, 진2 |

| (직전대기) | (자원대기) | (임시의료소) |
|---|---|---|
| | | 급1 급2 |

1-2-9. (지휘팀장) "현재 기온은 19℃이며, 습도는 58%, 풍속 6m/s 인접건물 연소확대 예상됨."

1-2-10. (지휘팀장) "지휘 팀장이 현시간부로 **방면지정** 한다. 본 건물 정면을 A면으로 하고 시계방향으로 BCD지정한다(선착대장이 방면을 지정하지 않았거나 방면지정 수정이 필요한 경우 재지정). 화재현장 360° **둘러본 후** 건물 A면에서 **고정지휘**."

1-2-11. (지휘팀장) "필로티 건물에 다수의 거주자가 대피하지 못한 상황으로 전 대원은 **인명구조 최우선**하고, **전략은 공격**으로 한다."

1-2-12. (지휘팀장) "전 대원 인명구조 최우선"

1-2-13. (전 대원) "확인."

CHAPTER

# 현장대응
(On–Scene Operations)

Chapter 1 — 사고발생 〉 Chapter 2 — 현장출동 〉 Chapter 3 — 현장도착 〉 **Chapter 4 — 현장대응**

## 01 전반부 대응 (Primary Phase Operations)

(출처: XVR Program 필로티건물화재 가상환경)

**가상환경 시나리오:** 지휘팀장이 현장에 도착하여 소방력과 함께 현장대응을 하고 있는 상황.

## 1-1. 지휘참모(통신, 안전, 조사 등)를 활용 현장 통제, 용수공급체계확보 (Utilize command staff to control the scene and establish a stable water supply system).

1-1-1. (진압 3팀) "지휘팀장 여기 **진압 3팀 3층 창문 구조 대상자 구조 완료**. 의식있고 호흡있음 단순 연기 흡입, 임시의료소 이송."

1-1-2. (지휘팀장) "3층 창문구조 대상자 구조완료 확인."

**<전술상황판>**

(1-1-1) ~ (1-1-13)

|  |  |
|---|---|
| 10F | (필로티건물: 아름동 200) (진5, 구2, 급2) (1층 주차장화재) (관계자 확보) (206호 우선인명구조) (거주자 건물대기) |
| 9F | (인명구조 최우선) (특수차 진입가능여부) (가스통 냉각) (진입로 적재물) (다량 검은연기 및 불꽃) (개별활동X) |
| 8F | (지게차 & 포크레인) (유관:경찰/한전/가스/시청/보건소) (특수차) (2층 연소확대우려) (전진지휘) |
| 7F | (지휘권) (주출입구X) (옆건물 연소확대우려) (방면) (360도 둘러보기) (고정지휘) (공격전략) |
| 6F | |
| 5F | |
| 4F | |
| 3F | 3층창문 남, 진3, (매트전개) (사다리전개) |
| 2F | 구1, 206 여, 206 남, (사다리전개) |
| 1F | 진1, 진2 |

| (직전대기) | (자원대기) | (임시의료소) |
|---|---|---|
| | | 급1 급2 |

1-1-3. (지휘팀장) "**진압 1팀 펌프차를 1층 1선펌프차로, 물탱크차를 중요물탱크차로 지정, 기관원은 인근 소화전 28호 점령해서 소방용수 공급체계유지하기 바람.**"

1-1-4. (진압 1팀 펌프차 기관원) "1층 1선펌프차 지정, 확인"

1-1-5. (지휘팀장) "전 대원에게 알린다. **직전대기 장소는 B방면 좌측**으로 지정한다."

1-1-6. (지휘팀장) "안전은 화재현장인근 **파이어라인 설치** 및 인근주민 통제, 조사는 관계자 신속하게 확보해서 재실자 확인 및 건물 내 위험요소 파악, 통신은 대원 및 소방차량 통제를 위한 **대기1단계 운영**해주기 바람"

1-1-7. (안전, 조사, 통신) "확인"

1-1-8. (진압 1팀) "지휘팀장 여기 드림타워 1층 진압 1팀 진압 중인데 화염이 매우 거세고 불이 자자들지 않아 내부진입이 불가, 진입로 확보 어려운 상황."

1-1-9. (지휘팀장) "현시간부로 **진압 1,2팀은 폼방수** 진행하겠음."

1-1-10. (지휘팀장) "1선펌프차 기관원은 현시간부로 폼방수 실시."

1-1-11. (1선펌프차) "폼방수 확인."

1-1-12. (지휘팀장) "상황실 **추가 소방력 요청 진압 3개팀, 구조 4개팀, 구급 3개팀.**"

1-1-13. (상황실) "추가대 진압3개팀, 구조4개팀, 구급3개팀 요청 확인."

## 1-2. 눈으로 직접 외부현장상황파악, 귀로는 대원으로부터 나오는 무전을 통해 내부 현장상황파악 (Visually assess the external scene conditions and simultaneously monitor radio communications from crews to grasp the interior situation).

1-2-1. (지휘팀장) "진압 3팀 현 위치."

1-2-2. (진압 3팀) "직전대기 중."

1-2-3. (지휘팀장) "진압 3팀은 1층 주차장 **주출입구 확보**를 위해 측면방수 실시."

1-2-4. (진압 3팀) "주출입구 확보 확인."

1-2-5. (구조 1팀) "지휘팀장 여기 **구조 1팀 인데 206호 구조 대상자 2명 발견** 여성, 성명: 미상, 나이: 10대 추정, 의식 없음, 호흡 없음. 남성 성명: 미상, 나이: 40대 추정, 의식 없음, 호흡 없음."

1-2-6. (지휘팀장) "206호 구조 대상자 2명 임시의료소에 이송."

1-2-7. (구조 1팀) "확인."

1-2-8. (통신) "우선순위 무전보고 현재 드림타워 1층 주차장 화재가 **2층까지 연소확대**된 상황."

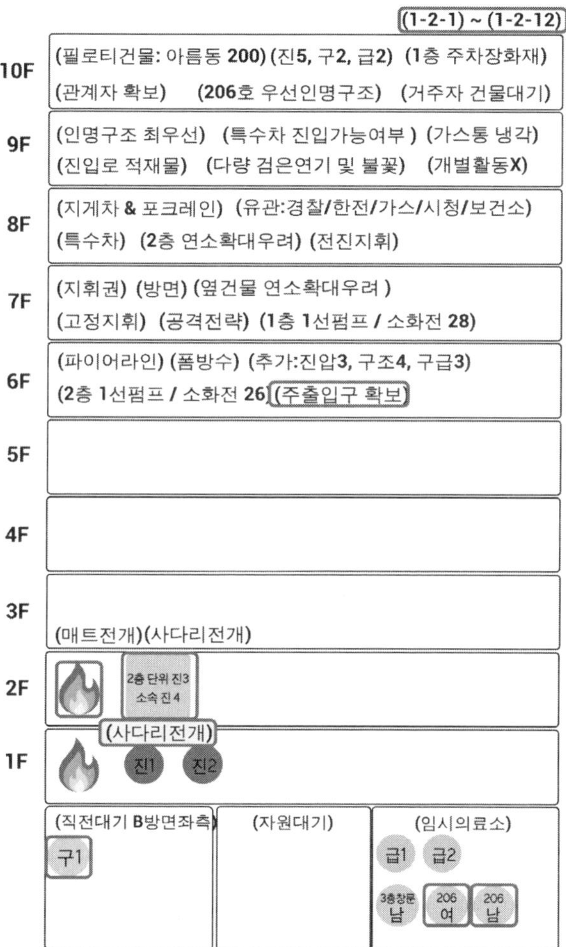


1-2-9. (지휘팀장) "진압 2팀은 건물정문 A면 2층 벽면에 방수."

1-2-10. (진압 4,5팀, 구조 2팀) "진압 4,5팀, 구조 2팀 현장도착 임무 대기중."

1-2-11 (지휘팀장) **"진압3, 4팀은 건물정면 A면 복식사다리 활용해서 2층 건물내부 진입하여 화재진압, 현시간부로 진압 3팀을 2층 단위지휘관으로 지정 소속팀은 진압 4팀."**

1-2-12. (진압3,4팀) "2층 연소확대방지, 2층 단위지휘관 확인."

## <전술상황판>

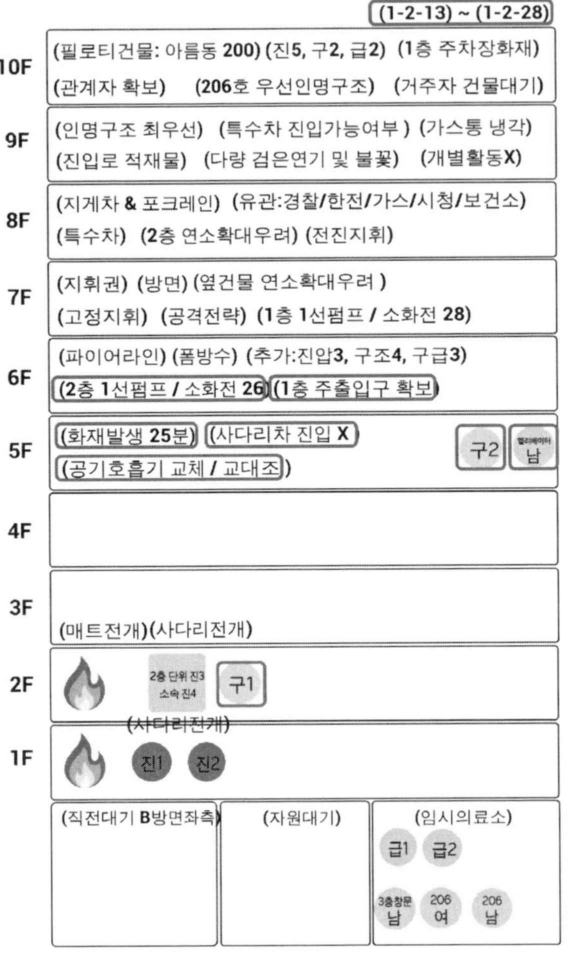


1-2-13. (지휘팀장) "**진압 3팀 펌프차 기관원 2층 1선펌프차로 지정 중요물탱크차는 소화전 26호 점령해서 용수공급체계 유지.**"

1-2-14. (진압 3팀 펌프차, 물탱크차 기관원) "2층 1선펌프차 중요물탱크차 운영."

1-2-15. (지휘팀장) "확인."

1-2-16. (진압 1팀) "지휘팀장 여기 **진압 1팀 1층 주출입구 확보.**"

1-2-17. (지휘팀장) "1층 주출입구 확보 확인."

1-2-18. (상황실) "지휘팀장 여기 상황실인데 **엘리베이터 구조 대상자 1명** 구조요청중 이고 엘리베이터가 5층에 멈춰있는 상황."

1-2-19. (지휘팀장) "구조 2팀 여기 지휘팀장인데 구조 2팀은 5층으로 진입해서 엘리베이터 구조 대상자 구조하기 바람."

1-2-20. (구조 2팀) "**구조 2팀 5층 엘리베이터 인명구조 확인.**"

1-2-21. (지휘팀장) "구조 1팀 여기 지휘팀장인데 구조 1팀은 2층 진입 인명검색."

1-2-22. (구조 1팀) "**2층 인명검색 확인.**"

1-2-23. (통신) "**화재발생 25분경과.**"

1-2-24. (지휘팀장) "각 층 **단위지휘관은 공기호흡기 잔량확인하고 교체 및 교대조 운영 해주기 바람.**"

1-2-25. (지휘팀장) "통신은 고가 사다리차 현장도착 했는지 확인해주기 바람."

1-2-26. (통신) "현재 **고가사다리차 대기1구역에서 대기 중인데 진입로가 협소해서 진입 못하는 상황.**"

1-2-27. (지휘팀장) "통신은 우회도로 확인해서 고가 사다리차 화재현장인근으로 들어 올 수 있게 조치하기 바람."

1-2-28. (통신) "우회도로 확보 확인."

## 1-3. 우선순위 무전보고사항(대원실종, 용수중단, 무전잼 등)에 대한 즉각적인 조치

(Take immediate actions in response to priority radio reports such as missing firefighters, water supply interruption, or radio jamming).

1-3-1. (2층 단위지휘관) "우선순위 무전보고! **진압 4팀 관창수 김대원 204호 문 개방중 폭발로 실종.**"

1-3-2. (지휘팀장) "실종 확인, 구조 1팀은 현시간부로 204호 폭발위치로 이동하여 김대원 신속히 구조."

1-3-3. (구조 1팀) "**김대원 인명구조 확인.**"

1-3-4. (지휘팀장) "**구급 2팀은 현시간부로 우리대원 김대원 대원 응급처치 할 수 있도록 대기하고, 치료 가능한 병원 사전에 확인해서 병실 확보**하기 바람."

1-3-5. (구급 2팀) "대원 응급처치 준비 및 병원 확인하겠음."

1-3-6. (지휘팀장) "진압 4팀 관창보조 대원들은 현시간부로 현장지휘소로 복귀하기바람."

### <전술상황판>

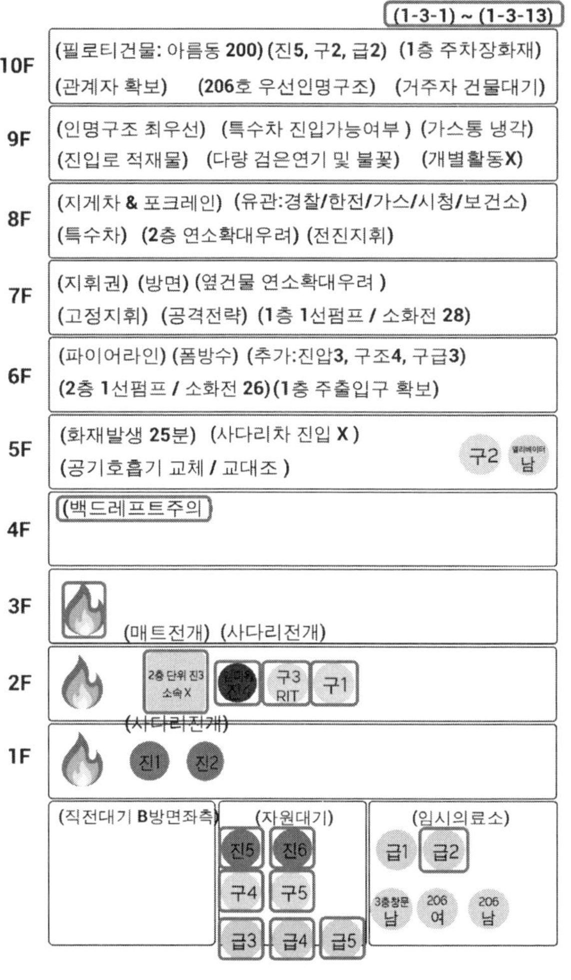


1-3-7. (진압 4팀 관창보조) "현장지휘소로 복귀 확인."

1-3-8. (지휘팀장) "전 대원에게 알린다. 전 대원은 문 개방시 **백드레프트에 대비해 도어엔티리** 기법준수하기 바람."

1-3-9. (전 대원) "백드레프트 주의 확인."

1-3-10. (통신) **"진압 5,6팀, 구조 3,4,5팀, 구급 3,4,5팀 현장도착 임무대기중."**

1-3-11. (안전) "우선순위 무전보고, 폭발로 인해 건물 3층으로 연소확대되는 상황."

1-3-12. (지휘팀장) **"구조 3팀을 RIT지정하고 구조 3팀 RIT는 2층 김대원 실종대원 신속히 인명검색 및 구조 실시. 구조 1팀은 구조 2팀 RIT에게 김대원 인명검색 인계하고 2층 인명검색 실시."**

1-3-13. (구조 3팀 RIT, 구조 1팀) "2층 진입 김대원 인명구조 하겠음. 구조1대 확인."

## <전술상황판>

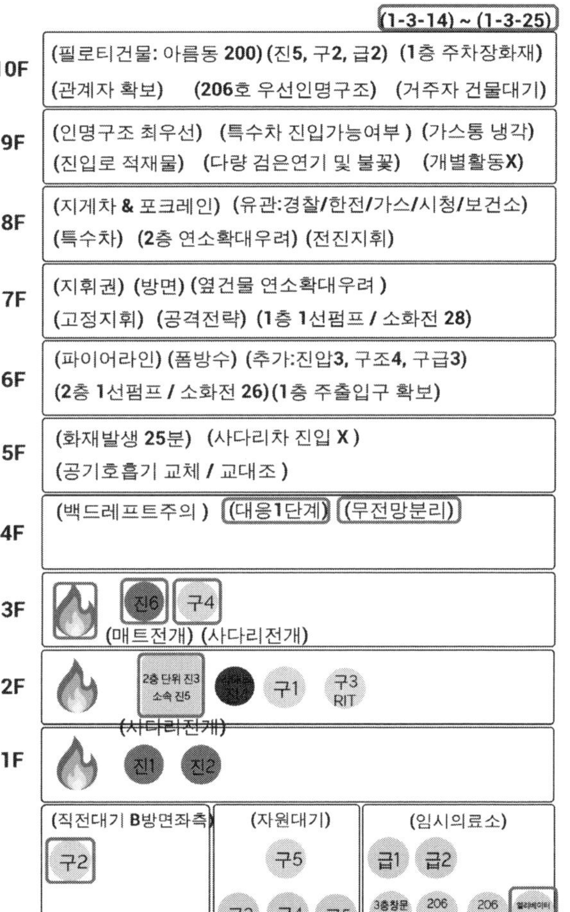


1-3-14. (지휘팀장) "**단위지휘관 재지정 2층 단위지휘관을 진압 3팀으로 하고 진압 5팀 2층으로 진입해서 2층 단위지휘관 임무지시 받고 화재진압하기 바람.**"

1-3-15. (지휘팀장) "상황실 여기 지휘팀장인데 현시간부로 대응 1단계 발령."

1-3-16. (상황실) "**대응1단계 확인.**"

1-3-17. (진압 5팀) "2층 단위지휘관 임무지시 받고 활동하겠음."

1-3-18. (구조 2팀) "지휘팀장 **구조 2팀 5층 엘리베이터 구조 대상자 발견** 성별: 남성, 성명: 미상, 나이: 20대 추정, 의식 없음, 호흡 없음."

1-3-19. (지휘팀장) "5층 엘리베이터 인명구조 확인."

1-3-20. (안전) "우선순위보고 **3층으로 급격한 연소확대** 중."

1-3-21. (지휘팀장) "진압 6팀은 3층 진입 화재진압, 구조 4팀 3층 진입 인명검색."

1-3-22. (진압 6팀, 구조 4팀) "**3층 화재진압 인명검색 확인.**"

1-3-23. (통신) "무전잼현상 발생."

1-3-24. (지휘팀장) "**현시간부로 지휘망 작전망으로 운영하겠음.**"

1-3-25. (전 대원) "지휘망 작전망 확인."

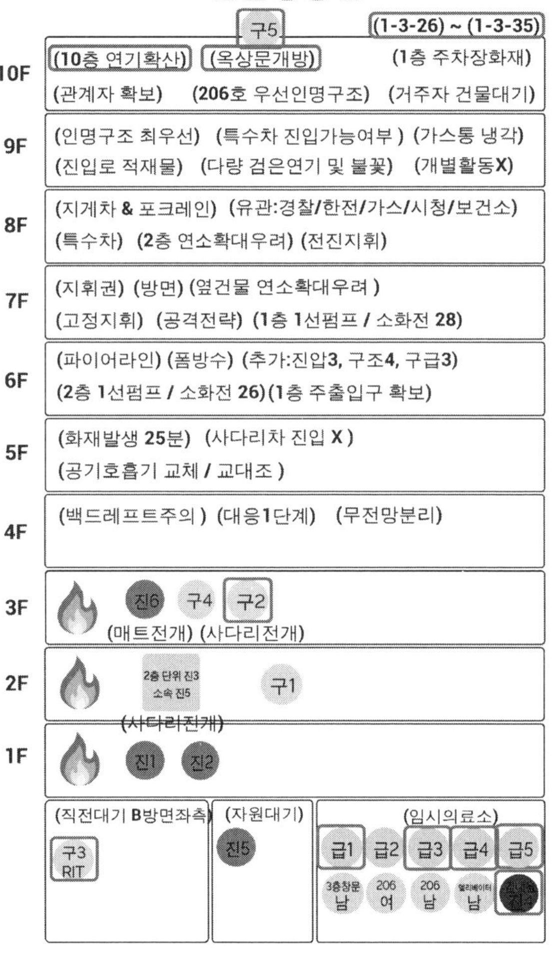


1-3-26. (상황실) "지휘팀장 여기 상황실인데 필로티 **10층 신고자에 의하면 문틈사이로 연기**가 방으로 들어오는 상황이라고 함."

1-3-27. (지휘팀장) "확인. **구조 5팀은 10층으로 진입해서 옥상문 개방 배연**실시, 상황실은 신고자에게 문틈 연기 못 들어오게 안전조치 알려주기 바람."

1-3-28. (구조 5팀, 상황실) "구조 5팀 10층 **옥상문 개방 배연실시** 확인. 상황실 확인."

1-3-29. (지휘팀장) "구급 3,4,5팀은 임시의료소에서 응급처치 및 병원이송체계 유지."

1-3-30. (구급 3,4,5팀) "**응급처치 및 병원이송체계유지 확인.**"

1-3-31. (지휘팀장) "구조 2팀 3층 진입 인명검색 실시."

1-3-32. (구조 2팀) "**구조 2팀 3층 인명검색 확인.**"

1-3-33. (구조 3팀 RIT) "지휘팀장 여기 구조 3팀 RIT인데 진압 4팀 김대원 발견 의식없고 호흡없는 상황 이송하겠음."

1-3-34. (지휘팀장) "구조 3팀 RIT는 안전하게 김대원 신속하게 이송하기 바람, 구급 1팀은 우리 김대원 의식호흡 없으니 신속하게 응급처치 실시하고 상태확인해서 보고하기 바람."

1-3-35. (구급 1팀) "응급처치 확인."

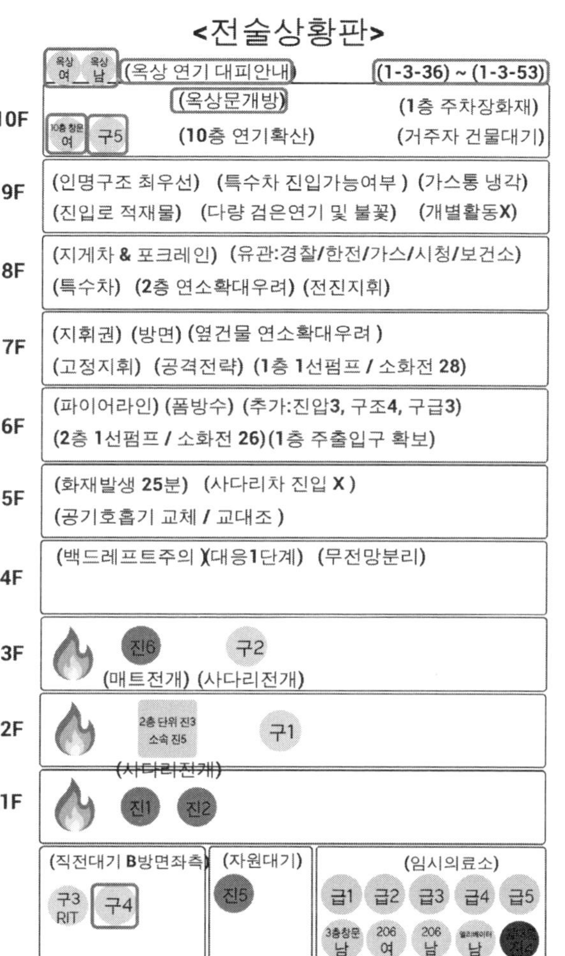


1-3-36. (구조 4팀) "지휘팀장 여기 구조 4팀 3층 복도 구조 대상자 1명 발견 성별: 남성, 성명: 미상, 나이: 40대 추정, 의식 없음, 호흡 없음."

1-3-37. (지휘팀장) "확인, **구조 4팀은 3층 복도 구조 대상자 신속히 구조해서 임시의료소로 이송**하기 바람."

1-3-38. (구조 4팀) "임시의료소 확인."

1-3-39. (통신) "우선순위보고! 지휘대장, 여기 안전, 현재 **옥상에 2명의 구조 대상자가 있다는 상황접수! 다량의 연기가 발생하고 있어 호흡이 곤란**한 상황이라고 함."

1-3-40. (지휘팀장) "상황실은 **옥상 구조 대상자와 통화해서 연기가 없는 안전한곳에서 대피**하라고 안내해주기 바람."

1-3-41. (상황실) "확인."

1-3-42. (지휘팀장) "구조 5팀 여기 지휘팀장인데 구조 5팀 옥상문 개방했는지?"

1-3-43. (구조 5팀) "지휘팀장 **구조 5팀 옥상문개방 배연실시** 중."

1-3-44. (지휘팀장) "**배연 실시 후 구조대상 2명 연기대피유도** 해주기 바람."

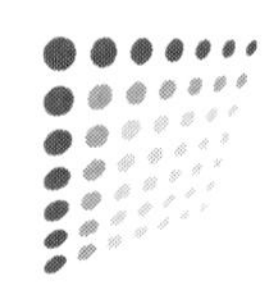



1-3-45. (구조 5팀) "배연 후 연기대피유도 확인."

1-3-46. (통신) "지휘팀장 우선순위 무전보고 **10층에서 구조 대상자 1명 창문에서 구조요청** 중."

1-3-47. (지휘팀장) "10층 구조 대상자 확인. 구조 5팀 여기 지휘팀장인데 옥상 구조 대상자 2명은 연기 없는 장소로 대피가능한지?

1-3-48. (구조 5팀) "**구조 대상자 2명 옥상 연기 없는 곳으로 대피유도 완료.**"

1-3-49. (지휘팀장) "구조5대 10층 구조 대상자 창문 구조 요청중이니 구조하기 바람."

1-3-50. (구조 5팀) "10층 **창문 구조 대상자 구조 확인.**"

1-3-51. (지휘팀장) "구조 4팀은 2층 인명검색 하기 바람."

1-3-52. (구조 4팀) "2층 **인명검색에 임하겠음.**"

## 02 후반부 대응(Late-Phase Operations)

(출처: XVR Program 필로티건물화재 가상환경)

**가상환경 시나리오** : 1층 주차장 화재가 진압됐지만 2층, 3층은 여전히 화재가 진행 중인 상황으로 인명검색과 화재진압을 동시에 진행하고 있는 상황.

## 2-1. 각 층에 화재 초진 후 배연 및 인명검색(After initial fire suppression on each floor, conduct ventilation and search for occupants).

<전술상황판>

옥상 여 옥상 남 (옥상 연기 대피안내) (2-1-1) ~ (2-1-8)

|  |  |
|---|---|
| 10F | (옥상문개방) (1층 주차장화재) (10층 연기확산) (거주자 건물대기) |
| 9F | (인명구조 최우선) (특수차 진입가능여부) (가스통 냉각) (진입로 적재물) (다량 검은연기 및 불꽃) (개별활동X) |
| 8F | (지게차 & 포크레인) (유관:경찰/한전/가스/시청/보건소) (특수차) (2층 연소확대우려) (전진지휘) |
| 7F | (지휘권) (방면) (옆건물 연소확대우려) (고정지휘) (공격전략) (1층 1선펌프 / 소화전 28) |
| 6F | (파이어라인) (폼방수) (추가:진압3, 구조4, 구급3) (2층 1선펌프 / 소화전 26)(1층 주출입구 확보) |
| 5F | (화재발생 25분) (사다리차 진입 X) (공기호흡기 교체 / 교대조) |
| 4F | (백드레프트주의)(대응1단계) (무전망분리) |
| 3F | 3층 단위 진6 소속 진2 구2 (매트전개) (사다리전개) |
| 2F | 2층 단위 진3 소속 진5 (사다리전개) |
| 1F | 진1 (수압배연) (초진) |

| (직전대기 B방면좌측) | (자원대기) | (임시의료소) |
|---|---|---|
| 구3 RIT 구4 구5 구1 | | 급1 급2 급3 급4 급5 3층창문 남 206 여 206 남 남 3층복도 남 10층 창문 여 208 남 |

2-1-1. (진압 1팀) "지휘팀장 여기 **진압 1팀 1층 주차장 초진.**"

2-1-2. (지휘팀장) "진압 1팀 초진했으면 **수압 배연으로 연기 밀어내고 주차장 차량 안에 인명 있는지 확인.**"

2-1-3. (진압 1팀) "지휘팀장 배연 및 인명검색 확인."

2-1-4. (지휘팀장) "**현시간부로 진압 6팀을 3층 단위지휘관으로 지정한다. 소속팀은 진압 2팀으로 지정 현시간부로 진압 2팀은 3층 단위지휘관 진압 6팀 임무 지시받고 화재진압** 실시."

2-1-5. (진압6,2팀) "3층 단위지휘관 확인."

2-1-6. (구조 1팀) "**지휘팀장 구조 1팀 208호 화장실 구조 대상자 1명** 발견 성별: 남성, 추정 연령 50대, 의식 없음, 호흡 없음."

2-1-7. (지휘팀장) "확인, 구조 1팀은 신속히 이송바람."

2-1-8. (구조 5팀) "**지휘팀장 구조 5팀 10층 구조 대상자 임시의료소 이송완료. 임무 대기 중.**"

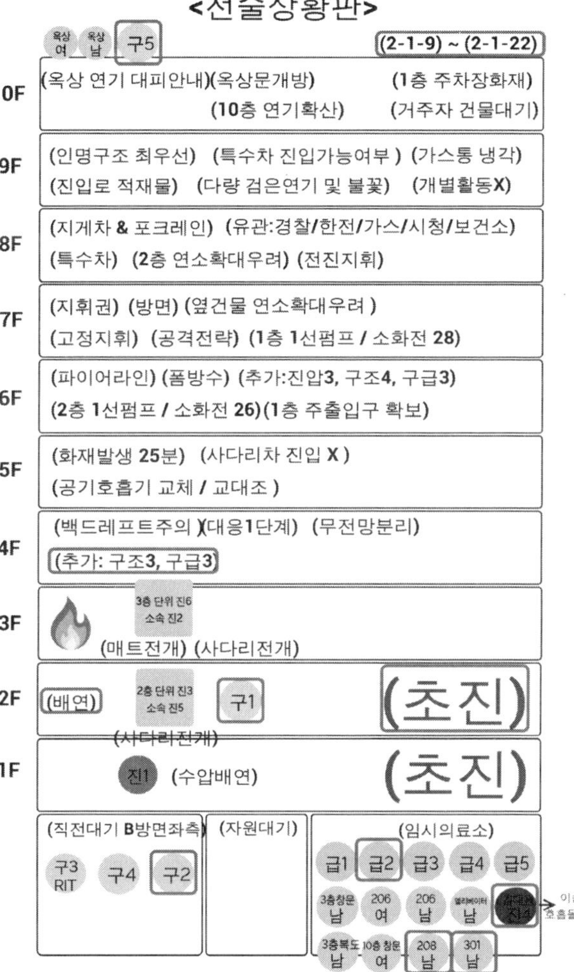


2-1-9. (지휘팀장) “**구조 5팀은 옥상구조 대상자 인명구조실시**하기 바람.”

2-1-10. (구조 5팀) “확인.”

2-1-11. (구조 2팀) “지휘팀장 **구조 2팀 301호 화장실 구조 대상자 1명** 발견 성별: 여성, 추정 연령 50대, 의식 없음, 호흡 없음.”

2-1-12. (지휘팀장) “확인, 구조 2팀은 신속히 이송바람.”

2-1-13. (지휘팀장) “구조 1팀은 2층 인명검색.”

2-1-14. (구조 1팀) “**2층 인명검색 확인.**”

2-1-15. (지휘팀장) “상황실 여기 지휘팀장인데 구조 대상자 다수 예상 **구조 3개팀, 구급 3개팀 추가요청.**”

2-1-16. (상황실) “구조 3개팀, 구급 3개팀 요청.”

2-1-17. (구급 2팀) “**지휘팀장 구급 2팀 김대원 의식없고 호흡있는 상태 세종병원으로 이송중.**”

2-1-18. (지휘팀장) “구급 2팀은 신속하게 이송하고 이송완료 후 병원에서 대기하면서 김대원 상태 확인해서 특이사항 있으면 보고 하기 바람.”

2-1-19. (구급 2팀) "신속히 이송 확인."

2-1-20. (2층 단위지휘관) "지휘팀장 2층 **단위지휘관인데** 2층 **초진**."

2-1-21. (지휘팀장) "**2층 단위지휘관은** 2층 **배연 실시**하고 시야확보에 후 열화상카메라 사용해서 화염여부확인 및 인명검색 병행실시."

2-1-22. (2층 단위지휘관) "2층 배연 후 화염 및 인명구조 확인."

**<전술상황판>**

(2-1-23) ~ (2-1-39)

|  |  |
|---|---|
| 10F | (옥상 연기 대피안내) (옥상문개방) (1층 주차장화재)<br>(10층 연기확산) (거주자 건물대기) |
| 9F | (인명구조 최우선) (특수차 진입가능여부 )<br>(진입로 적재물) (다량 검은연기 및 불꽃) (개별활동X) 구7 |
| 8F | (지게차 & 포크레인) (유관:경찰/한전/가스/시청/보건소)<br>(특수차) (2층 연소확대우려) (전진지휘) |
| 7F | (지휘권) (방면) (옆건물 연소확대우려 )<br>(고정지휘) (공격전략) (1층 1선펌프 / 소화전 28) 구6 |
| 6F | (파이어라인) (폼방수) (추가:진압3, 구조4, 구급3)<br>(2층 1선펌프 / 소화전 26)(1층 주출입구 확보) |
| 5F | (화재발생 25분) (사다리차 진입 X )<br>(공기호흡기 교체 / 교대조 ) 구2 |
| 4F | (백드레프트주의 )(대응1단계) (무전망분리)<br>(추가: 구조3, 구급3) |
| 3F | (배연) 3층 단위 진6 소속 진2 구4 (초진)<br>(매트전개) (사다리전개) |
| 2F | (배연) 2층 단위 진3 소속 진5 구1 (초진)<br>(사다리전개) |
| 1F | 진1 (수압배연) 구5 (초진) |

| (직전대기 B방면좌측) | (자원대기) | (임시의료소) |
|---|---|---|
| 구3 RIT | | 급6<br>급1 급2 급3 급4 급5 급7<br>3층창문 남, 206 여, 206 남, 남, 진4 → 이송 호흡돌아옴<br>3층복도 남, 10층 창문 여, 208 남, 301 남, 옥상 여, 옥상 남 |

2-1-23. (지휘팀장) "구조 2팀은 4층 인명검색 실시."

2-1-24. (구조 2팀) "**구조 2팀 4층 인명검색 확인.**"

2-1-25. (3층 단위지휘관) "지휘팀장 3층 **단위지휘관인데 3층 초진**."

2-1-26. (지휘팀장) "**3층 단위지휘관은** 3층 **배연 실시**하고 시야확보에 후 열화상카메라 사용해서 화염확인 및 인명검색 병행실시."

2-1-27. (3층 단위지휘관) "3층 배연 후 화염 및 인명구조 확인."

2-1-28. (구조 5팀) "**지휘팀장 구조 5팀 옥상 구조 대상자 2명** 구조완료 의식 호흡 확인되고 단순 연기흡입."

2-1-29. (지휘팀장) "구조 5팀 인명구조 완료 임시의료소로 신속하게 이송 ."

2-1-30. (구조 2팀) "**구조 2팀 4층 인명검색 완료.**"

2-1-31. (지휘팀장) "**구조 2팀은 5층 인명검색** 하기 바람."

2-1-32. (구조 2팀) "**구조 2팀 5층 인명검색** 확인."

2-1-33. (지휘팀장) "**구조 4팀은 3층 인명검색.**"

2-1-34. (구조 5팀) "**구조 5팀은 1층 인명검색** 확인."

2-1-35. (통신) "구조 3개팀, 구급 3개팀 현장도착 임무 대기중."

2-1-36. (지휘팀장) "**구조 6팀은 6~7층 인명검색, 구조 7팀은 8~10층 인명검색.**"

2-1-37. (구조6,7팀) "구조 6팀 6~7층 인명검색, 구조 7팀 8~10층 인명검색 확인."

2-1-38. (지휘팀장) "**구급 6,7팀은 임시의료소에서 병원이송체계에 따라 임무수행.**"

2-1-39. (구급6,7팀) "이송체계에 따라 임무수행 확인."

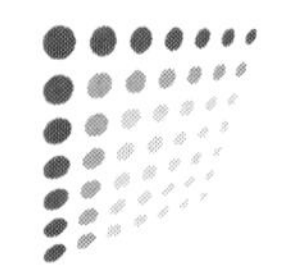



## 03 화재상황 종료(완진)
Fire Situation Termination (Complete Extinguishment)

### 3-1. 화재가 완진되면 지휘팀장은 완진절차에 따라 화재현장 최종점검 하고 완진선언

(When the fire is completely extinguished, incident commander conducts a final on-site inspection according to the completion procedures and declares full extinguishment).

3-1-1. (지휘팀장) "안전은 화재현장 파이어라인 안에 이상 유무 다시 한 번 확인하고, 추가로 건물 구조적 안정성 확인실시."

3-1-2. (안전담당) **"현장안정성 확인** 하겠음."

3-1-3. (지휘팀장) "화재조사는 재실자 명단 최종확인해서 보고해주기 바람."

3-1-4. (화재조사) "재실자 명단확보 및 검토 확인."

3-1-5. (2층 단위지휘관) **"2층 현장 확인한바 연기도 불꽃도 보이지 않고 2차 인명검색도 완료함."**

3-1-6. (3층 단위지휘관) **"3층 현장 확인한바 연기도 불꽃도 보이지 않고 2차 인명검색도 완료함."**

3-1-7. (지휘팀장) "2층, 3층 완진 확인."

3-1-8. **(구조 2,6,7,8팀) "인명검색 완료."**

3-1-9. (지휘팀장) "인명검색 완료 확인."

3-1-10. (지휘팀장) "통신은 **현재 출동 중인 후착 소방력 있으면 현시간부로 복귀**요청."

3-1-11. (통신) "후착대 복귀지시 확인."

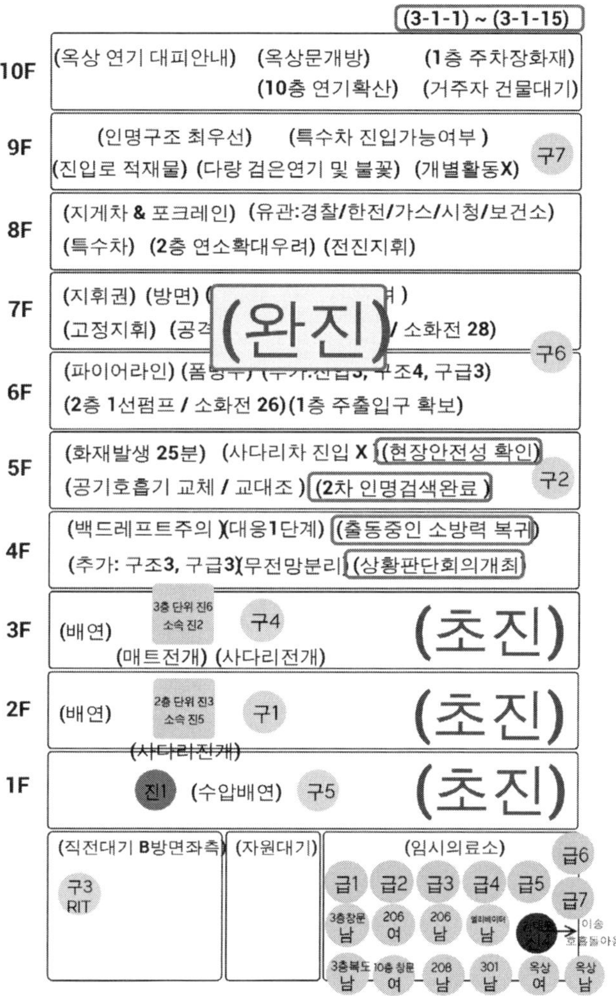


3-1-12. (지휘팀장) "현시간부로 지휘팀장은 단위지휘관과 함께 1~10층 현장확인."

3-1-13. (지휘팀장) "**전층 확인한바 이상없음.**"

3-1-14. (지휘팀장) "각 단위지휘관 및 통신, 안전, 조사는 **상황판단회의를 개최**할 예정이니 현장지휘소로 모여주기 바람."

3-1-15. (지휘팀장) "필로티화재 화재현장 확인 후 상황판단회의 결에 따라 완진 선언."

# 용어정리(Glossary)

| 한글 용어 | 영어 표기 | 약어 | 정 의 |
|---|---|---|---|
| 1선펌프차 | First Due Engine | — | 화재 발생 시 제일 먼저 현장에 도착하여 초기 진압을 담당하는 소방 펌프차를 말한다. 보통 1차 출동대로 우선 투입되며, 자체 물탱크의 물로 즉시 방수를 시작해 연소 확대를 억제한다. 추가 지원 차량 도착 전까지 초동 진압의 주력이 된다. |
| 7면포위 | Seven-Side Containment | SSC | 화재 또는 누출 등 위험원을 위 · 아래 · 전 · 후 · 좌 · 우 · 화점의 일곱 방향에서 동시에 또는 순차적으로 포위 · 차단하여 확산을 억제한다. 출입구 봉쇄, 배연 · 차열, 물줄기 차단, 인접물 냉각 등으로 확산 경로를 통제한다. |
| CAN 보고 | C-A-N Report (Conditions-Actions -Needs) | CAN | 현장에서 무전으로 현재 상황(Condition), 수행 중인 행동(Action), 필요한 사항(Need)을 간략히 보고하는 표준 절차를 말한다. 예를 들어 "현층 온도 상승, 화점 탐색 중, 추가 지원팀 필요" 와 같이 보고하여 지휘관의 판단과 자원 배치에 도움을 준다. |
| 개구부 진입 인명검색 | Vent-Enter-Isolate -Search | VEIS | 창문 등 외부 개구부를 통해 내부로 직접 진입하여 고립된 인명을 구조하는 전술을 말한다. 'Vent → Enter → Isolate → Search' 순으로 수행하며, 진입 후 문을 닫아 플로우패스를 차단한다. |
| 개인보호장비 | Personal Protective Equipment | PPE | 방수복, 방열복, 헬멧, 장갑, 안전화, 면체, 공기호흡기(SCBA) 등 대원의 신체를 위험으로부터 보호하기 위한 장비를 말한다. 고열, 유독 연기, 낙하물 등으로부터 대원을 보호한다. |
| 건물의 옥내 소화전 | Interior Standpipe System (Hose Cabinet) | — | 층별 방수구와 밸브 및 배관으로 구성된 실내 고정식 소화전 설비를 말한다. 화재 시 해당 층에서 즉시 호스를 전개해 방수하며, 연결송수관(Standpipe)과 소방차 연결구(FDC)로 급수를 받는다. |
| 경계관창 | Exposure Protection Stream | — | 인접 건물 등 노출물에 화재가 옮겨붙지 않도록 경계 부위에 물을 분사해 연소 확대를 차단한다. 표면 냉각과 불티 확산 저지를 목적으로 운용한다. |
| 경사로 | Ramp | — | 차량 · 장비 · 들것의 이동을 위해 고저차를 연결하는 경사진 통로를 말한다. 지하주차장, 공사장, 물류창고 등에서 주 접근 경로로 사용하며, 화재 시 연기가 상부로 이동하기 쉬워 플로우패스를 고려해 진입 · 배연 순서를 결정한다. |

| 한글 용어 | 영어 표기 | 약어 | 정 의 |
|---|---|---|---|
| 고정지휘 | Fixed Command | — | 지휘관이 현장지휘소(ICP)에 고정해 지휘 · 통제를 수행한다. 무전 · 기록 · 자원 배치 · 안전관리 · 대민 및 유관기관 연락을 체계적으로 유지하며, 현장 규모가 크거나 다중 전술을 병행할 때 효과가 크다. |
| 공격전략 | Offensive Strategy | — | 인명 구조와 화점 제압을 목표로 내부 진입 중심으로 수행한다. 구조 가능성과 구조적 안정이 확보되고 용수 · 인력이 충분할 때 선택하며, 신속한 호스라인 전개, 초진, 1차 인명검색, 플로우패스 통제, 인원확인보고(PAR) 확인을 병행한다. |
| 관계자 | Site Representative / Building Responsible Person | — | 건물 구조, 출입 통제, 거주자 현황, 위험물 위치 등 내부 정보를 제공할 수 있는 건물 측 책임자를 말한다. 열쇠 · 평면도 · 연락망 제공 등 협조 창구 역할을 한다. |
| 단위지휘관 | Division/Group Supervisor | DIVS/ GRPS | 현장을 지리적 구역(Division) 또는 기능별 구역(Group)으로 분할했을 때 각 단위를 통솔하는 지휘 요원을 말한다. 현장지휘계획(IAP)에 따라 자원을 배치하고 안전 · 성과를 관리하며 CAN 보고로 진척을 공유한다. |
| 대기 1단계 | Staging Level 1 | — | 현장 혼잡을 방지하기 위해 출동대가 사건 현장으로 진입하지 않고 큰길가 등 외곽에 대기한다. 즉시 투입 가능한 예비 전력을 소속별로 정렬 · 점검하며, 지휘관 호출 전까지 현장 접근로를 비워 둔다. 목적은 초기 화세 억제와 1차 인명검색을 신속히 지원할 준비를 갖추되, 무분별한 진입으로 통행 · 통신 · 배연을 방해하지 않도록 하는 데 있다. 투입 · 철수와 위치 변경은 지휘망에 보고한다. |
| 대기 2단계 | Staging Level 2 | — | 1단계보다 화재 규모가 더 크거나 장시간 · 복수 전술 운용이 예견되는 상황에서, 혼잡 방지를 위해 현장지휘소(ICP) 후방 또는 큰길가 공식 Staging Area에 집결한다. Staging 책임자가 자원대기소를 운영하면 자원 등록 · 출동 순번 · 교대 · 보급을 통제하며, 지휘관 호출 전까지 현장 접근로로 진입하지 않는다. 목적은 대규모 자원을 질서 있게 순차 투입하여 현장 내 이동 · 배연 · 지휘 활동의 혼잡을 방지하고 전술 지속성을 확보하는 데 있다. |
| 대기구역 | Staging Area | — | 현장 인근에 인력과 장비를 모아 대기하는 구역을 말한다. 필요 시 즉시 현장에 투입할 수 있도록 출동 대기 상태를 유지한다. |
| 도착시간 | Estimated Time of Arrival | ETA | 대응 부대 또는 장비가 현장에 도달할 것으로 예상되는 시간을 말한다. 상황 전파와 작전 계획 수립에 활용한다. |
| 릴레이급수 (중계급수) | Relay Pumping | — | 장거리 · 고지대 등에서 안정적 급수를 위해 다수 펌프차를 중간 배치하여 물을 이어 보내는 방식으로 송수압을 확보한다. |

| 한글 용어 | 영어 표기 | 약어 | 정 의 |
|---|---|---|---|
| 메이데이 | MAYDAY (Firefighter Distress Call) | — | 대원이 고립·매몰 등 생명 위기 상황에서 사용하는 국제 공통 긴급 무선신호를 말한다. 수신 즉시 RIT 투입 등 구조 대책을 최우선으로 시행한다. |
| 문 제어 | Door Control | — | 내부 진입 시 출입문 개폐를 통제하여 산소 유입과 연기·열 배출을 조절한다. 문덮개(door cover)·문쐐기(door wedge)·로프 등으로 문 위치를 고정해 플로우패스를 안전하게 관리한다. |
| 방면지정 | Side Designation | — | 건물 방면을 A·B·C·D로, 층·구역을 숫자 또는 명칭으로 통일 지정하여 모든 보고·지시·표식을 동일 좌표로 운용한다. |
| 방어전략 | Defensive Strategy | — | 내부 진입이 불가능하거나 비효율적일 때 외부에서 연소 확대를 차단한다. 노출물 보호, 붕괴 구역 설정, 대용량 방수, 배연 제어를 시행한다. |
| 방폭장비 | Explosion-Proof Equipment | — | 가연성 가스·분진 환경에서 점화원을 차단하거나 불꽃 전파를 방지하도록 설계된 장비를 말한다. 방폭 팬·조명·스위치 등을 사용한다. |
| 배기덕트 | Exhaust Duct | — | 공조·배연 시스템에서 오염 공기와 연기를 외부로 배출하는 덕트를 말한다. 화재 시 연소 확산·역류 방지를 위해 댐퍼를 제어한다. |
| 분무주수 | Fog Stream | — | 노즐을 미세 입자로 분사하여 대류·복사열을 빠르게 흡수·냉각하고 연기를 희석한다. 실내에서는 수증기 충격을 고려해 펄싱 등으로 양을 조절한다. |
| 비계(스캐폴딩) | Scaffolding | — | 건축물 외부에 설치하는 임시 가설 구조물로, 작업 발판과 통로를 제공한다. 화재 시 연소 확산 통로가 될 수 있어 관리가 필요하다. |
| 상황평가(SA) | Situational Awareness | SA | 현장의 위험·기회 요소를 지속적으로 인지·이해·예측한다. 연기·열·구조 상태, 바람, 플로우패스, 인명 정보, CAN·인원확인보고(PAR) 보고를 통합해 다음 행동을 결정한다. |
| 상황평가(360° Size Up) | Size-Up (Initial/Continuous) | — | 도착 직후 360° 점검과 지속 갱신으로 용도·구조·화점 위치·규모·연기 특성·노출물·용수 접근·인명 위험을 체계적으로 파악한다. 결과를 지휘권선언, 전략 선택, 현장지휘계획(IAP) 수립에 반영한다. |
| 샤프트 | Shaft | — | 건물 내부의 수직 통로를 말한다. 엘리베이터·설비 배관실·환기 덕트 등이 포함되며, 연기·열의 급속 확산 경로가 될 수 있다. |
| 선착대장 | First-Arriving Officer | — | 가장 먼저 도착한 소방대의 지휘 책임자를 말한다. 초기 상황평가와 긴급 조치를 지휘하고, 상급 지휘관 도착 시 지휘권을 인계한다. |

| 한글 용어 | 영어 표기 | 약어 | 정 의 |
|---|---|---|---|
| 소방차 연결구 | Fire Department Connection | FDC | 건물 외벽에 설치된 소방차용 급수 입구를 말한다. 스프링클러나 스탠드파이프 설비로 물을 공급하도록 설계한다. |
| 수직배연 | Vertical Ventilation | — | 지붕·상층 창문 등을 개방하여 뜨거운 연기·가스를 수직 방향으로 배출한다. 실내 온도 저하와 시야 확보에 효과가 있다. |
| 수평배연 | Horizontal Ventilation | — | 동일 층의 창·문을 통해 연기와 열기를 수평 방향으로 배출한다. 수직 배연이 어려운 상황에서 활용한다. |
| 신속동료구조팀 | Rapid Intervention Team | RIT | 위험에 처한 소방대원을 구조하기 위해 대기하는 전담 팀을 말한다. 메이데이 발생 시 즉시 투입한다. |
| 안전담당 | Incident Safety Officer | ISO (SOF) | 대응 인력의 안전을 전담 감독하는 지휘부 요원을 말한다. 위험 요인을 감시하여 지휘관에게 보고하고 작업 중지를 권고하는 등 안전을 확보한다. |
| 압력감압밸브 | Pressure Reducing Valve | PRV | 급수배관 내 과도한 수압을 억제해 일정 압력 이하로 유지하는 밸브를 말한다. 고층 건물의 저층 과압 문제를 방지한다. |
| 양압배연 | Positive Pressure Ventilation | PPV | 송풍기로 실내에 공기를 주입해 연기를 밀어낸다. 배출구를 설정해 신속히 희석·배출하며, 투입 시점과 경로를 신중히 관리한다. |
| 여유수관 | Backup Hose Line (Secondary Line) | — | 주 공격 호스라인 문제 발생 또는 추가 방수 필요에 대비해 준비하는 예비 호스라인을 말한다. 교체·보강 목적으로 신속 전개한다. |
| 연결송수관 | Standpipe System | — | 건물 내부 수직 송수관 설비를 말한다. 층별 호스 연결구를 통해 신속 방수가 가능하며, 소방차 연결구(FDC)로 외부 급수를 받는다. |
| 연결송수관, 옥내소화전 등 소방시설 | Standpipe and Interior Hose System | — | 스탠드파이프와 층별 옥내소화전 설비를 통칭한다. 고층 화재에서 층별 방수 거점을 제공하며 소방차 연결구(FDC)로 급수한다. |
| 열방출률 | Rate of Heat Release | RHR | 화재 시 단위 시간당 방출되는 열량을 나타내는 지표를 말한다. 값이 높을수록 화재 강도가 크고 폭발적 성장이 일어날 가능성이 크다. |
| 열화상카메라 | Thermal Imaging Camera | TIC | 적외선 신호를 영상화해 고온부와 인체를 식별한다. 시야 제한 환경에서 인명 위치 파악, 은폐 연소 탐지, 구조 경로 선정에 활용한다. |
| 완진 | Final Extinguishment (Fire Out) | — | 2차 인명검색이 완료되고 표면 화염과 심부 연소를 모두 제거하여 재 발화 위험이 없다고 판단되는 상태를 말한다. 상황판단회의를 개최 후 모든 재난상황이 종료된 상황이다. |
| 우선순위 무전보고 | Priority Emergency Traffic | PET | 즉각적 위험 경보나 긴급 지시가 필요할 때 모든 통신보다 우선해 송신한다. 구조대원 고립, 붕괴 징후, 급격한 연소 확대 등 치명 위험을 신속히 공유한다. |

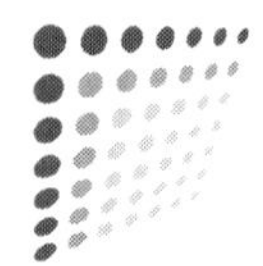



| 한글 용어 | 영어 표기 | 약어 | 정 의 |
|---|---|---|---|
| 유도로프 | Guideline / Search Rope | — | 저시야 구획에서 팀의 탈출 경로와 진입 방향을 표식하기 위해 설치하는 로프를 말한다. 매듭 · 태그로 진행 방향과 분기점을 표시한다. |
| 음압배연 | Negative Pressure Ventilation | NPV | 배기팬으로 실내 공기를 흡출해 저압을 형성하고 외부 공기 유입을 유도한다. 지하 · 밀폐 공간의 연기 제거에 활용한다. |
| 음영 | Radio Dead Zone | — | 지형 · 구조물 · 차폐로 무전 수신 · 발신이 불안정하거나 불능인 구역을 말한다. 중계기 · 릴레이 · 주파수 전환 등으로 보강한다. |
| 이동지휘 | Mobile Command | — | 지휘관이 차량 또는 도보로 이동하며 지휘한다. 초기 급박하거나 가시 확보가 필요할 때 활용하며, 상황 안정 후 고정지휘로 전환한다. |
| 이동형 단말기 | Mobile Data Terminal | MDT | 지령 · 지도 · 전술 상황 · 건물 정보를 차량 단말에서 실시간 조회 · 공유하는 이동형 정보 단말을 말한다. 출동 경로 확인, 대상 정보 파악, 위험 경고 등에 활용한다. |
| 인원확인보고 | Personnel Accountability Report | PAR | 팀 · 대별 인원의 위치와 안전 상태를 주기적 · 사건 기반으로 확인 · 보고한다. 모드 전환, 전면 배연, 메이데이, 교대, 철수 등 이벤트 후 즉시 시행한다. |
| 작전망 | Tactical Channel | TAC | 진입 · 인명검색 · 진압 등 전술 활동에 사용하는 무전 채널을 말한다 팀 간 협조와 안전 확인(PAR · 메이데이)을 신속히 수행하도록 구성한다. |
| 재난의료지원팀 | Disaster Medical Assistance Team | DMAT | 다수 사상자 상황에서 트리아지 · 응급처치 · 이송 조정을 담당하는 현장 의료 대응팀을 말한다. 현장 의료소를 설치 · 운영하고 자원을 배분한다. |
| 전진지휘 | Forward Command | — | 지휘관이 화점 인접 안전 지점으로 전진하여 지휘한다. 시야 · 접근성이 향상되나 위험 노출이 커지므로 보조 지휘 인력과 통신 · 안전 감시를 병행한다. |
| 중성대 | Neutral Plane | — | 문 · 개구부에서 뜨거운 연기 상층과 차가운 공기 하층이 만나는 경계 높이를 말한다. 위치 변화로 화점 · 배연 효과 · 내부 압력 상태를 추정한다. |
| 중요물탱크차 | Primary Water Tender | WT | 현장에 우선 배치되어 1선펌프차에 직접 물 운반을 전담 차량을 말한다. 소화전 · 상수도 접근이 어려운 지역에서 셔틀 급수 또는 중계 급수를 수행하여 지속 방수 능력을 확보한다. |
| 지원망 | Logistics Channel | LOG | 용수 · 장비 · 보급 · 교대 인력 등 지원 기능을 담당하는 무전 채널을 말한다. 지휘 · 작전 채널과 분리해 통신 혼선을 줄인다. |
| 지휘권선언 | Assumption of Command (Command Declaration) | — | 현장에 도착한 지휘관이 무전으로 지휘권을 공식 선언하고 위치 · 모드 · 호출부호를 알린다. 상급 지휘관 도착 시 체계적으로 이양하고 필요 시 지휘 모드를 변경한다. |

| 한글 용어 | 영어 표기 | 약어 | 정 의 |
|---|---|---|---|
| 지휘망 | Command Channel | CMD | 지휘·통제·상황 보고 전용 무전 채널을 말한다. 상급 지휘부와 단위지휘관 간 명령·보고를 분리해 통신 혼잡을 줄인다. |
| 직사주수 | Straight Stream | — | 집중된 직선 물줄기로 투사거리를 극대화해 심부 냉각과 관통력을 확보한다. 반동과 수손을 고려해 유량을 관리한다. |
| 차열포 | Fire Blanket / Fire Curtain | — | 고온 불꽃과 강한 복사열로부터 대원이나 대상물을 보호하는 내열 담요를 말한다. 대피로 확보, 연소 확대 저지 등에 활용한다. |
| 초진 | Initial Knockdown | — | 화재구역 화세의 주된 상승을 억제하여 확산을 멈추고 7면이 포위된 초기 진압 상태를 말한다. 이후 전개·인명검색 여건을 조성한다. |
| 코어 | Core (Building Core) | — | 엘리베이터·계단실 등 수직 이동 통로와 주요 설비가 집중된 중심 구조부를 말한다. 내화 구조로 보호되어 연기 확산과 붕괴를 지연한다. |
| 통제배연 | Positive Pressure Ventilation | PPV | 실내 연기·열기를 밀어내기 위해 양압으로 강제 환기를 실시한다. 배출구 설정과 투입 시점을 신중히 관리한다. |
| 파사드 | Façade | — | 건축물의 외부 정면 또는 외벽을 말한다. 재질·구조는 화재 확대 양상에 큰 영향을 미친다. |
| 펄싱방수 | Pulsing | — | 노즐 밸브를 짧게 열고 닫아 물을 간헐 분사하여 열기·연기를 제어한다. 플래시오버 위험을 줄이고 화점을 냉각한다. |
| 플로우패스 | Flow Path | — | 열기와 연기가 이동하는 경로를 말한다. 창·문 개방, 바람, 온도차에 의해 형성되며, 통제하지 않으면 연기와 화염이 위험 구역으로 확산한다. |
| 호이스트 | Hoist | — | 중량물이나 인명을 들어 올리거나 끌어올리는 장치를 말한다. 차량 인양, 추락자 구조 등에 활용한다. |
| 환기/배연 | Ventilation/ Smoke Venting | — | 연기를 배출하고 신선한 공기를 유입시켜 실내 환경을 개선한다. 환기는 통풍 일반을, 배연은 연기 제거에 초점을 둔다. 플로우패스 형성과 시점·방법을 통제한다. |
| 활동제한구역 | Exclusion Zone | — | 위험물 누출·붕괴 위험 등으로 출입을 엄격히 통제하는 구역을 말한다. 경계선 설치와 감시 배치로 안전을 확보하고 위험도에 따라 구역을 조정한다. |
| 현장지휘계획 | Incident Action Plan | IAP | 사건 목표, 전략·전술, 조직, 안전, 통신, 자원 배치를 운영주기 단위로 문서 또는 구두로 정리한다. 상황 변화에 따라 갱신하고 구역(Division)/그룹(Group)에 임무와 통신 절차를 명확히 배정한다. |
| 현장지휘소 | Incident Command Post | ICP | 재난·화재 현장에서 현장지휘관(IC)이 설치하는 공식 지휘거점으로, 전체 작전의 방향과 우선순위를 결정하고, 무전과 각종 보고·정보를 집중 수집·분석하며, 인력·장비·용수 등 자원을 배치·조정하고, 안전·구조·진압·지원 등 각 부문의 활동을 통합·통제하는 핵심 지휘기구이다. |

# 부록 참고

## 1. 건물 용도별 층간 소방호스 길이 환산표

| 층 | 권장 여유 수관(15 m 기준) | 비고 |
|---|---|---|
| 1층 | 2본 | 저층, 복도 짧아도 최소 30 m 여유 |
| 2층 | 2본 | 〃 |
| 3층 | 2본 | 〃 |
| 4층 | 3본 | 〃 |
| 5층 | 3본 | 중층, 복도 · 코너 증가 |
| 6층 | 3본 | 〃 |
| 7층 | 3본 | 〃 |
| 8층 | 4본 | 〃 |
| 9층 | 4본 | 고층 진입, 심부 전개 대비 |
| 10층 | 4본 | 〃 |

〈상업 · 공용층 포함 3.5 m〉

| 층 | 권장 여유 수관(15 m 기준) | 비고 |
|---|---|---|
| 1층 | 2본 | 점포 분할 · 코너 많음 |
| 2층 | 2본 | 〃 |
| 3층 | 2본 | 〃 |
| 4층 | 3본 | 중층, 실 · 복도 구조 복잡 |
| 5층 | 3본 | 〃 |
| 6층 | 3본 | 〃 |
| 7층 | 4본 | 〃 |
| 8층 | 4본 | 〃 |
| 9층 | 4본 | 대형 사무실 · 복합상가, 심부 전개 대비 |
| 10층 | 4본 | 〃 |

## 2. 건물 용도별 층간 방수압 고저차(elevation difference/vertical head) 환산표

층고(층간 높이)**가 설계 · 용도에 따라 달라진다(예: 주거형 3.0 m, 상가 · 사무형/공용층 3.6 m 이상). 현장에서는 도면상의 **실제 층고 $H$(m)로 계산한다.

기본식: $\Delta P \approx 9.81\ \text{kPa} \times H(\text{m})$

$\approx 0.098\ \text{bar} \times H(\text{m})$

$\approx 0.10\ \text{kgf/cm}^2 \times H(\text{m}) \approx 0.00981\ \text{MPa} \times H(\text{m})$

〈주거형 표준층고 3.0 m 기준〉

| 층 | 고저차(상승, m) | kPa | kgf/cm² | MPa | bar |
|---|---|---|---|---|---|
| 1층 | 3 | ≈ 29 | ≈ 0.3 | ≈ 0.029 | ≈ 0.29 |
| 2층 | 6 | ≈ 59 | ≈ 0.6 | ≈ 0.059 | ≈ 0.59 |
| 3층 | 9 | ≈ 88 | ≈ 0.9 | ≈ 0.088 | ≈ 0.88 |
| 4층 | 12 | ≈ 118 | ≈ 1.2 | ≈ 0.118 | ≈ 1.18 |
| 5층 | 15 | ≈ 147 | ≈ 1.5 | ≈ 0.147 | ≈ 1.47 |
| 6층 | 18 | ≈ 177 | ≈ 1.8 | ≈ 0.177 | ≈ 1.77 |
| 7층 | 21 | ≈ 206 | ≈ 2.1 | ≈ 0.206 | ≈ 2.06 |
| 8층 | 24 | ≈ 235 | ≈ 2.4 | ≈ 0.235 | ≈ 2.35 |
| 9층 | 27 | ≈ 265 | ≈ 2.7 | ≈ 0.265 | ≈ 2.65 |
| 10층 | 30 | ≈ 294 | ≈ 3.0 | ≈ 0.294 | ≈ 2.94 |

〈상업 · 공용층 포함 3.6 m 기준〉

| 층 | 고저차(상승, m) | kPa | kgf/cm² | MPa | bar |
|---|---|---|---|---|---|
| 1층 | 3.6 | ≈ 35 | ≈ 0.4 | ≈ 0.035 | ≈ 0.35 |
| 2층 | 7.2 | ≈ 71 | ≈ 0.7 | ≈ 0.071 | ≈ 0.71 |
| 3층 | 10.8 | ≈ 106 | ≈ 1.1 | ≈ 0.106 | ≈ 1.06 |
| 4층 | 14.4 | ≈ 141 | ≈ 1.4 | ≈ 0.141 | ≈ 1.41 |
| 5층 | 18 | ≈ 177 | ≈ 1.8 | ≈ 0.177 | ≈ 1.77 |
| 6층 | 21.6 | ≈ 212 | ≈ 2.2 | ≈ 0.212 | ≈ 2.12 |
| 7층 | 25.2 | ≈ 247 | ≈ 2.5 | ≈ 0.247 | ≈ 2.47 |
| 8층 | 28.8 | ≈ 282 | ≈ 2.9 | ≈ 0.282 | ≈ 2.82 |
| 9층 | 32.4 | ≈ 318 | ≈ 3.2 | ≈ 0.318 | ≈ 3.18 |
| 10층 | 36 | ≈ 353 | ≈ 3.6 | ≈ 0.353 | ≈ 3.53 |

## 3. 대응단계

| 구분 (Level) | 발령 권한 (Issuing Authority) | 발령 기준 (Activation Criteria) | 동원 소방 (인력 · 장비규모) | 지휘체계 (Command Structure) |
|---|---|---|---|---|
| 1단계 (Initial Response) | 현장지휘관(IC) 또는 관할 소방서장 | 관할1개 시·군·구 내에서 발생한 소규모 재난 – 관할서 단독대응이 가능하고 인명피해가 10명 미만이며 화재규모가 비교적 작고 확산 우려가 낮은 상황(예상진압 시간 3~8시간 이내) | 관할 소방서 중심 – 소방관 수십 명, 펌프차 등 기본 장비. 필요 시 비번 인력 50% 긴급 소집 | 현장지휘대 운영 – 소방서장이 현장 지휘. 긴급구조통제단은 가동하지 않으며 지휘차량과 간이 지휘소로 운영 |
| 2단계 (Mid-Scale Incident) | 관할 소방서장 또는 자치구 통제단장 | 2~4개 시·군·구에 걸친 중대형재난 – 1단계로 대응이 어렵거나 복수의 소방서가 협력해야 하는 상황(고층건물화재, 대형상업시설화재, 산업시설 폭발 등) | 복수 소방서 공동 대응 – 소방관 수백 명, 차량 50~80대. 비번 인력 100% 소집, 고가 사다리차·화학차·헬기 등 특수장비 포함 | 긴급구조통제단이 정식 가동 – 소방서장이 통제단장으로 작전·구급·지원반 구성. 시·도 소방본부 지휘반 일부 합류 |
| 3단계 (Large-Scale or National Incident) | 소방본부장(시·도 본부장) | 5개 이상 시·군·구 범위의 광역재난 또는 국가적 재난 – 초대형산불, 초고층 건축물화재, 대규모폭발, 산업단지복합재난 등 | 시·도 전체 + 전국 지원 – 소방관 수백~수천 명, 차량 수백 대, 소방헬기, 대용량 방수 시스템, 드론, 군 병력 등 모든 자원이 총동원 | 소방본부 통제단 전면 가동 – 본부장이 총지휘. 중앙 차원의 지휘체계도 작동하여 소방청이 중앙긴급구조통제단을 구성하고 전국 자원 조정을 수행. 중앙재난안전대책본부도 설치되어 정부 부처 간 협업 |

# 참고문헌


Ahir, K., Govani, K., Gajera, R., & Shah, M. (2024). Retraction note: Application on virtual reality for enhanced education learning, military training and sports. Augmented Human Research, 10(1). https://doi.org/10.1007/s41133-024-00076-6

Akash, R., & Rai, P. (2024). A study of leadership during crises: Strategies for effective decision making and organizational resilience. International Journal for Multidisciplinary Research, 6(5). Retrieved from https://www.ijfmr.com/papers/2024/5/27688.pdf

Akhtar, S., Joy, A. R., Suchi, S. A., & Hossain, M. (2021). Preparedness planning and management: A literature review – emergency fire. Teikyo Medical Journal, 44(5), 1897–1921.

Alhassan, A. I. (2024). Analyzing the application of mixed method methodology in medical education: A qualitative study. BMC Medical Education, 24(1), 225. https://doi.org/10.1186/s12909-024-05242-3

Bairagya, R., Kundu, B., Biswas, A., & Sil, N. (2025). A review on AI integration in firefighting and emergency responses. International Journal of Scientific Research & Engineering Trends, 11(3).

Berthiaume, M., Kinateder, M., Emond, B., Cooper, N., Obeegadoo, I., & Lapointe, J.-F. (2024). Evaluation of a virtual reality training tool for firefighters responding to transportation incidents with dangerous goods. Education and Information Technologies, 29, 14929–14967. https://doi.org/10.1007/s10639-023-12357-5

Bigley, G. A., & Roberts, K. H. (2001). The Incident Command System: High-reliability organizing for complex and volatile task environments. Academy of Management Journal, 44(6), 1281–1299.

Busan Ilbo. (2012, May 6). Busan Seomyeon fire: 9 dead and 25 injured in karaoke bar blaze. [부산 서면 화재 … 노래방 불, 9명 사망 25명 부상]. Busan Ilbo. https://www.busan.com/view/busan/view.php?code=20120506000016

Butler, P. C., Honey, R. C., & Cohen-Hatton, S. R. (2020). Development of a behavioural marker system for incident command in the UK Fire and Rescue Service: THINCS. Cognition, Technology & Work, 22(1), 1–12. https://doi.org/10.1007/s10111-019-00539-6

Caldeirinha, C. S. A. R. (2024). Perspective chapter: Mobile radio emergency communications for large-scale wildfire fighting—Portugal as a case study. In Fire Safety Engineering – Measures, Policies, and Applications. IntechOpen. https://doi.org/10.5772/intechopen.1007773

Carolino, J., & Rouco, C. (2022). Proficiency level of leadership competences on the initial training course for firefighters—a case study of Lisbon Fire Service. Fire, 5(1). https://doi.org/10.3390/fire5010022

Chalabi, W. B., Bombelli, A., & Purdam, G. (2024). The aerial firefighting vehicle routing problem [Master's thesis, Delft University of Technology].

Cho, E. H., Nam, J. H., Shin, S. A., & Lee, J. B. (2022). A study on the preliminary validity analysis of Korean firefighter job-related physical fitness test. International Journal of Environmental Research and Public Health, 19(5), 2587. https://doi.org/10.3390/ijerph19052587

Cohen-Hatton, S. R., & Honey, R. C. (2015). Goal-oriented training affects decision-making processes in virtual and simulated fire and rescue environments. Journal of Experimental Psychology: Applied,

21(4), 395–406. https://doi.org/10.1037/xap0000061

Cole, D., & St. Helena, C. (2001). Chaos, complexity, and crisis management: A new description of the Incident Command System. National Fire Academy.

Crow, I. (2025). Training's new dimension, with Fire Service College. International Fire & Safety Journal. Retrieved from https://internationalfireandsafetyjournal.com/trainings-new-dimension-with-fire-service-college/

Das, K., Lashkari, R. S., & Khan, A. R. (2021). A humanitarian logistics-based planning for rescue and relief operation after a devastating fire accident. Operations and Supply Chain Management, 14, 51–61.

Drake, B. (2025). "Good enough" isn't enough: Challenging the standard in fire service training. Fire Engineering. Retrieved from https://www.fireengineering.com/firefighting/good-enough-isnt-enough-challenging-the-standard-in-fire-service-training/

Duczyminski, P. (2024). Sparking excellence in firefighting through simulation training. Firehouse. Retrieved from https://www.firehouse.com/technology/article/55237747/sparking-excellence-in-firefighting-through-simulation-training

Endsley, M. R. (2000). Theoretical underpinnings of situation awareness: A critical review. In M. R. Endsley & D. J. Garland (Eds.), Situation awareness analysis and measurement (pp. 3–32). CRC Press.

Endsley, M. R. (2021). Situation awareness measurement: How to measure situation awareness in individuals and teams. Human Factors and Ergonomics Society.

Eslamzadeh, M. K., Grilo, A., & Espadinha-Cruz, P. (2022). A framework for resource allocation in fire departments: A structured literature review. Fire, 5(4). https://doi.org/10.3390/fire5040109

Federal Emergency Management Agency (FEMA). (2018). ICS organizational structure and elements. Emergency Management Institute.

FIRE-RES Project. (2025). First attack optimal response modelling and decision support. Retrieved from https://fire-res.eu/6-2-first-attack-optimal-response-modelling-and-decision-support/

FireRescue1. (2020). High-rise and mid-rise firefighting: Operational divisions, sectors and groups. Retrieved from https://www.firerescue1.com/technical-rescue/articles/high-rise-and-mid-rise-firefighting-operational-divisions-sectors-and-groups-10gGGP7uUZEX48na/

Gillespie, S. (2013). Fire ground decision-making: Transferring virtual knowledge to the physical environment (Doctoral dissertation, Grand Canyon University).

Hall, K. A. (2010). The effect of computer-based simulation training on fire ground incident commander decision making (Doctoral dissertation, The University of Texas at Dallas).

Hancko, D., Majlingova, A., & Kačíková, D. (2025). Integrating virtual reality, augmented reality, mixed reality, extended reality, and simulation-based systems into fire and rescue service training: Current practices and future directions. Fire, 8(6), Article 228. https://doi.org/10.3390/fire8060228

Hartin, E. (2008). Ventilation strategies: International best practice. CFBT-US.

Hermansson, E. P. (2021). Fire safety training of crew onboard with focus on fire drills and safety culture onboard tankers and Ro-Ro/Ro-Pax vessels (Master's thesis, Chalmers University of Technology,

Sweden).

HM Government, Department for Communities and Local Government. (2008). Fire and rescue manual: Volume 2 – Fire service operations, Incident Command (3rd ed.). The Stationery Office.

Hwang, H. (2020, October 9). Ulsan Samhwan-Arnouvu fire fully extinguished after 15 hours [울산 삼환아르누보 불 완진 '15시간 40여분 만에']. Maeil Shinmun. https://www.imaeil.com/page/view/2020100915253151132

International Association of Fire Fighters (IAFF). (2003). Incident command module. Hazardous Materials Training Division.

J. T. V. Fire Company. (n.d.). Rapid intervention team operations: Standard operating guidelines. Retrieved from http://www.29firerescue.com

Judge, M. (2024). Advanced SDR solutions for VHF and UHF interoperability in disaster response. International Journal for Research in Applied Science and Engineering Technology, 12(5), 5765–5769. https://doi.org/10.22214/ijraset.2024.62951

Kim, B. (2018, July 13). Deadly fire engulfs apartment construction site in Sejong City, killing and injuring 40 workers [火魔가 집어삼킨 세종시 주상복합 공사현장…40명 사상]. Anjun Journal. https://www.anjunj.com/news/articleView.html?idxno=21509

Kim, J., Ryu, S., & Lee, D. (2023). Subjectivity study on decision-making elements for firefighting of firefighters: An investigation utilizing Q methodology. Knowledge Management Research, 24(4), 23–39. https://doi.org/10.15813/kmr.2023.24.4.002

Klein, G. A., & Calderwood, R. (1991). Decision models: Some lessons from the field. IEEE Transactions on Systems, Man, and Cybernetics, 21(5), 1018–1026. https://doi.org/10.1109/21.120054

Kumaran, S., Raj, V. A., Sangeetha, J., & Raman, J. V. R. (2023). IoT-based autonomous search and rescue drone for precision firefighting and disaster management. International Journal of Advanced Computer Science and Applications, 14(11), 438–447.

Kwon, S. A., Lee, J. E., Ban, Y. U., Lee, H.-J., You, S., & Yoo, H. J. (2018). Safety measure for overcoming fire vulnerability of multiuse facilities—a comparative analysis of disastrous conflagrations between Miryang and Jecheon. Crisis and Emergency Management: Theory and Praxis, 14(5), 149–167. https://doi.org/10.14251/crisisonomy.2018.14.5.149

Lahaye, S., Molina, T. J., Depciuch, P. G., & Tófilo, P. (2018). Toward safer firefighting strategies and tactics. In D. X. Viegas (Ed.), Advances in Forest Fire Research 2018 (pp. 1311–1316). https://doi.org/10.14195/978-989-26-16-506_166

Landicho, K. P. C. (2024). Emergency preparedness and contingency planning: Lessons from 2024 for ASEAN disaster management (IDSS Paper No. 109). RSIS. Retrieved from https://www.rsis.edu.sg/publication/idss/no-109-2024

Lee, S. C., Lin, C. Y., & Chuang, Y. J. (2022). The study of alternative fire commanders' training program during the COVID-19 pandemic situation in New Taipei City, Taiwan. International Journal of Environmental Research and Public Health, 19(11), 6633. https://doi.org/10.3390/ijerph19116633

Lele, A. (2011). Virtual reality and its military utility. Journal of Ambient Intelligence and Humanized Computing, 4(1), 17–26. https://doi.org/10.1007/s12652-011-0052-4

Lewis, W. (2023). Commander competency. Firehouse. Retrieved from https://www.firehouse.com/technology/incident-command/article/21288477/the-making-of-the-most-competent-fireground-incident-commanders

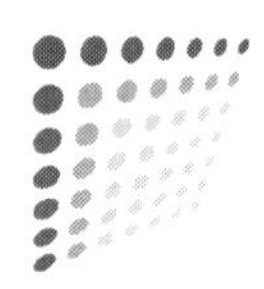



Li, Y., Gao, J., Zhang, H., Deng, L., & Xin, P. (2019). Reliability assessment model of water distribution networks against fire following earthquake (FFE). Water, 11(12), Article 2536. https://doi.org/10.3390/w11122536

Lipshitz, R., Klein, G., Orasanu, J., & Salas, E. (2001). Taking stock of naturalistic decision making. Journal of Behavioral Decision Making, 14(5), 331–352. https://doi.org/10.1002/bdm.381

Liu, W., Lyu, S.-K., Liu, T., Wu, Y.-T., & Qin, Z. (2024). Multi-target optimization strategy for unmanned aerial vehicle formation in forest fire monitoring based on deep Q-network algorithm. Drones, 8(5). https://doi.org/10.3390/drones8050201

London Fire Brigade. (2015). Sectorisation at incidents (Policy No. 434; reviewed 22 December 2015).

Meacham, B., Sarkis, J., & Dembsey, N. (2008). Adaptive management in fire regulation and emergency response. Fire Safety Science, 9, 317–328. https://doi.org/10.3801/iafss.FSS.9-317

Menomonee Falls Fire Department, Training Bureau. (2008). Driver operator manual.

Moynihan, D. P. (2007). From Forest Fires to Hurricane Katrina: Case studies of Incident Command Systems. (Networks and Partnerships Series).

Nain, A., Jain, D., Gupta, S., Sharma, V., & Kumar, A. (2023). Improving first responders' effectiveness in post-disaster scenarios through a hybrid framework for damage assessment and prioritization. Global Journal of Flexible Systems Management, 24, 409–437. https://doi.org/10.1007/s40171-023-00346-z

National Fire Agency (Republic of Korea). (2024, September 2). Strengthening fire-ground command capabilities: First implementation of "Strategic On-Scene Commander" certification. Disaster Incident News. Retrieved from https://www.nfa.go.kr/nfa/news/disasterNews/?boardId=bbs_0000000000001896&mode=view&cntId=208261

National Fire Chiefs Council. (2023). National operational guidance. Retrieved from https://nfcc.org.uk/our-services/national-operational-guidance/

National Fire Protection Association. (2020a). NFPA 1021: Standard for fire officer professional qualifications.

National Fire Protection Association. (2020b). NFPA 1407: Standard for training fire service rapid intervention crews.

National Fire Protection Association. (2020c). NFPA 1521: Standard for fire department safety officer professional qualifications.

National Fire Protection Association. (2020d). NFPA 1561: Standard on emergency services incident management system and command safety.

National Fire Protection Association. (2020e). NFPA 1710: Standard for the organization and deployment of fire suppression operations, emergency medical operations, and special operations to the public by career fire departments.

National Fire Protection Association. (2020f). NFPA 1720: Standard for the organization and deployment of fire suppression operations, emergency medical operations, and special operations to the public by volunteer fire departments.

National Fire Protection Association. (2021a). NFPA 1500: Standard on fire department occupational safety, health, and wellness program.

National Fire Protection Association. (2021b). NFPA 1700: Guide for structural fire fighting.

National Fire Protection Association. (2022a). NFPA 241: Standard for safeguarding construction, alteration, and demolition operations.

National Fire Protection Association. (2022b). NFPA 291: Recommended practice for fire flow testing and marking of hydrants.

National Fire Protection Association. (2024a). NFPA 14: Standard for the installation of standpipe and hose systems.

National Fire Protection Association. (2024b). NFPA 101: Life Safety Code.

National Fire Protection Association. (2024c). NFPA 921: Guide for fire and explosion investigations.

National Fire Protection Association. (2024d). NFPA 1026: Standard for incident management personnel professional qualifications.

National Fire Protection Association. (2024e). NFPA 1550: Standard for emergency responder health and safety.

National Fire Protection Association. (2024f). NFPA 1660: Standard for emergency, continuity, and crisis management: Preparedness, response, and recovery.

National Institute for Occupational Safety and Health (NIOSH). (2014). Preventing deaths and injuries to fire fighters by establishing collapse zones at structure fires (DHHS Publication No. 2014-120). Centers for Disease Control and Prevention. Retrieved from https://www.cdc.gov/niosh/docs/wp-solutions/2014-120

Pallavicini, F., Argenton, L., Toniazzi, N., Aceti, L., & Mantovani, F. (2016). Virtual reality applications for stress management training in the military. Aerospace Medicine and Human Performance, 87(12), 1021–1030. https://doi.org/10.3357/AMHP.4596.2016

Pántya, P. (2018). Fire, rescue, disaster management: Experiences from different countries. Academic and Applied Research in Military and Public Management Science, 17, 77–94. https://doi.org/10.32565/AARMS.2018.2.6

Park, J.-C., Suh, J.-H., & Chae, J.-M. (2025). Simulation-based evaluation of incident commander (IC) competencies: A multivariate analysis of certification outcomes in South Korea. Fire, 8(9). https://doi.org/10.3390/fire8090340

Park, J.-c., & Yun, J.-c. (2025). Analysis for Evaluating Initial Incident Commander (IIC) Competencies on Fireground on VR Simulation Quantitative–Qualitative Evidence from South Korea. Fire, 8(10), 390. https://doi.org/10.3390/fire8100390

Radianti, J., Majchrzak, T. A., Fromm, J., & Wohlgenannt, I. (2020). A systematic review of immersive virtual reality applications for higher education: Design elements, lessons learned, and research agenda. Computers & Education, 147, 103778. https://doi.org/10.1016/j.compedu.2019.103778

Reader, T., Flin, R., Lauche, K., & Cuthbertson, B. H. (2006). Non-technical skills in the intensive care unit. British Journal of Anaesthesia, 96(5), 551–559. https://doi.org/10.1093/bja/ael067

Ścieranka, G. (2017). Firefighting water-supply system requirements—a critical assessment. Bezpieczeństwo i Technika Pożarnicza, 48, 124–136. https://doi.org/10.12845/bitp.48.4.2017.9

Segye Ilbo. (2018, November 9). Jongno gosiwon dawn fire: Exhausted workers killed while asleep [종로 고시원 새벽화재 … 고된 일에 지쳐 잠든 노동자들 덮쳤다]. Segye Ilbo. https://www.segye.com/newsView/20181109001138

Son, H. (2024, January 11). Van fire in villa parking lot in Bucheon forces 13 residents to evacuate [부천 빌라 필로티 주차장에서 승합차 화재…13명 대피]. Yonhap News Agency. https://www.yna.co.kr/view/AKR20240111098100065

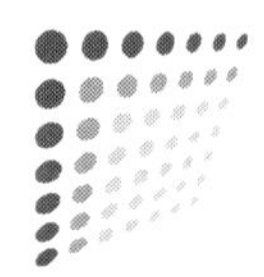



Song, H., & Chung, J. M. (2025). Next-generation wireless communication technologies for improved disaster response and management. ETRI Journal, 47(3), 375–392. https://doi.org/10.4218/etrij.2024-0546

Sott, M. K., & Bender, M. S. (2025). The role of adaptive leadership in times of crisis: A systematic review and conceptual framework. Merits, 5(1). https://doi.org/10.3390/merits5010002

Tang, J., Zhang, X., Wang, Z., Liang, T., & Liu, W. (2025). Research on optimal strategy of different fire rescue tasks based on oxygen consumption. Frontiers in Physiology, 16, 1548031. https://doi.org/10.3389/fphys.2025.1548031

Thielsch, M. T., & Hadzihalilovic, D. (2021). Correction to: Evaluation of fire service command unit trainings. International Journal of Disaster Risk Science, 12(3), 443–443. https://doi.org/10.1007/s13753-021-00344-8

U.K. Research and Innovation. (2023). Improving command skills for fire and rescue service incident response. Retrieved from https://www.ukri.org/who-we-are/how-we-are-doing/research-outcomes-and-impact/esrc/improving-command-skills-for-fire-and-rescue-service-incident-response/

U.S. Fire Administration, National Fire Academy. (2014). Incident command and resource management for the fire service. Department of Homeland Security.

U.S. Government Accountability Office. (2007). First responders: Much work remains to improve communications interoperability (Report No. GAO-07-301). Washington, DC: Author.

United Nations Economic Commission for Europe. (2019). Safety guidelines and good practices for the management and retention of firefighting water. UN Publications.

Verhoef, I., Lamb, K., & Boosman, M. (2015). Why simulation is key for maintaining fire incident preparedness. Fire Protection Engineering (Spring). Society of Fire Protection Engineers.

Wei, S., Gu, Y., & Liu, H. (2024). Firefighting vehicle dispatch and route planning model based on priority passage rights. SAE International Journal of Connected and Automated Vehicles, 8(2), 175–191. https://doi.org/10.4271/12-08-02-0014

Wei, Y., Thompson, M. P., Belval, E., Gannon, B., Calkin, D. E., & O'Connor, C. D. (2020). Comparing contingency fire containment strategies using simulated random scenarios. Natural Resource Modeling, 34(1). https://doi.org/10.1111/nrm.12295

Wijkmark, C. H., Metallinou, M. M., & Heldal, I. (2021). Remote virtual simulation for incident commanders—cognitive aspects. Applied Sciences, 11(14). https://doi.org/10.3390/app11146434

Wikipedia contributors. (2025). Jecheon building fire. Wikimedia Foundation. Retrieved from https://en.wikipedia.org/wiki/Jecheon_building_fire

Yang, W., Yang, T., Li, J., Hua, C., & Mu, D. (2025). A real-time flame detection and situation assessment algorithm for firefighting robots. Fire Technology, 61, 2571–2591. https://doi.org/10.1007/s10694-025-01657-0

Zhang, H., Ma, S., Li, X., Zheng, Y., & Xu, Y. (2025). Forest fire rescue framework to jointly optimize firefighting force configuration and facility layout: A case study of digital-twin simulation optimization. Applied Soft Computing, 29, 1789–1810. https://doi.org/10.1007/s00500-025-10434-0

Zhu, Y., Tian, W., Jia, X., & Liu, Q. (2025). Optimizing firefighting resilience in airports through genetic algorithms and decision-making frameworks. Journal of Safety Science and Resilience, 6(2), 212–225. https://doi.org/10.1016/j.jnlssr.2024.12.002*

소방현장 지휘　　정가 20,000원

발　행　2026년 1월 20일 초판 1쇄
저　자　박진찬
발행인　정우용
발행처　도서출판 동화기술
경기도 파주시 광인사길 201 (문발동, 파주출판도시)
Tel (031)955-4211~6　donghwapub@nate.com
Fax (031)955-4217　www.donghwapub.co.kr
(등록) 1977년 12월 19일/9-16호


ISBN 978-89-425-9745-1